雾笼香

浮香吟

沈烟

青玉案

龙兔兔

槿庭令

长安意

千秋岁

卿鸾歌

凤凰钗

华夏霓裳

汉服版型制作与裁剪专业教程

◎丁雯 ◎王慧敏 ◎董丽霞 编著

人民邮电出版社
北京

图书在版编目（CIP）数据

华夏霓裳 : 汉服版型制作与裁剪专业教程 / 丁雯，
王慧敏，董丽霞编著. -- 北京 : 人民邮电出版社，
2023.8
ISBN 978-7-115-60848-2

Ⅰ. ①华… Ⅱ. ①丁… ②王… ③董… Ⅲ. ①汉族－
民族服装－服装量裁－中国－教材 Ⅳ.
①TS941.742.811

中国国家版本馆CIP数据核字(2023)第024496号

内容提要

这是一本汉服版型制作及裁剪的基础教程，本书的编写目的是让读者掌握汉服制版、裁剪和缝纫的技能。

全书共4章，第1章讲解了汉服的基础知识，包含汉服的常见形制、汉服的领型和袖型、汉服裙的基本形制；第2章详细讲解了汉服制版的基础知识，包括服装号型、服装量体、汉服制版的常用工具、汉服制作的常用面料和常用制图符号的释义等；第3章详细讲解了汉服中的中衣、马面裙、交领半臂、直领对襟半臂、圆领袍、翻领袍、襕衫、对襟大袖衫、齐胸衫裙、曳撒、褙子、深衣和方领比甲从制版到裁剪的全过程，一步步教授大家如何完成一款汉服的制作；第4章通过12个案例讲解了各种改良汉服的制版和裁剪，并附有制作者的设计感想和设计图纸展示。书中案例均有详细的尺寸图和缝制示意图，讲解清晰，零基础的读者也可以跟着操作，制作出属于自己的一套汉服。

本书图文并茂，浅显易懂，不仅适合从事服装设计、服装工艺设计、服装裁剪工艺和服装制作的从业人员使用，也适合大中专院校服装专业的学生使用。

◆ 编　　著　丁　雯　王慧敏　董丽霞
　责任编辑　王　铁
　责任印制　周昇亮
◆ 人民邮电出版社出版发行　　北京市丰台区成寿寺路 11 号
　邮编　100164　　电子邮件　315@ptpress.com.cn
　网址　https://www.ptpress.com.cn
　涿州市般润文化传播有限公司印刷
◆ 开本：787×1092　1/16　　彩插：4
　印张：12.5　　2023 年 8 月第 1 版
　字数：320 千字　　2025 年 1 月河北第 6 次印刷

定价：99.00 元

读者服务热线：(010)81055296　印装质量热线：(010)81055316
反盗版热线：(010)81055315
广告经营许可证：京东市监广登字 20170147 号

C o n t e n t s

第 1 章
汉服基础知识

第 2 章
汉服版型基础知识

第 3 章
现代汉服基础版型及裁剪图

第4章
现代汉服成衣案例

第1章 汉服基础知识

汉服始于“垂衣裳而天下治”的黄帝，至清代开始衰落，但并未消失。汉服是世界上历史最悠久的民族服饰之一，凝聚着华夏民族的文化风貌，是华夏五千年文化的缩影。汉服有三大特点：交领右衽、褒衣广袖、系带隐扣。

1.1 汉服的常见形制

“形制”这个词类似于今天所说的“款式”，但是谈汉服的时候用“形制”而不用“款式”。因为“形制”一词还含有典章制度的意思，古代社会具有冠服制度。

衣裳制（上衣下裳分裁制）

衣裳制即把上衣和下裳分开来裁，上身穿衣，下体穿裳，下裳中的“裳”即裙子。衣裳制是汉服体系中最古老的形制之一，是我国古代最基本的服饰形制，也是历代男子礼服的最高形制，例如冕服、玄端。图 1-1 所示为玄端。

图 1-1

深衣制（上下连缝制）

深衣制是上衣和下裳分开裁剪，在腰部相连，形成整体，即上下连裳。上衣和下裳相连在一起，用不同颜色的布料作为边缘（称为“衣缘”或者“纯”）；其特点是使身体深藏不露，看起来雍容典雅。《礼记 · 玉藻》记载，深衣为古代诸侯、大夫等阶层的家居便服，也是庶人的礼服。它的普及率很高，流传的时间有三千多年，从先秦到明代末年。深衣主要有两大类——直裾和曲裾。图 1-2、图 1-3 所示分别为直裾深衣和曲裾深衣。

图 1-2　　图 1-3

袍服制（上下通裁制）

袍服制即用一块布裁出上衣和下衣，中间无接缝，自然一体，明显区别于衣裳制和深衣制。袍服，于先秦时期已出现，只是一种纳有絮棉的内衣，后演变成外衣。通裁制的种类很多，如圆领袍、襕衫、直裰、直身、道袍、褙子、长衫、僧衣等。图 1-4 所示为圆领袍服，图 1-5 所示为襕衫。

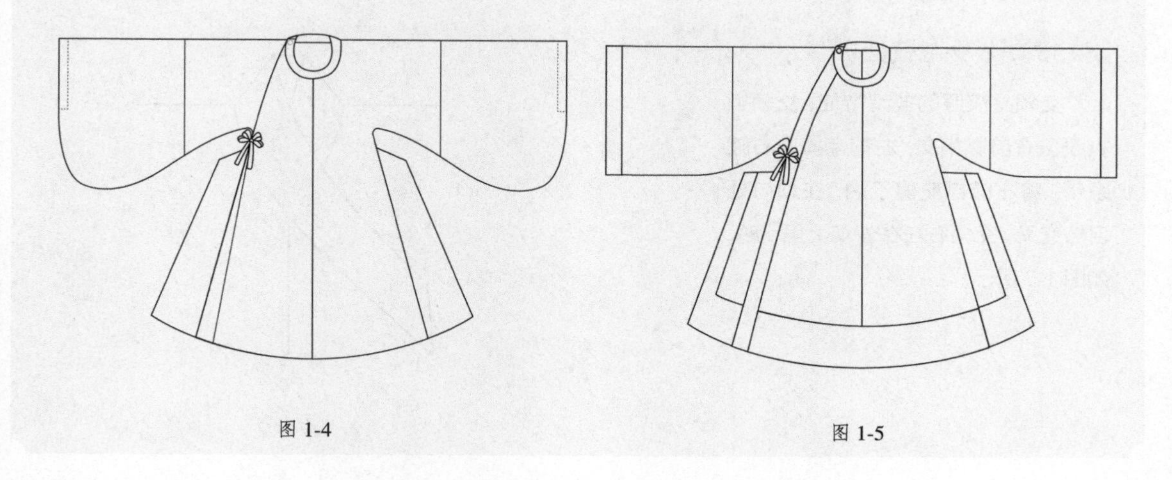

图 1-4　　图 1-5

衫裙制（上下衣裳的演变）

衫即短上衣，衫裙不是指一种裙子，而是指上衫加下裙，是一套服饰。衫裙的本质还是上衣下裳，古老的上衣下裳发展到春秋战国之后往往被称为衫裙，汉朝以后又被特指为女子衫裙：短衣长裙，腰间用绳带系扎，衣在内，裙在外。各朝各代在衫裙的基本形制下衍生出高腰衫裙、半臂衫裙、对襟衫裙、齐胸衫裙等款式。图 1-6 所示为高腰衫裙。

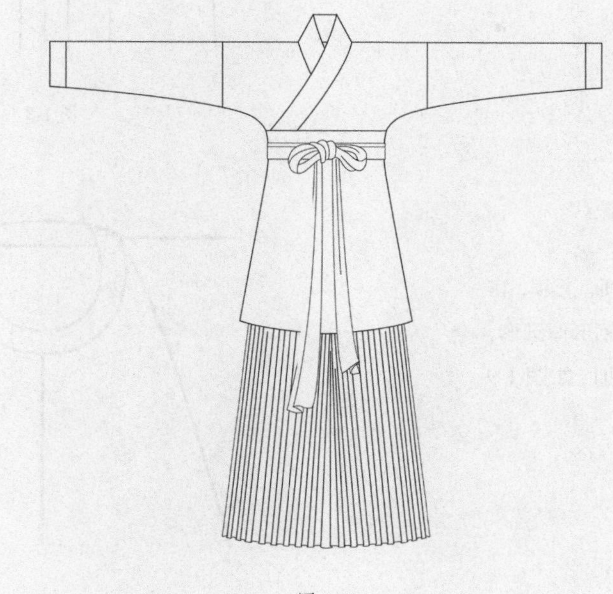

图 1-6

1.2 汉服领型基本介绍

汉服领型包括交领（多为右衽）、直领、圆领、立领（竖领）、翻领、坦领、方领等。

交领（多为右衽）

交领是汉服的典型特征，交领指衣服左右前襟相交，左前襟掩向右腋系带，将右前襟掩覆于内，在领口处自然交叉。交领右衽在外观上呈y形，如图1-7所示。

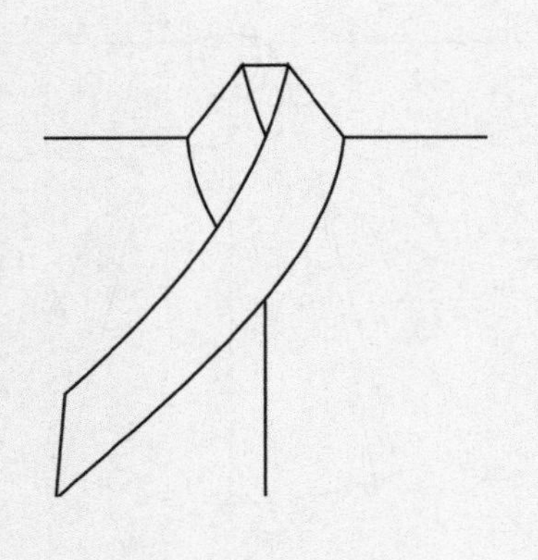

图 1-7

直领

直领是指左右两衣襟不在胸前交叉，直接从胸前平行垂直下来，对称且不交叠，有的有系带，有的则直接敞开。直领由脖子后边沿左右肩膀绕到胸前，呈直线，如图1-8所示。

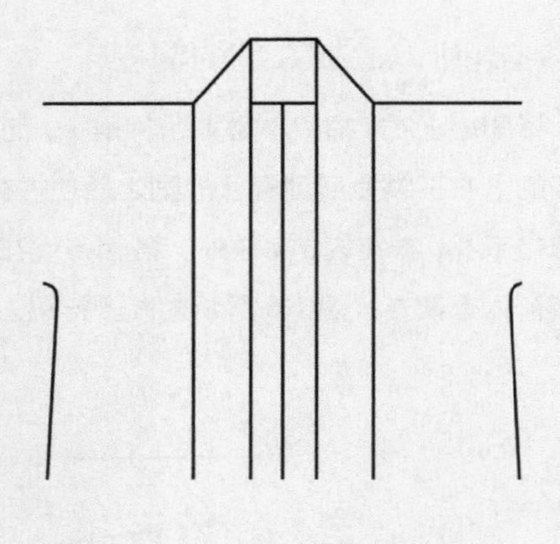

图 1-8

圆领

圆领亦称团领、盘领、上领、官领，实为无领型样式。圆领形似圆形，内有硬衬，领口钉有纽扣，如图1-9所示。

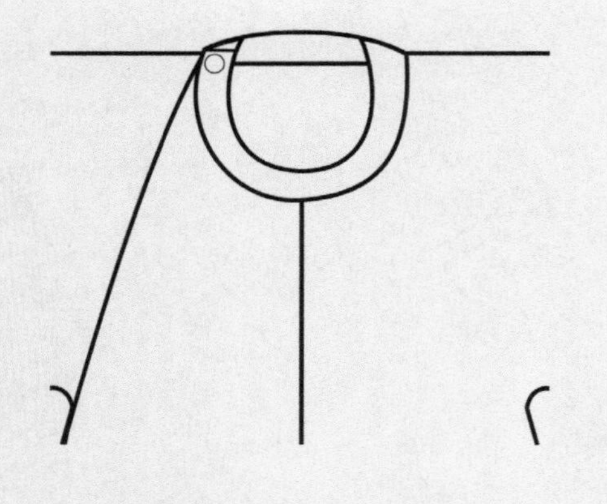

图 1-9

立领（竖领）

立领，也称为竖领。这种领型最早出现于明朝，典型的代表是明制的立领长袄和立领长衫，其特点是方角、瘦高，领上通常装饰有两颗金属扣，如图 1-10 所示。

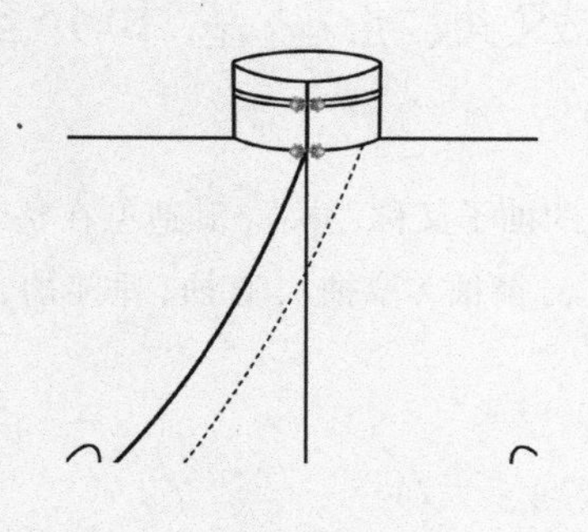

图 1-10

翻领

翻领是指衣领外翻，衣襟交叠的样式。翻领始见于商代贵族服饰，为胡服的主要领型，多于各族杂居和民族融合的历史时期出现在汉服中，如图 1-11 所示。

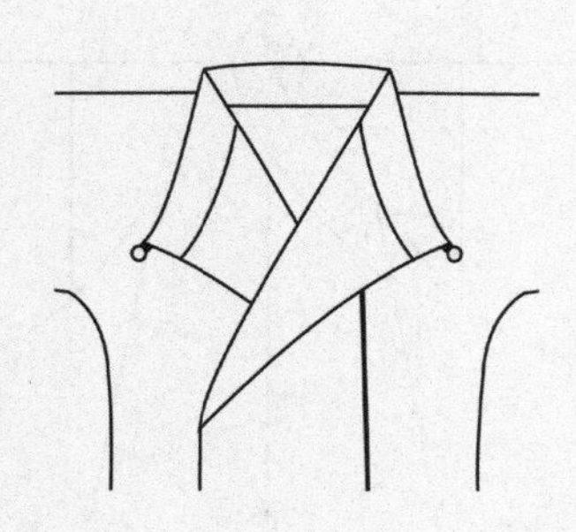

图 1-11

坦领

坦领也称 U 领，特点是领口开得很低，敞露出脖颈和胸部，是从魏、晋时期的上襦发展出的一种短外衣的领型，如图 1-12 所示。

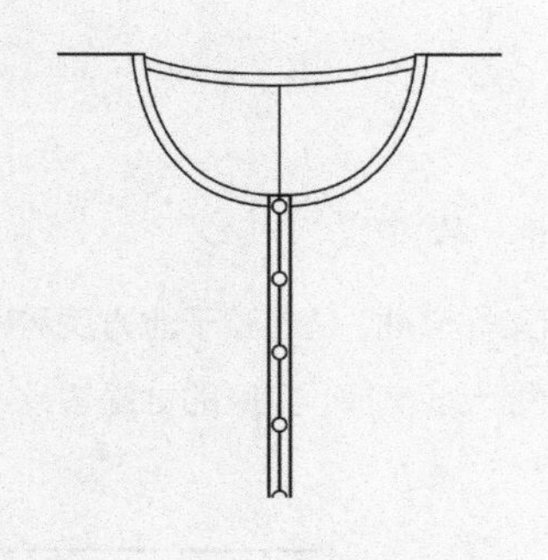

图 1-12

方领

方领的领口是方形的，衣襟有交叠和平行两种样式。方领始见于商周时期，隋唐元明亦有所见，主要出现在夹衣和比甲中，如图 1-13 所示。

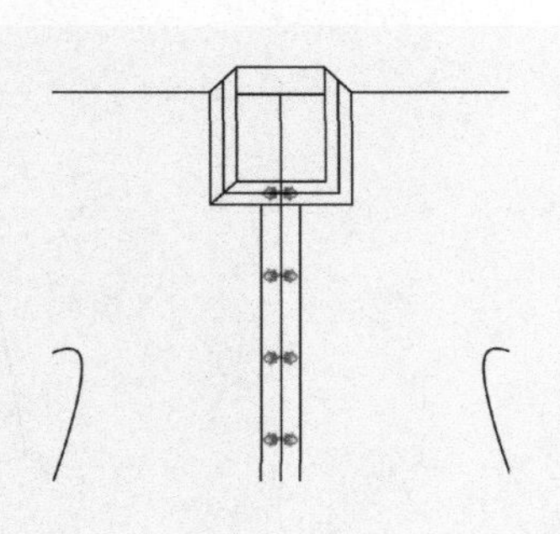

图 1-13

1.3 汉服袖型基本介绍

汉服的袖子又称“袂”，其造型在整个世界民族服装史中都是比较独特的。汉服的袖型主要有广袖（大袖）、箭袖（窄袖）、直袖、垂胡袖、琵琶袖、半袖等。

广袖（大袖）

汉服的广袖，俗称“大袖”，其特点是袖口宽大，广泛用于礼服中，如图 1-14 所示。

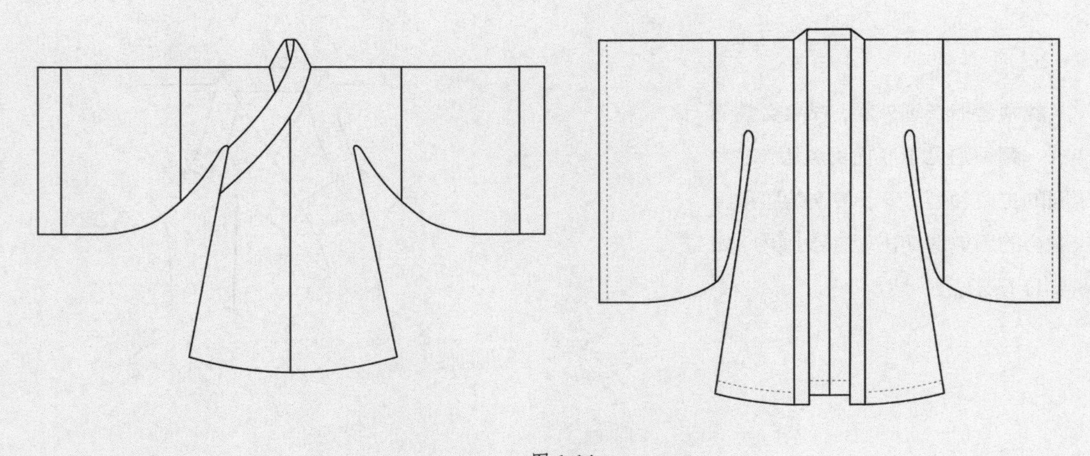

图 1-14

箭袖（窄袖）

箭袖又称窄袖，是起源于北方民族的服饰，如图 1-15 所示。北方民族服饰以箭袖居多，且寒冷地区服饰的袖缘大多宽厚，宽厚的袖缘容易上翻，便于骑射和劳作，把袖缘放下还可以保暖。

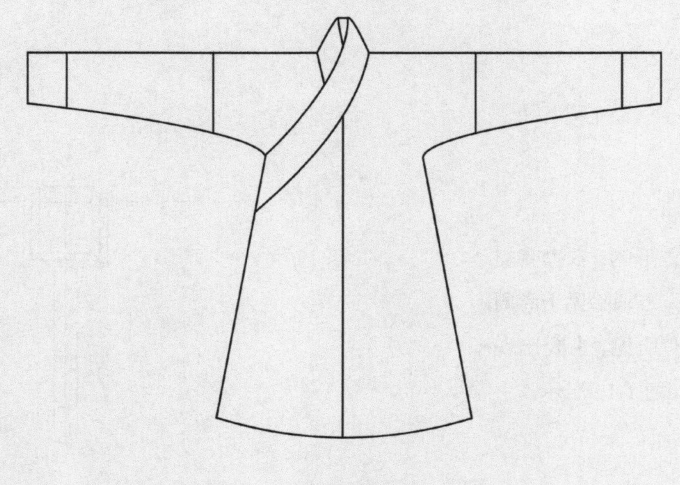

图 1-15

直袖

直袖即方直袖，袖身与袖口的宽度基本相同，如图 1-16 所示。

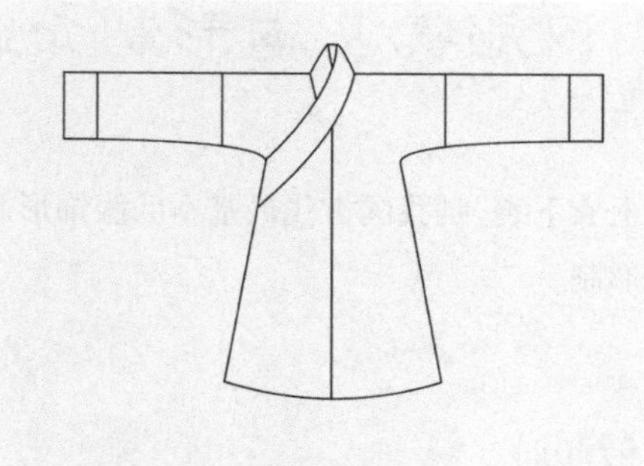

图 1-16

垂胡袖

垂胡袖的袖管宽大如广袖，但其袖口做了收紧的设计，较为窄小，如同黄牛喉下垂着的那块肉皱（称作“胡”），故名“垂胡”。垂胡袖在汉服的曲裾中比较常见，制作时先裁成广袖的样式，缝合的时候再将袖口收拢，如图 1-17 所示。

图 1-17

琵琶袖

琵琶袖出现于明代，其造型为袖大口小，腋下比较窄，形状与琵琶相似，故名琵琶袖。琵琶袖大体呈弧状，非常方便伸展手臂；将袖口收紧之后，也方便进行日常活动，如图 1-18 所示。

图 1-18

半袖

半袖也称短袖，是相对长袖来讲的，通常会把半袖套在长袖外面，如图 1-19 所示。

图 1-19

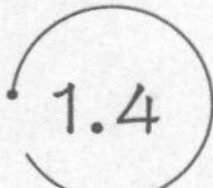

1.4 汉服裙基本形制介绍

“上衣下裳”是我国古代最基本的服饰形制，“裳”即裙子，主要有百迭裙、两片裙、马面裙、交窬裙（破裙）等形制。

百迭裙

百迭裙流行于宋代，为一片式裙，两边留有光面，中间打细褶，图 1-20 所示为百迭裙展开图。

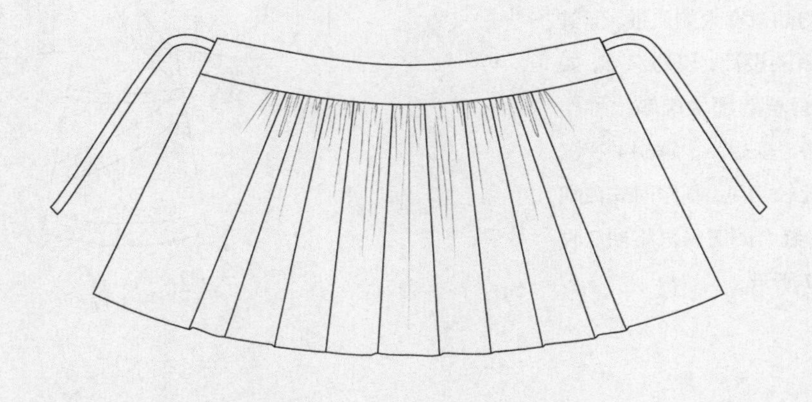

图 1-20

两片裙

两片裙又叫旋裙，为两片共腰裙，即两个裙片一个裙头，两裙片中间、下摆不缝合，两裙片中间有交叠部分，布料无打褶。《江邻几杂志》记载，两片裙在裙的前后开胯，以便穿着的人乘驴，如图 1-21 所示。

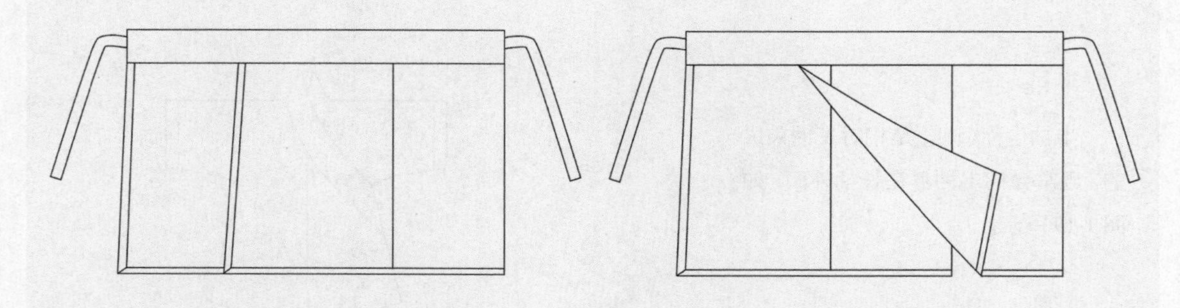

图 1-21

马面裙

马面裙始于明朝，又名“马面褶裙”，是我国古代汉族女子的主要裙式之一，前后里外共有 4 个裙门，穿时两两重合，如图 1-22 所示。

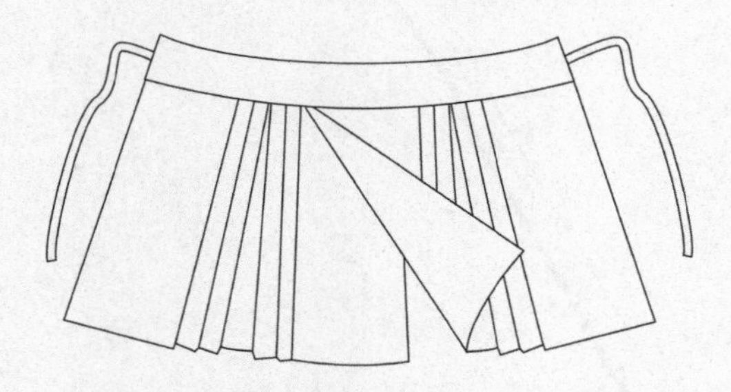

图 1-22

交窬裙（破裙）

交窬裙俗称破裙，是汉服中比较少见的一种形制。它是用上小下大的梯形布料拼接在一起缝制成的裙子，交窬裙更多是根据拼接的布料进行命名的，常见的交窬裙有六破裙、八破裙、十二破裙。裙子一片裁片称为“一破”，多者达二十四破，其中用多种颜色的布料拼接制成的称为“间色裙”。图 1-23 所示为八破裙。

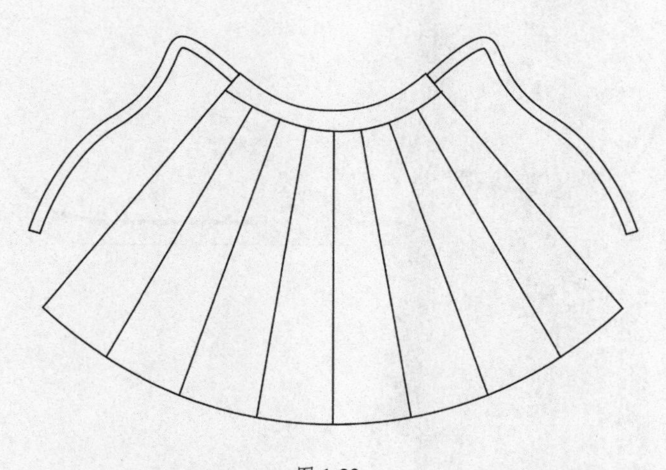

图 1-23

第2章 汉服版型基础知识

2.1 服装号型

根据我国的相关国家标准，成年男女的服装尺码是用号型制来表示的。服装号型包括“号”和“型”。其中“号”是指人体的身高，用 cm 标识，成人服装以 5cm 为一档；“型”是指人体的净胸围或净腰围，一般以 4cm 为一档。人体体型也属于“型”的范围，以胸围、腰围的落差为依据，把人体划分为 Y、A、B、C 四种体型，其中 Y 体型为宽肩细腰型，A 体型为一般正常型，B 体型为偏胖体型，C 体型为肥胖体型。本书所有案例男装按照 170/92A、女装按照 160/84A 制图。

2.2 服装量体

绘制汉服版型之前需要测量以下几项基本的人体尺寸。

1. **身高**：自头顶量至脚跟。
2. **胸围**：绕胸部最丰满处水平测量一周。
3. **颈围**：绕脖子水平测量一周。
4. **腰围**：绕腰部最细处水平测量一周。
5. **臀围**：绕臀部最高点水平测量一周。
6. **衣长**：从后颈点量至上衣的底摆线。
7. **裙长**：从腰部量至脚跟。
8. **下摆宽度**：衣服底摆的宽度。
9. **领缘宽度**：领子边缘的宽度，不同形制的汉服对领口宽度、领缘宽度的要求不一样，具体形制具体分析。
10. **通袖长**：张开双臂，量两个中指指尖之间的距离，约等于身高，此为基准通袖长（实际制作时成衣会按服装类型加或减一定尺寸）；通袖长一般是定做汉服时变动幅度较大的一个尺寸，其受款式的影响较大。
11. **袖口围、袖缘宽**：汉服的袖口围度一般要比现代服装的大，袖缘的宽度根据款式来定。
12. **成衣胸围**：衣服的胸围而非人体的胸围，它等于人体的净胸围 + 衣服放量。

人体身高、颈围、胸围、腰围、臀围、通袖长的基本尺寸测量示意图如图 2-1 所示。以汉服中的曲裾深衣为例，各部位的基本尺寸测量如图 2-2 所示。

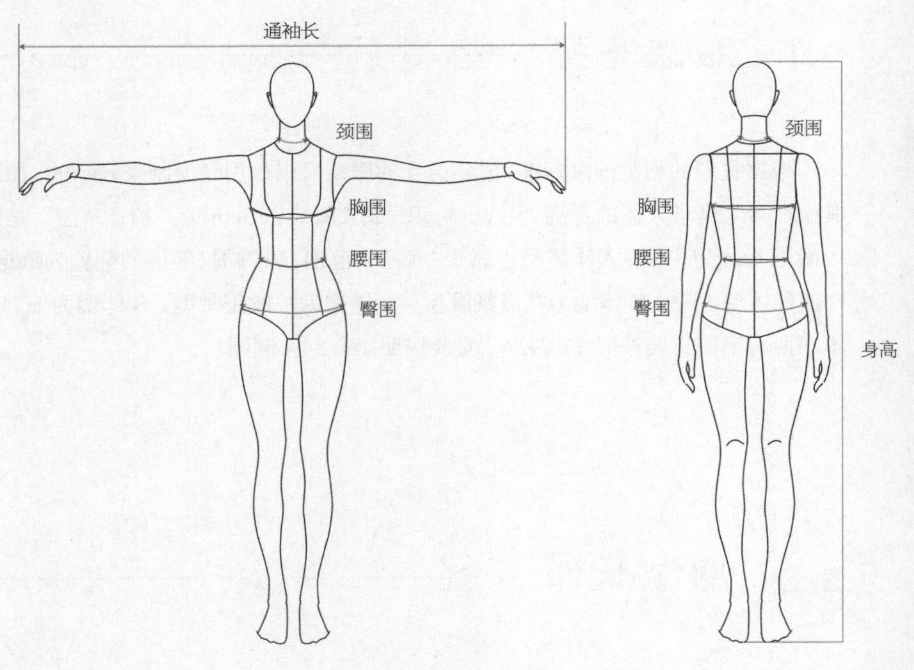

图 2-1

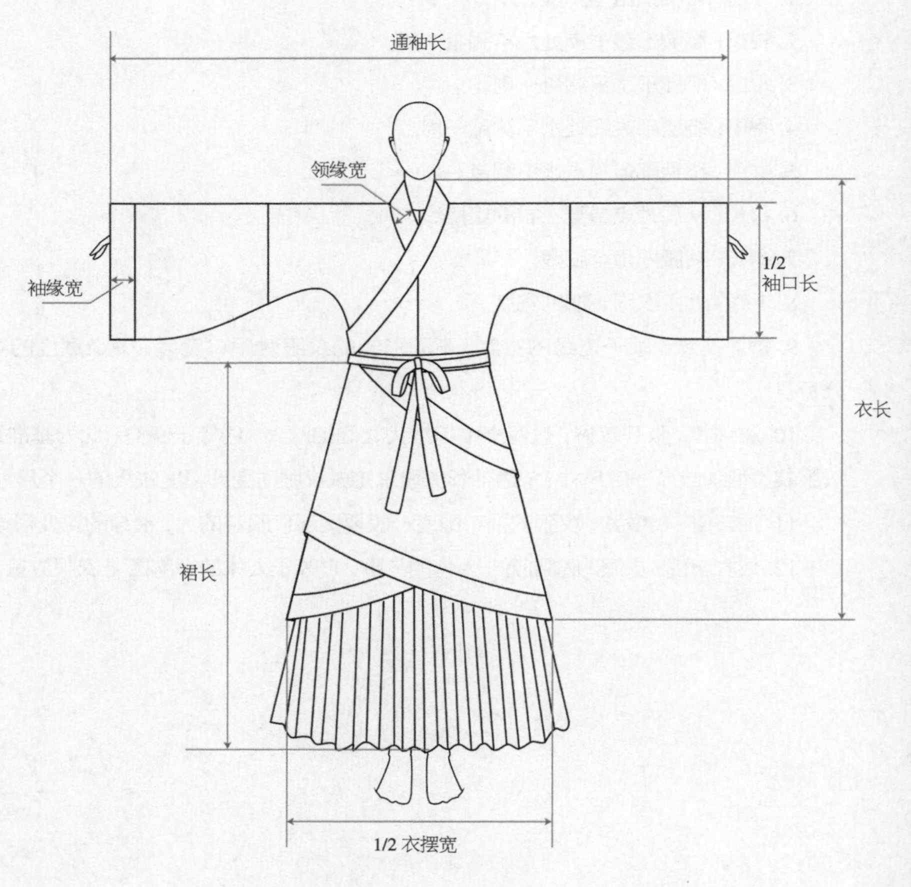

图 2-2

2.3 汉服制版常用工具

1. **直尺**：服装制图的基本工具，用于测量和画辅助线。直尺的材质有钢、木、竹、塑料、有机玻璃等。图 2-3 所示为多功能放码尺，其平直度好，刻度清晰且易弯曲测量弧线等，是服装制图的常用工具之一。

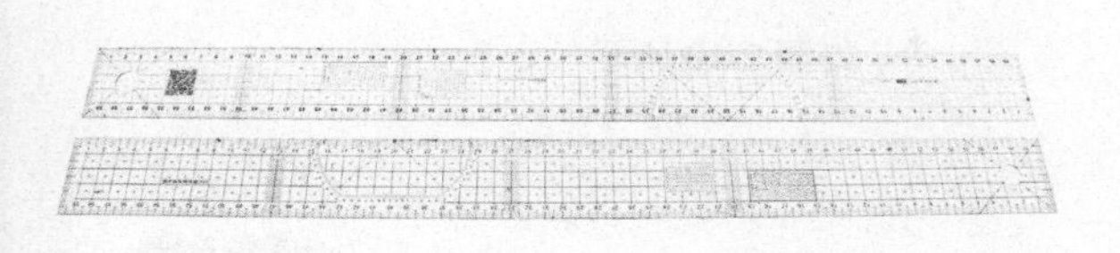

图 2-3

2. **软尺**：用于测量人体各部位尺寸，在服装制图中也有所应用，如复核各曲线、拼合不同部位的长度等，以判定合适的配合关系，如图 2-4 所示。

图 2-4

3. **多用曲线尺**：服装制图专用曲线尺，是按照服装制图中各部位弧线或弧度变化规律而制成的，用于绘制各部位弧线，如图 2-5 所示。

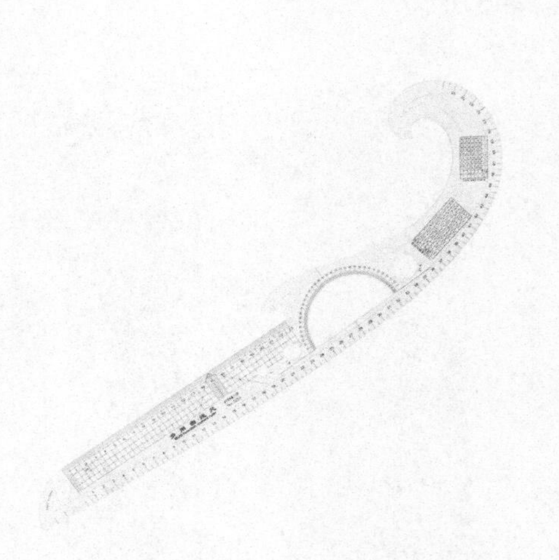

图 2-5

4. **绘图铅笔、四色笔、气消笔**：绘图铅笔是直接用于绘制服装结构图的工具，1∶5 的服装结构图一般用标号为 HB 或 H 的绘图铅笔，1∶1 的服装结构图则需要用标号为 2B 的绘图铅笔；四色笔用于画纸样；气消笔用于在面料上画辅助线，其笔迹遇水会消失。如图 2-6 所示。

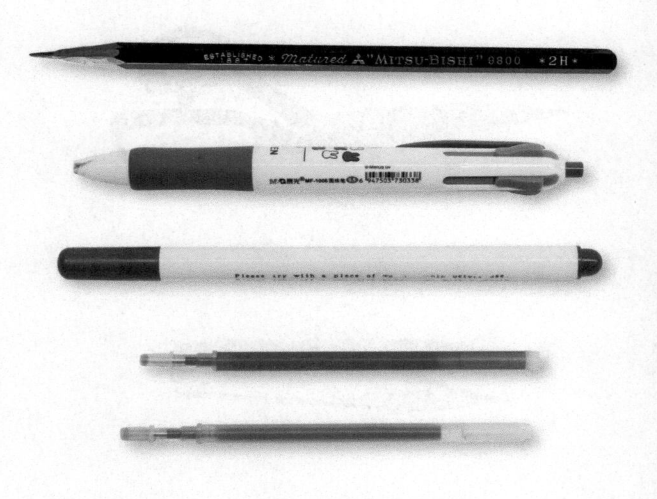

图 2-6

5. **滚轮**：用于复刻纸样或线条，如图 2-7 所示。

图 2-7

6. **剪口钳**：用于给做好并已校正的纸样打剪口，如图 2-8 所示。

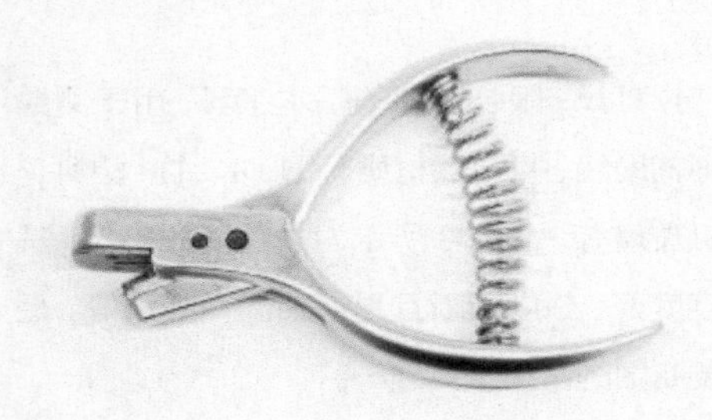

图 2-8

7. **角锥子**：用于钻孔定位、翻布等，如图 2-9 所示。

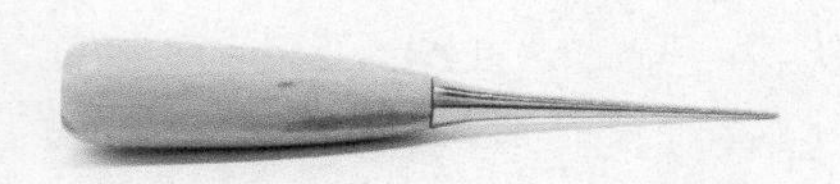

图 2-9

8. **打孔器**：用于给纸样打孔，串集纸样等，如图 2-10 所示。

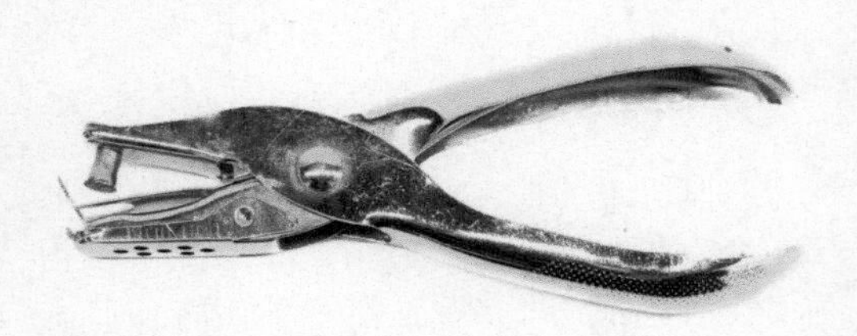

图 2-10

9. **剪刀**：用于裁剪布料，在裁剪丝绸类薄面料时通常使用带有锯齿的防滑剪刀，还有专用的剪纸样剪刀、线剪等，图 2-11 所示为布剪，图 2-12 所示为线剪。

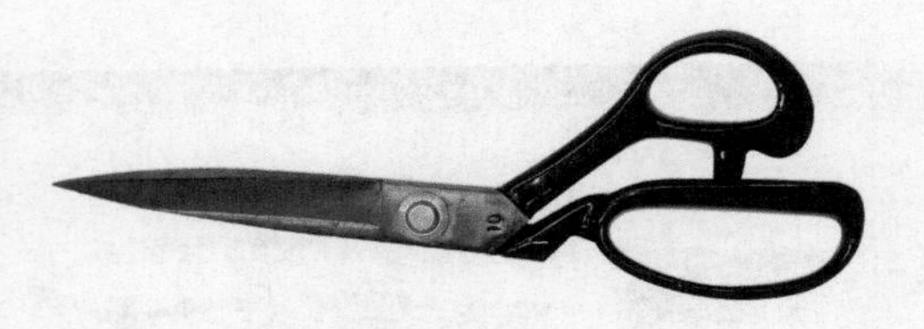

图 2-11

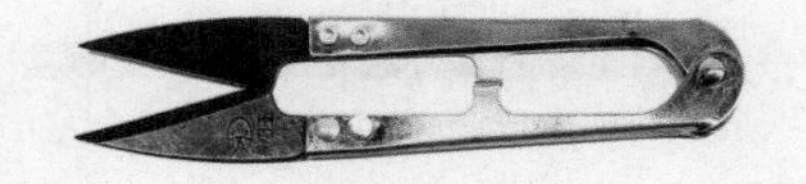

图 2-12

10. **绘图纸**：有牛皮纸、方格纸、铜版纸等，尺寸多样，制图一般用全开牛皮纸，如图 2-13 所示。

图 2-13

2.4 现代汉服常用面料

汉服面料自黄帝以来主要有苎麻和蚕丝两种，总称为布帛，分别由典枲、典丝执掌，另设掌葛征收做葛布的苎麻。葛布又称为夏布，是丧服、祭服及深衣的主要布料，其中的细密者称为纻丝。夏服多为葛麻纱罗，冬季以丝绵充絮，故称为冬绵夏葛、夏纱冬绉。至东汉时，海南、云南开始兴起用棉花纺纱织布。布帛根据纺织工艺、经纬组织可细分为锦、绫、罗、绢、纱、绨、绡、绉、绸、缎等。秦汉时期，除齐纨、鲁缟享有盛名外，还有吴绫、越罗、楚绢、蜀锦等名品。后来北宋朝廷在东京设“绫锦院”，网罗了很多蜀锦织工为贵族制作礼服，从而形成宋锦。明代建都南京，又形成了云锦。织金、锦、罗、绫是最昂贵的织物，冕服用青罗衣、赤罗裳、赤罗蔽膝制成，圆领袍官服则皆用绫制成。官服胸背处用云锦中最精美的妆花缎制作。

现代面料中常见的汉服面料包括涤纶、雪纺、真丝、天丝、人丝、醋酸、棉类、缎类等。下面介绍几种市面上常见的汉服面料。

1. **雪纺面料**：雪纺是丝产品中的纱类产品，为汉服常用的布料；其色彩丰富，可绣花、可印花，做出来的汉服风格百变；雪纺面料好打理，容易清洗，尤其适合做夏装，具有织物轻薄、透明、柔软、飘逸的特点，适用于齐胸衫裙、褙子、对襟等款式。

2. **桑蚕丝面料**：桑蚕丝面料分为八大类——纺、绉、纱罗、绫、缎、绸、呢、绨，其优点就是亲肤、养肤，越穿皮肤越好，夏季尤为透气散热，做成的汉服飘逸、柔软；但桑蚕丝面料价高、难打理，通常用来做高档礼服。

3. **棉麻面料**：棉麻布是指含麻的棉布，又称为棉麻交织布料；棉麻服饰已有四千年的历史，无论是从色泽还是从质感上来看都自然淳朴，给人返璞归真的柔和印象；棉麻面料的优点是简单朴素、亲肤透气，纯色棉麻布十分适合做中衣，柔软舒适，缺点是不抗皱。

4. **醋酸面料**：醋酸面料又称醋酸布，是以醋酸和纤维素为原料经酯化反应制得的人造纤维，其色彩鲜艳，外观明亮，触感柔滑、舒适，垂坠性好，光泽度、性能均接近桑蚕丝，通常用来制作高档礼服。

5. **涤纶面料**：涤纶面料是一种化纤服装面料，其最大的优点是坚固耐用，抗皱挺括，尺寸稳定性好；涤纶面料做成的百褶裙可以长时间保持褶皱，适合用来做有褶裙装；因为涤纶面料聚热且不透气，所以不适合做夏装。

2.5 常用制图符号

服装制图符号是构成图样的重要组成部分，每一种专用符号均表示一种专用语言或技术要求。本书中用到的线条、制图符号及其使用说明如表 2-1 所示。

表2-1　线条、制图符号及其使用说明

名称	线条或制图符号	使用说明
轮廓线		粗实线，服装和零部件的轮廓线、部位轮廓线
辅助线		细实线，基础线或辅助线
等分线		表示每段距离相等
点划线		表示对称，双层折叠，不能剪开
标距线		表示公式、数据
虚线		成衣边缘线、辅助线
纱向线		表示与经纱平行
同寸号		表示标有相同符号的线段距离相等
纽扣位		纽扣位置符号
扣眼位		扣眼位置符号
缩缝符号		表示衣片此处需缩缝
直角符号		表示衣片此处成直角
拼合符号		纸样拼合符号
单向褶裥		表示顺向褶裥的折倒方向
对合褶裥		表示对合褶裥的折倒方向

第3章 现代汉服基础版型及裁剪图

3.1 中衣版型及裁剪图

中衣，也称中单、里衣，是汉服中的衬衣，主要起搭配、衬托外衣的作用，如图 3-1 所示。着礼服时里面一定要穿中衣，如同西装中的衬衫。中衣穿着时，衣身及领子比外衣更贴体，领缘比外衣稍高。中衣的正背面款式图如图 3-2 所示。

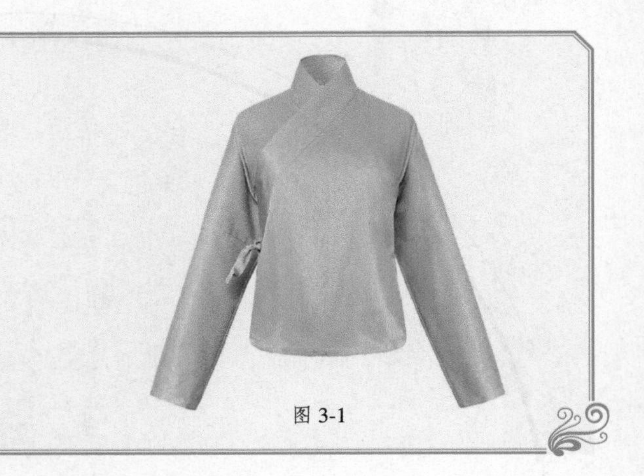

图 3-1

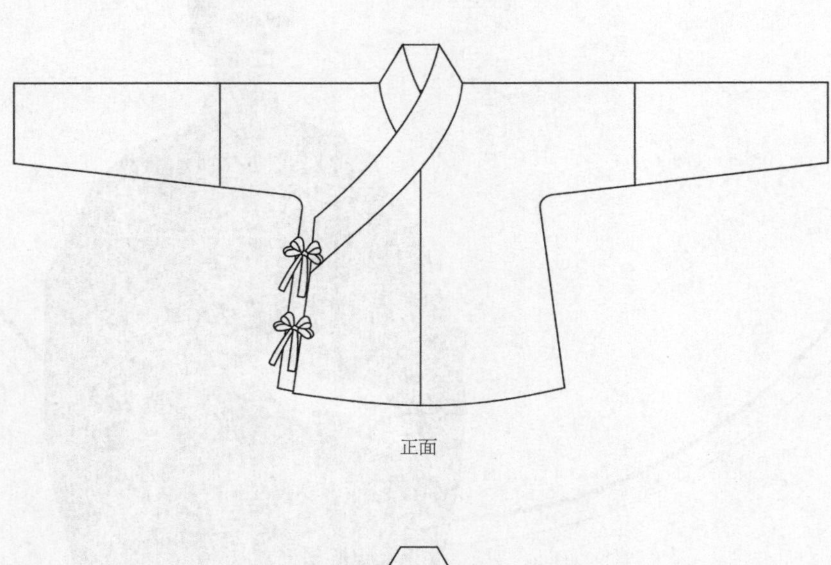

正面

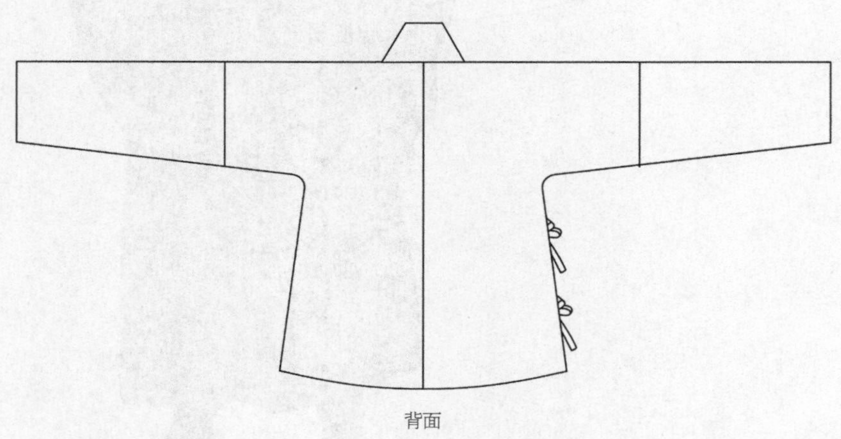

背面

图 3-2

中衣款式特点为交领、右衽，图 3-3 所示为中衣的外襟、内襟，其左右不对称。

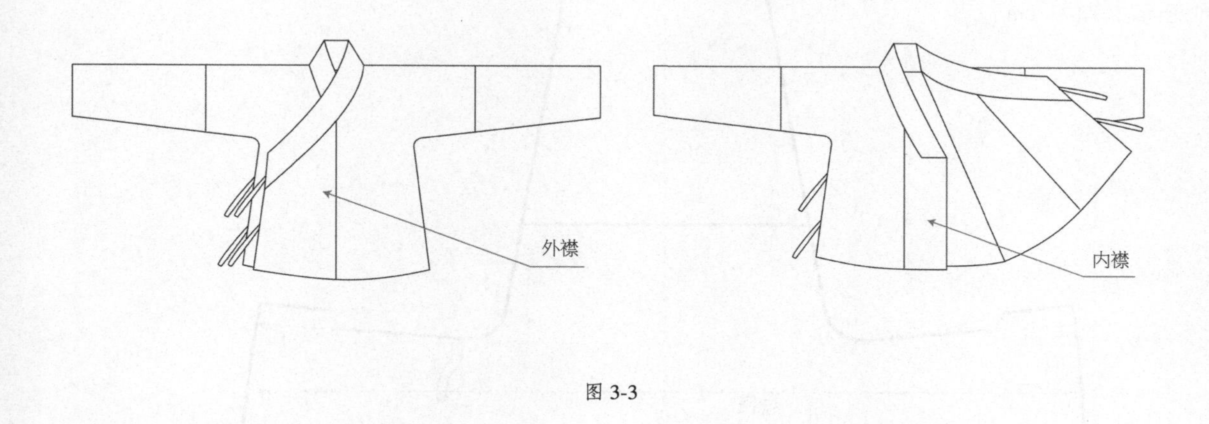

图 3-3

一、中衣规格尺寸表

中衣规格尺寸表如表 3-1 所示。图 3-4 所示为中衣各部位尺寸对照图。

表3-1　中衣规格尺寸表　　单位：cm

号型	胸围	摆围	领缘宽	衣长	袖口围	通袖长
160/84A	90	102	6.5	60	26	161

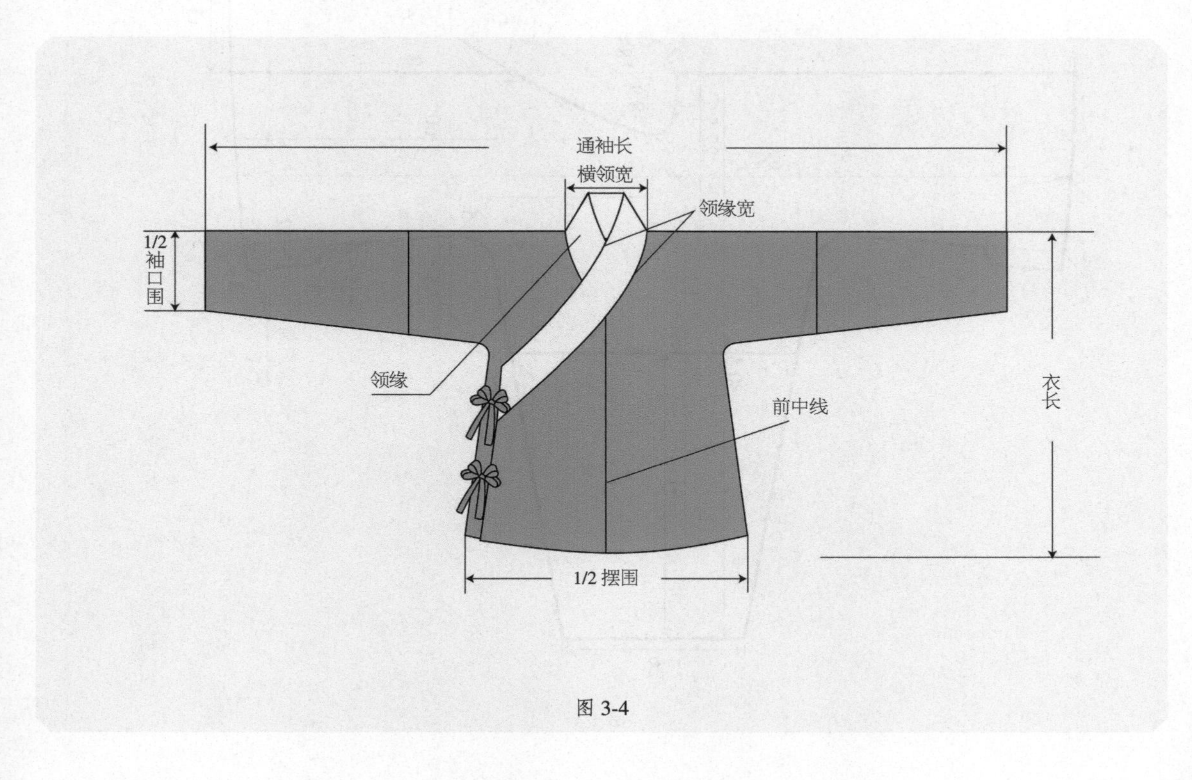

图 3-4

二、中衣结构图

中衣结构图如图 3-5、图 3-6 所示（单位：cm）。

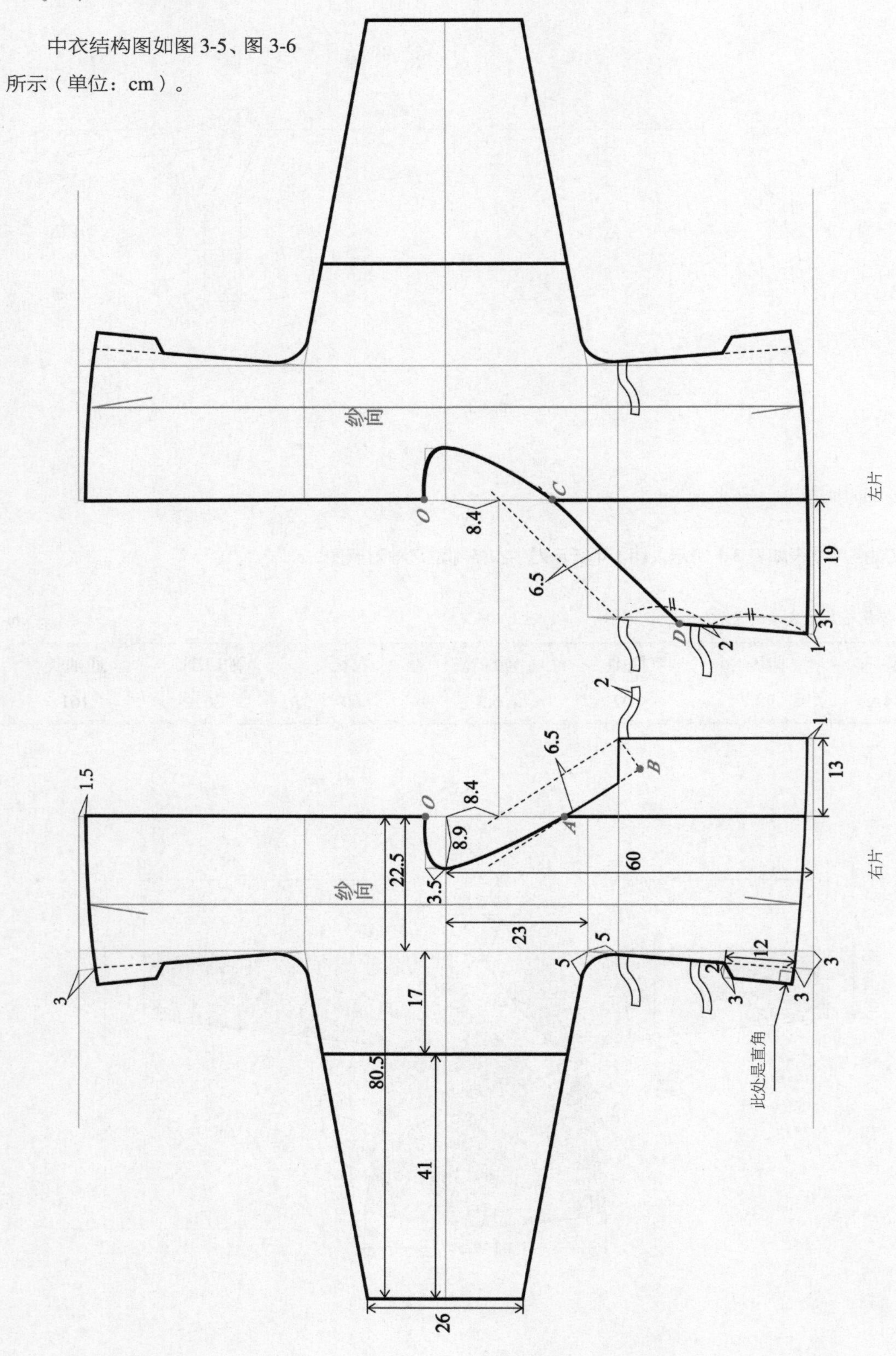

图 3-5

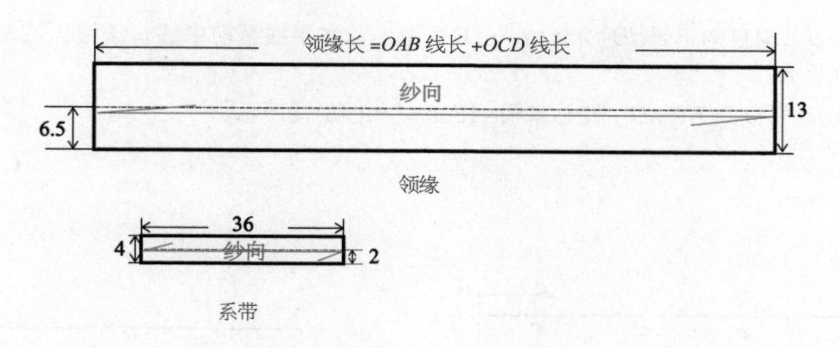

图 3-6

注意事项

身高每增加5cm，袖长加2cm。后领深2cm的最大领高是5cm，若领高大于5cm，则需开深后领。以6.5cm为例，后领深为2+（6.5–5）=3.5cm，袖口围增加1cm~1.6cm。

三、制图步骤

01 画肩线。由左至右画水平线*ab*，*ab*=1/2通袖长=80.5cm，如图3-7所示。

02 定领宽、肩点、袖分割点。由右至左*bc*=1/2横领宽=8.9cm，*bd*=1/4胸围=22.5cm，*de*=17cm，如图3-8所示。

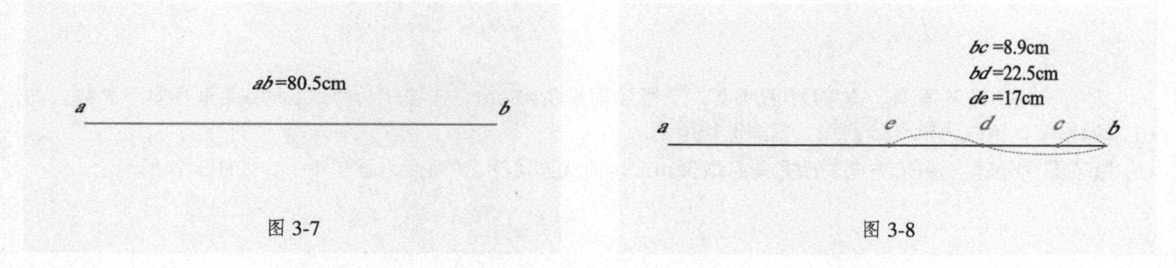

图 3-7　　图 3-8

03 画前中线。从*b*点垂直向下画*bA*=衣长=60cm，再过*A*点画一条水平线，如图3-9所示。

04 画后领深。从*c*点垂直向上画*cg*=3.5cm，从*b*点垂直向上画*bo*=3.5cm，*o*点为后领深点，如图3-10所示。

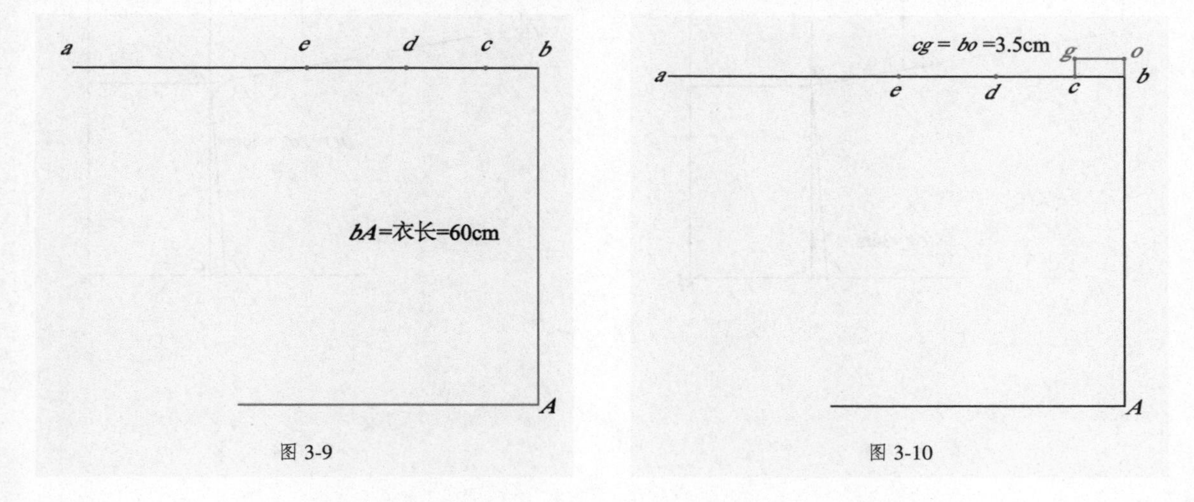

图 3-9　　图 3-10

05 定胸围线。从d点垂直向下画dB=23cm，过B点做一条水平线至前中线，该线为胸围线；延长dB至C点，如图3-11所示。

06 定袖口宽。从a点垂直向下画aD=1/2袖口围=13cm，如图3-12所示。

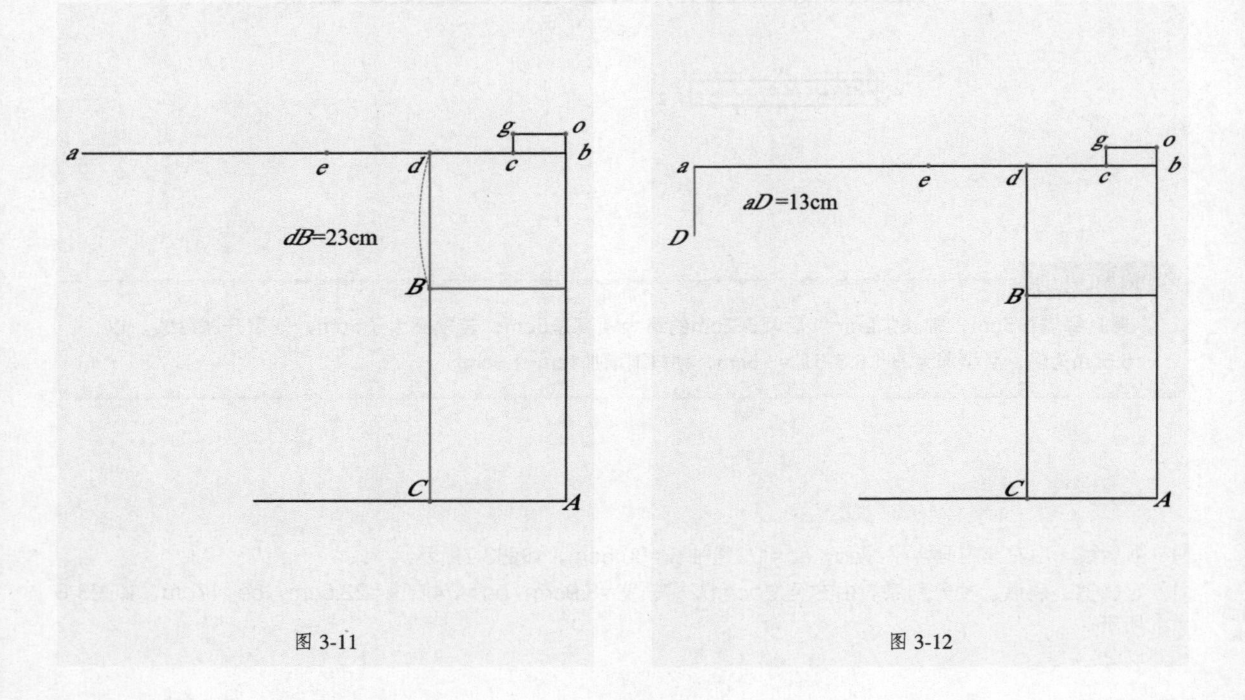

图 3-11

图 3-12

07 定袖子分割线及摆围。连接D、B两点，下摆放摆量Cf=3cm，连接B、f两点，过e点垂直向下画线，与DB相交，该线为袖子分割线，如图3-13所示。

08 腋下圆角处理。沿BD方向、Bf方向各取5cm，用曲线连接D'、f'两点（画圆角），如图3-14所示。

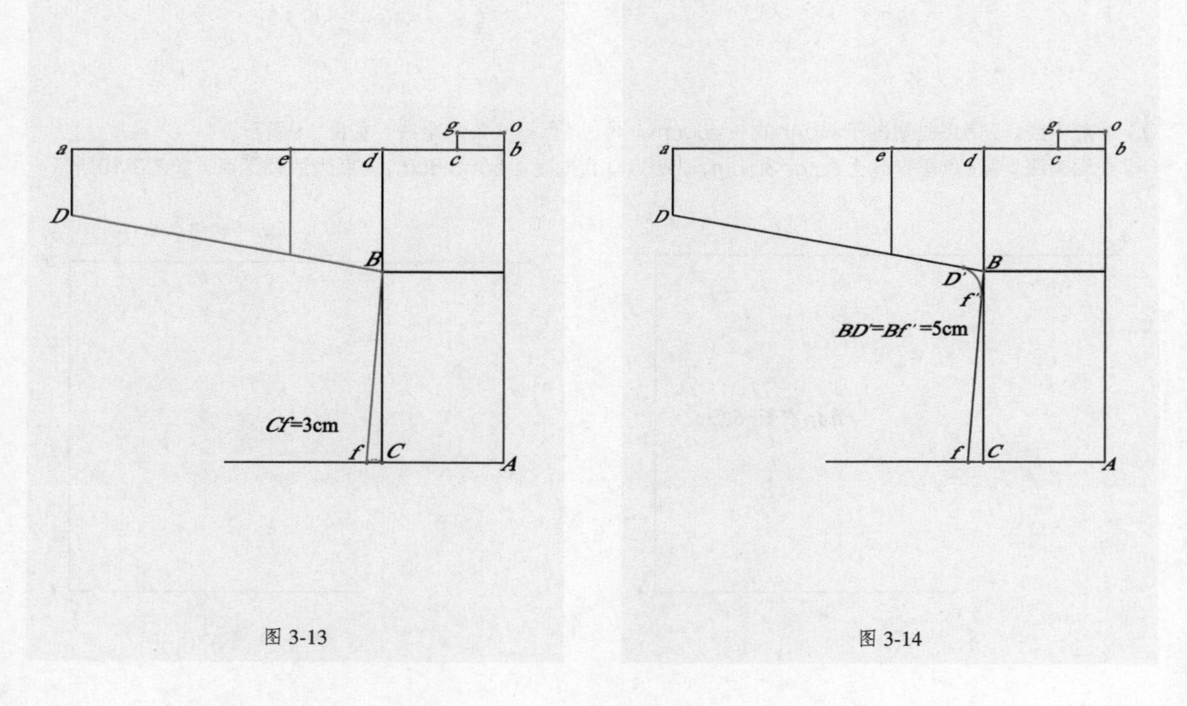

图 3-13

图 3-14

09 对称画出后片。以ab线为对称轴，对称画出后片，如图3-15所示。

10 画内襟。过f点向右画水平线，延长fA至h点，Ah=13cm，过h点向上画垂直线，与f'所在的水平线相交于点F，如图3-16所示。

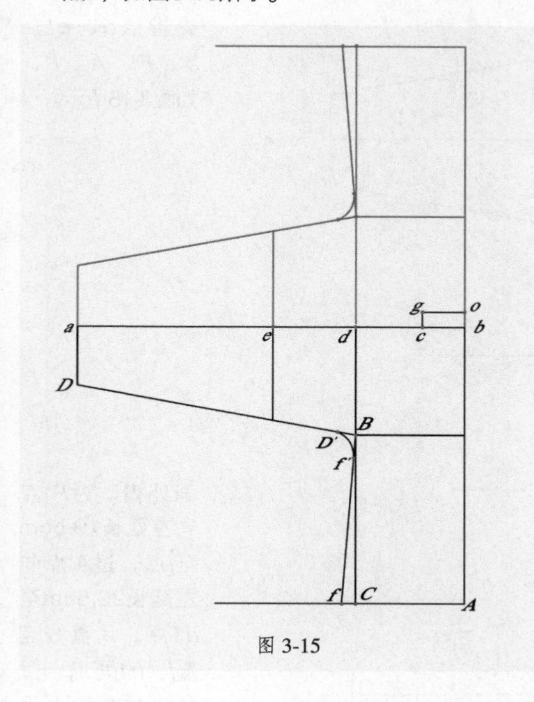

图 3-15

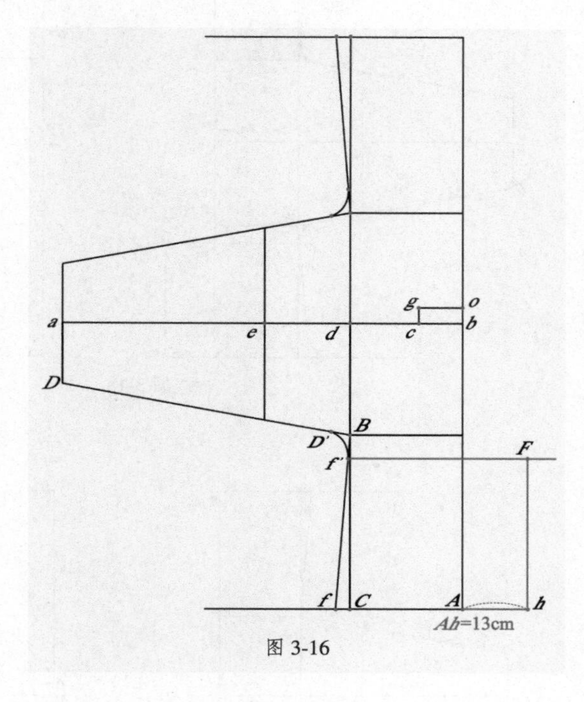

图 3-16

11 画领缘。沿b点垂直向下取E点，bE=8.4cm。用虚线连接E、F两点，画距离EF6.5cm的平行线，其分别与bA、$f'F$相交于E'、F'两点。过F点做EF的垂直线，其与$E'F'$的延长线相交于$B1$点，用曲线连接o、c、F'点，画出领圈弧线（此处沿c点向下画垂直辅助线，与领圈相切），如图3-17所示。

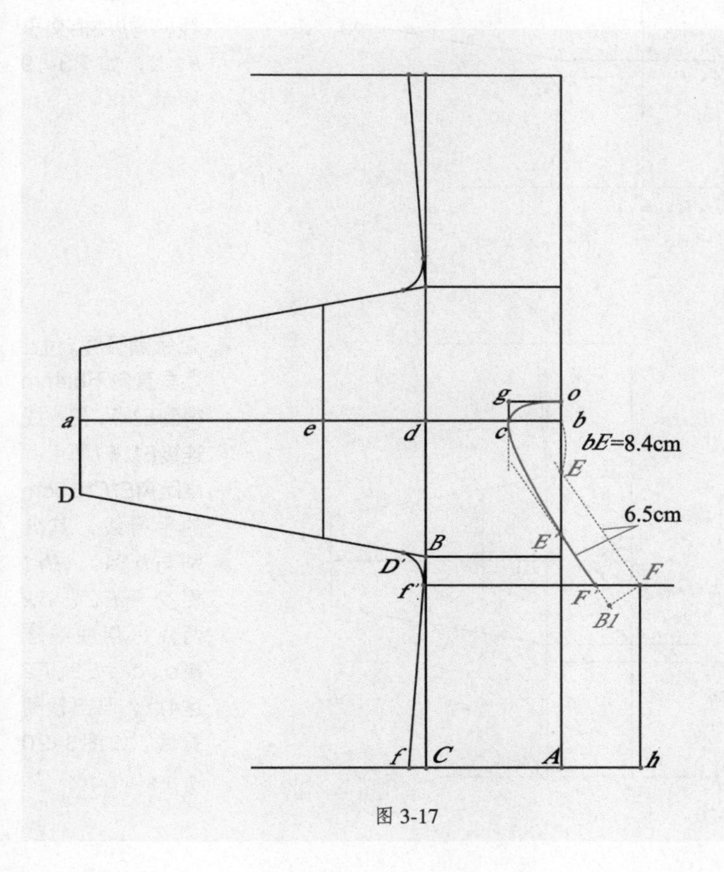

图 3-17

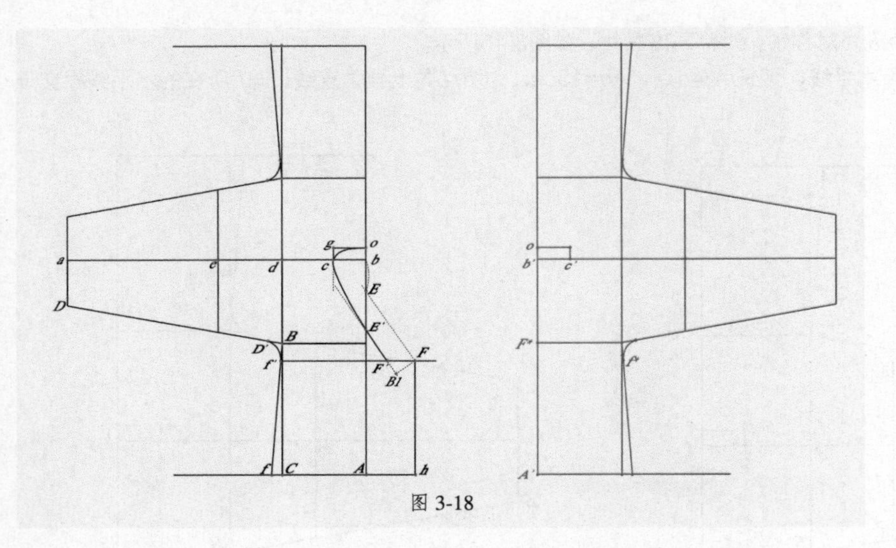

图 3-18

12 画左片。采用步骤1~9的方法画出左片，标注出关键点o、c'、b'、F^*、A'、f^*，如图3-18所示。

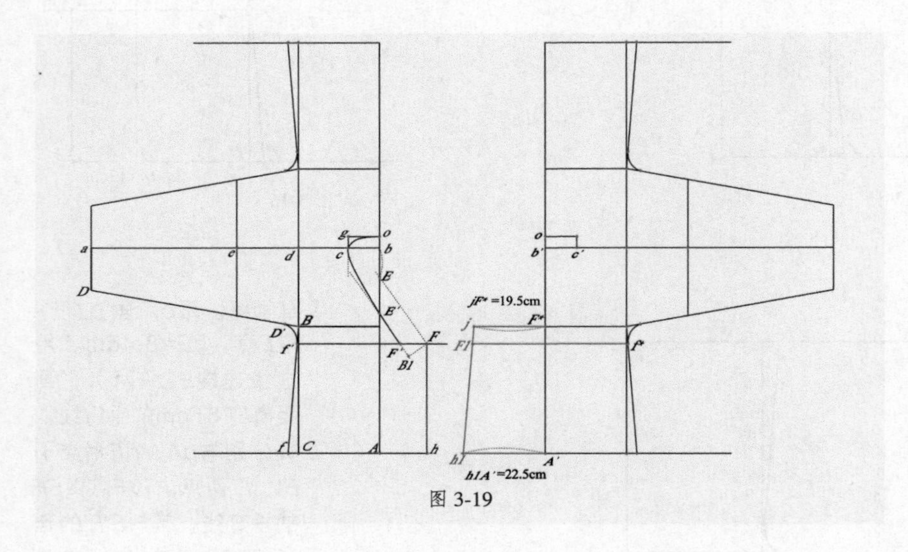

图 3-19

13 画外襟。过F^*点向左延长19.5cm至j点，过A'点向左延长22.5cm至$h1$点，用直线连接j、$h1$两点；过f^*点向左画水平线，与$jh1$相交于$F1$点，如图3-19所示。

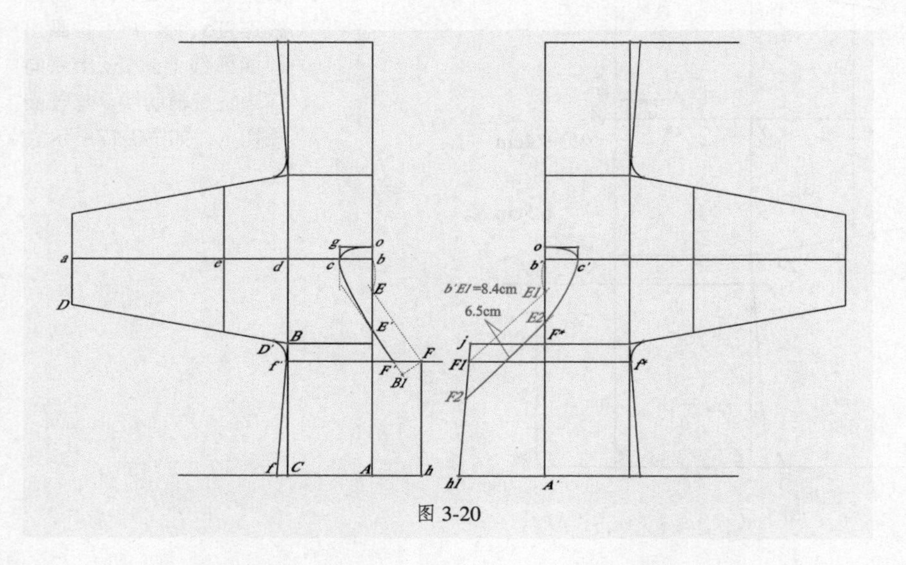

图 3-20

14 画领圈弧线。过b'点垂直向下8.4cm得到$E1$点，用虚线连接$E1$、$F1$两点；画距离$E1F1$ 6.5cm的平行线，其分别与$b'A'$、$jh1$相交于$E2$、$F2$两点，用曲线连接o、c'、$E2$、$F2$这4点，画出领圈弧线，如图3-20所示。

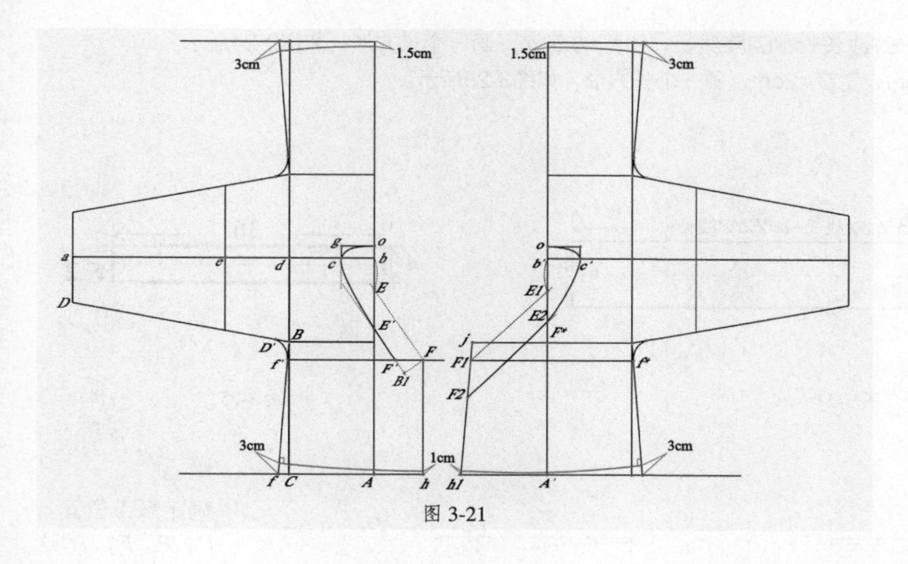

图 3-21

15 修下摆。前摆、侧缝起翘3cm画直角辅助线，内外襟边缘各起翘1cm画直角辅助线，连接两直角顶点。后摆、侧缝起翘3cm画直角辅助线，后中缝起翘1.5cm画直角辅助线，连接两直角顶点，左右片的操作相同，如图3-21所示。

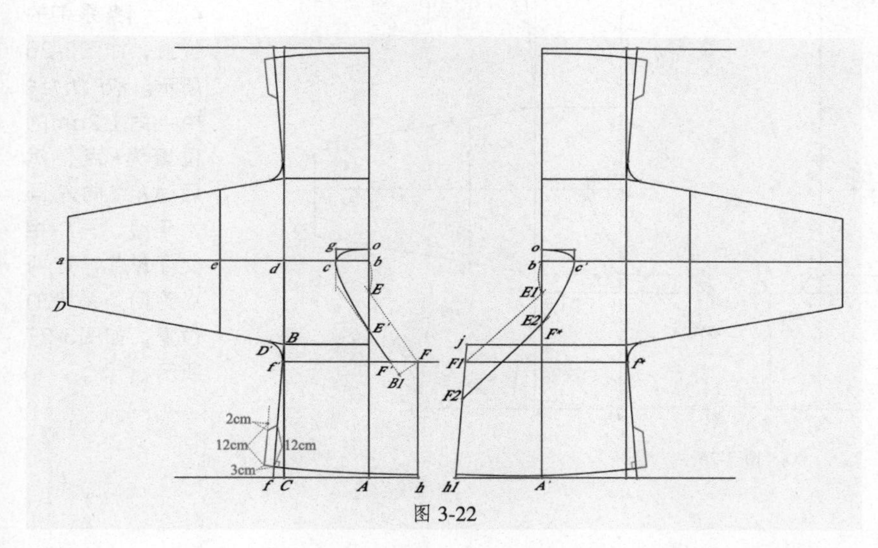

图 3-22

16 做摆衩。四边各延长出3cm作为衩宽，12cm为衩高，向下2cm做衩角度（四边相同），如图3-22所示。

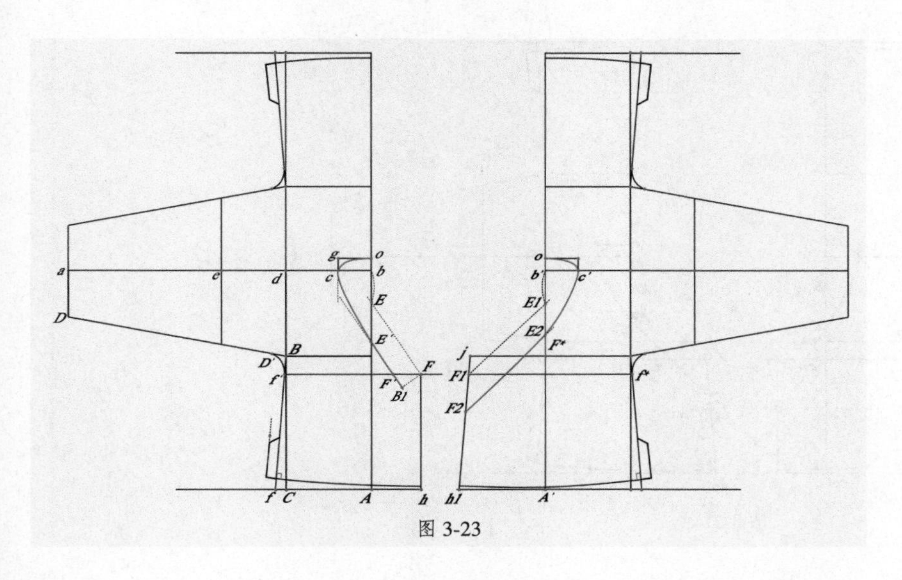

图 3-23

17 计算领缘长度。领缘长=*ocE′B1*线长+*oc′E2F2*线长，如图3-23所示。

18 画领缘。领缘长=*ocE'B1*线长+*oc'E2F2*线长，领宽=6.5cm，画一个长方形，如图3-24所示。

19 画系带。系带长=36cm，宽度=2cm，画一个长方形，如图3-25所示。

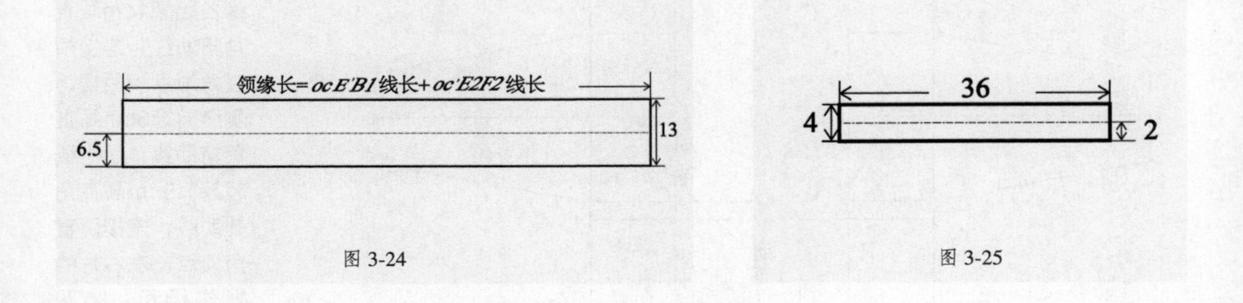

图 3-24

图 3-25

20 确定系带位置。*f'*、*F*、*F1*、*f**这4点为4条系带的位置，如图3-26所示。取*F1h1*线中点向上2cm的位置为*k*点，然后过*k*点向左画水平线，与*f'f*相交于*K*点，这两点为两条系带的位置，如图3-27所示。

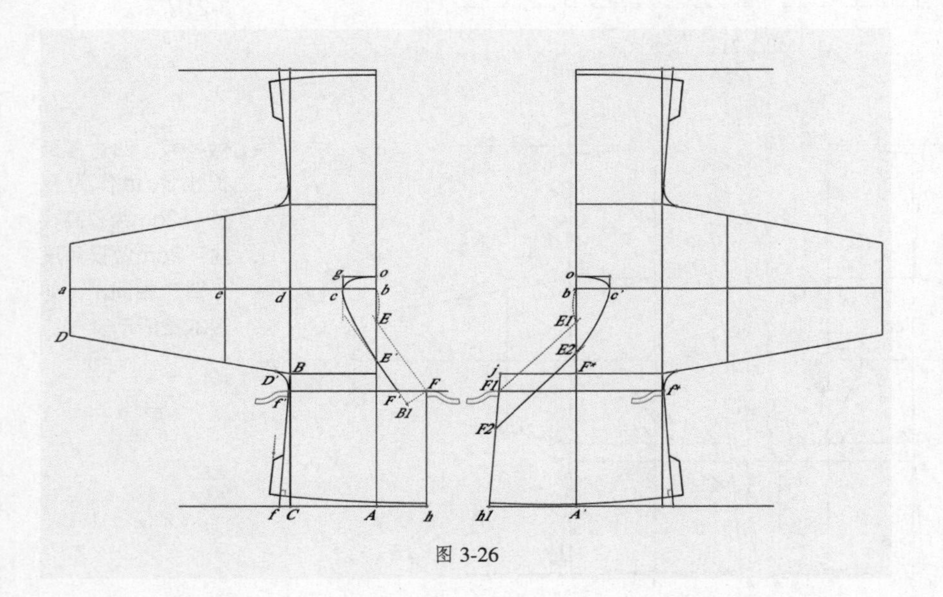

图 3-26

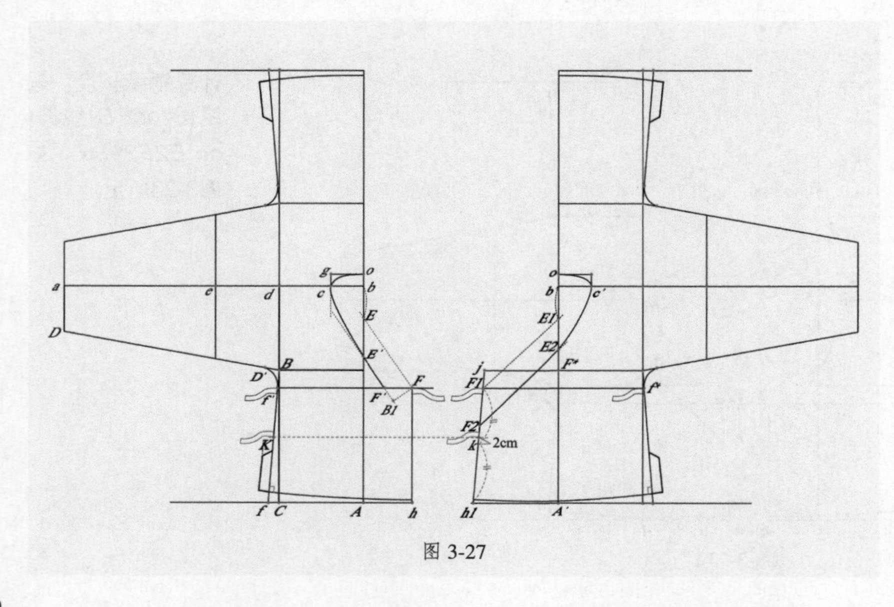

图 3-27

21 把中衣的版型轮廓线加粗，标注出纱向线，整体效果如图3-28所示。

纱向线是指裁剪布料的方向，在服装版型图上需要标注出来。

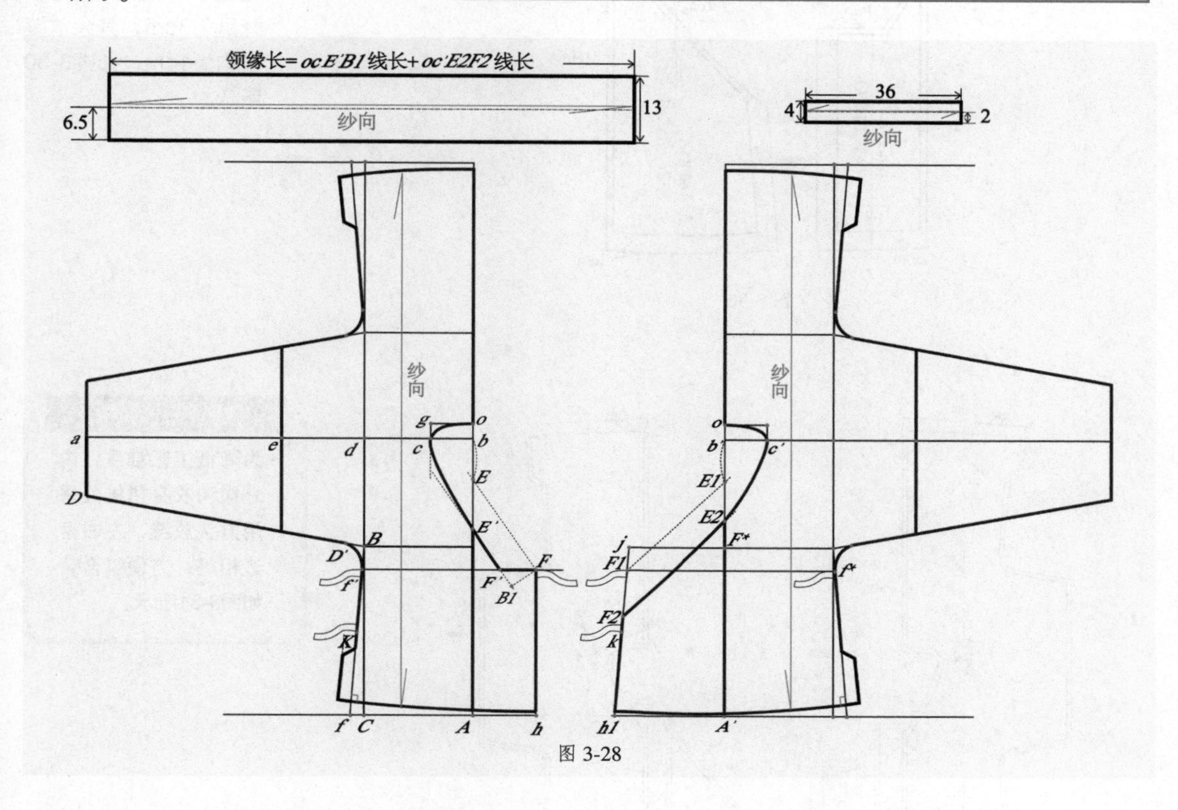

图 3-28

四、裁剪图

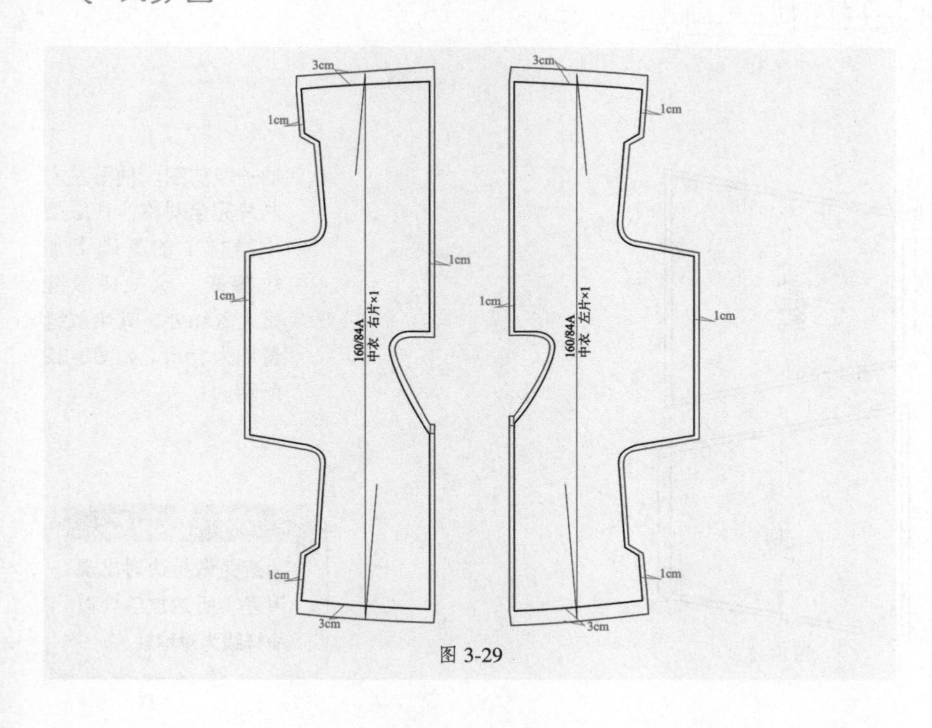

图 3-29

01 衣身裁剪图。分为左片衣身和右片衣身，在版型（净样）的基础上加放缝量，下摆放缝量为3cm，其余放缝量都是1cm，如图3-29所示。

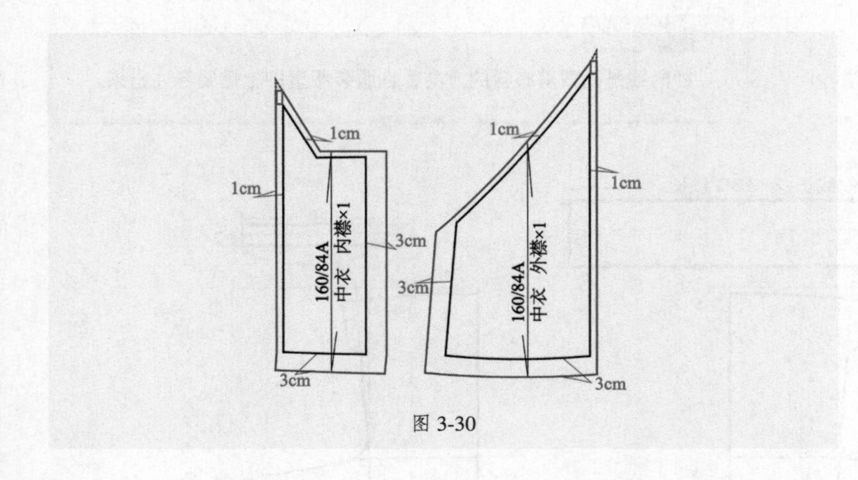

图 3-30

02 内外襟裁剪图。在版型（净样）的基础上加放缝量，下摆及侧缝放缝量为3cm，其余放缝量均为1cm，如图3-30所示。

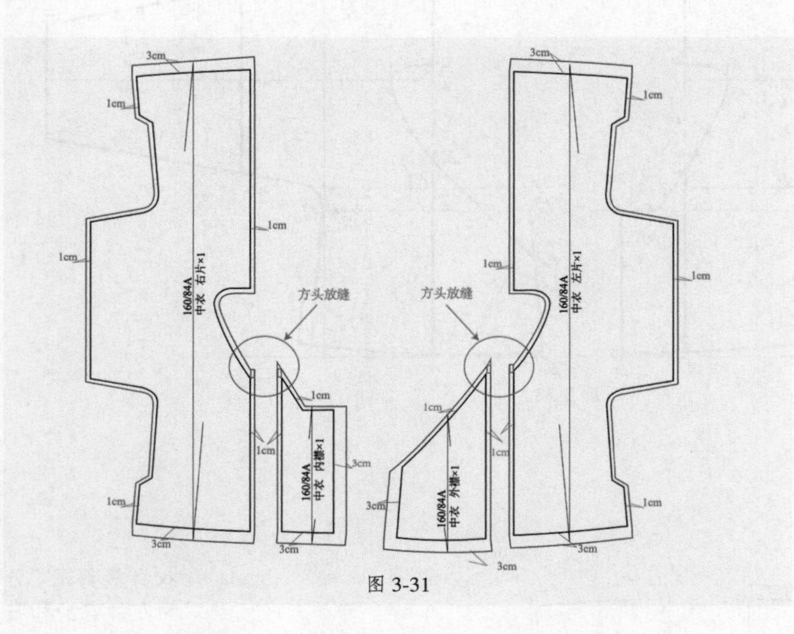

图 3-31

放缝注意事项①

为降低工艺难度，内外襟和衣身拼接处采用方头放缝，左右两边相等，方便缝合，如图3-31所示。

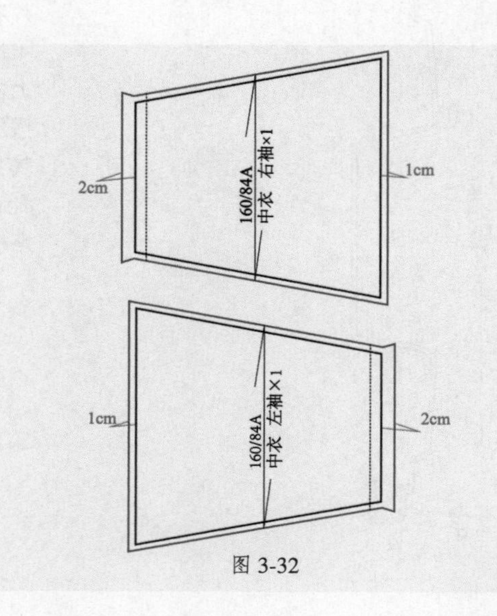

图 3-32

03 袖子裁剪图。袖子左右两片完全对称，在版型（净样）的基础上加放缝量，除袖口放缝量为2cm外，其余放缝量均为1cm，如图3-32所示。

放缝注意事项②

为避免做折边时出现误差，折边放缝要以净样线为对称轴。

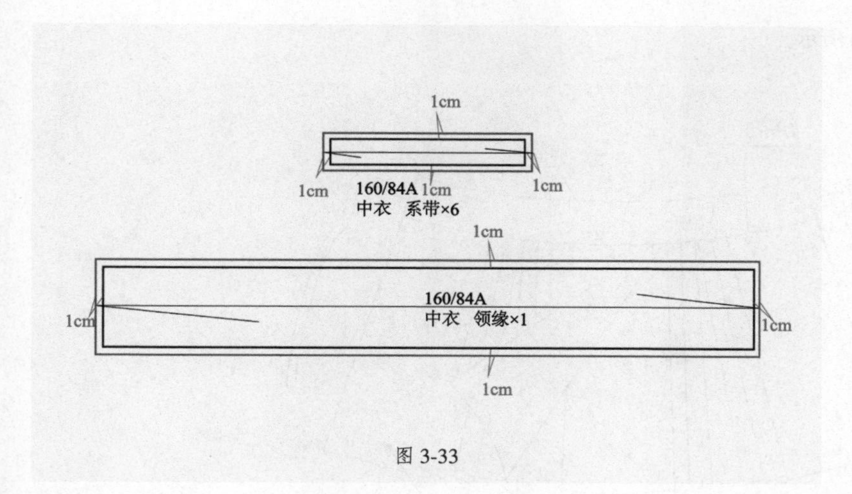

图 3-33

04 领缘及系带裁剪图。在版型（净样）的基础上加放缝量，放缝量为1cm，如图3-33所示。

3.2 马面裙版型及裁剪图

马面裙，又名“马面褶裙”，是我国古代汉族女子的主要裙式之一，前后里外共有 4 个裙门，两两重合，外裙门上有装饰，内裙门装饰较少或无装饰；马面裙侧面打褶，裙腰多用白色布，取白头偕老之意，以绳或纽扣固定，如图 3-34 所示。马面裙的正背面款式图如图 3-35 所示。

图 3-34

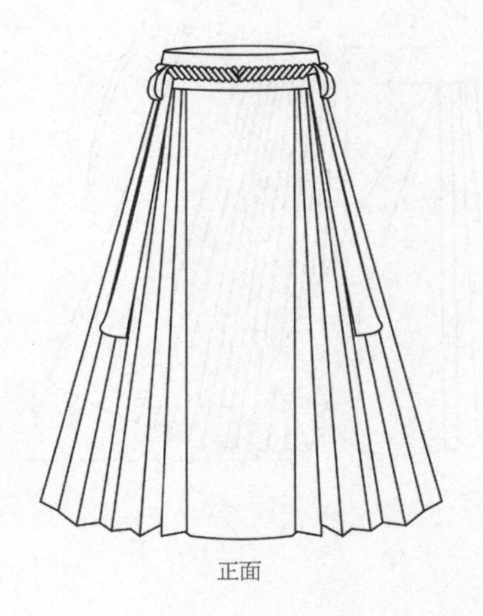

正面

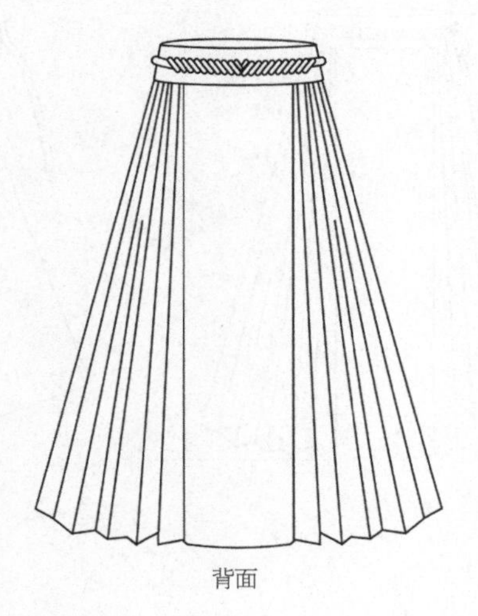

背面

图 3-35

马面裙的平面图如图 3-36 所示。

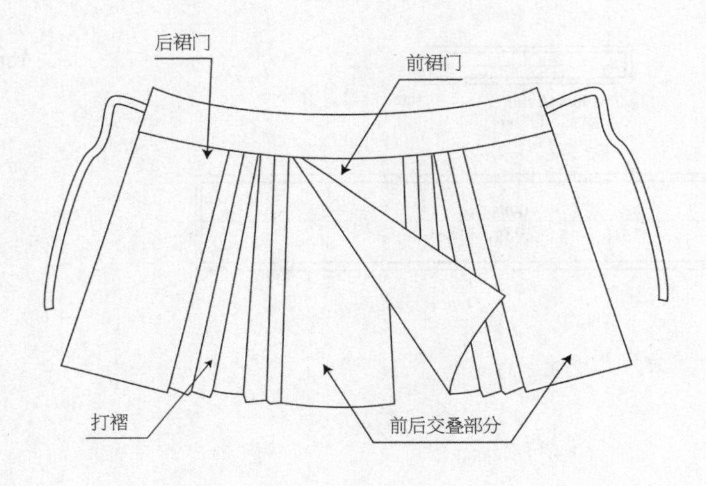

图 3-36

一、马面裙规格尺寸表

马面裙规格尺寸表如表 3-2 所示。图 3-37 所示为马面裙各部位尺寸对照图。

表3-2　马面裙规格尺寸表　　单位：cm

号型	裙长	裙头宽	裙头长	系带长	褶间距
160/68A	99	7	93	120	1.5

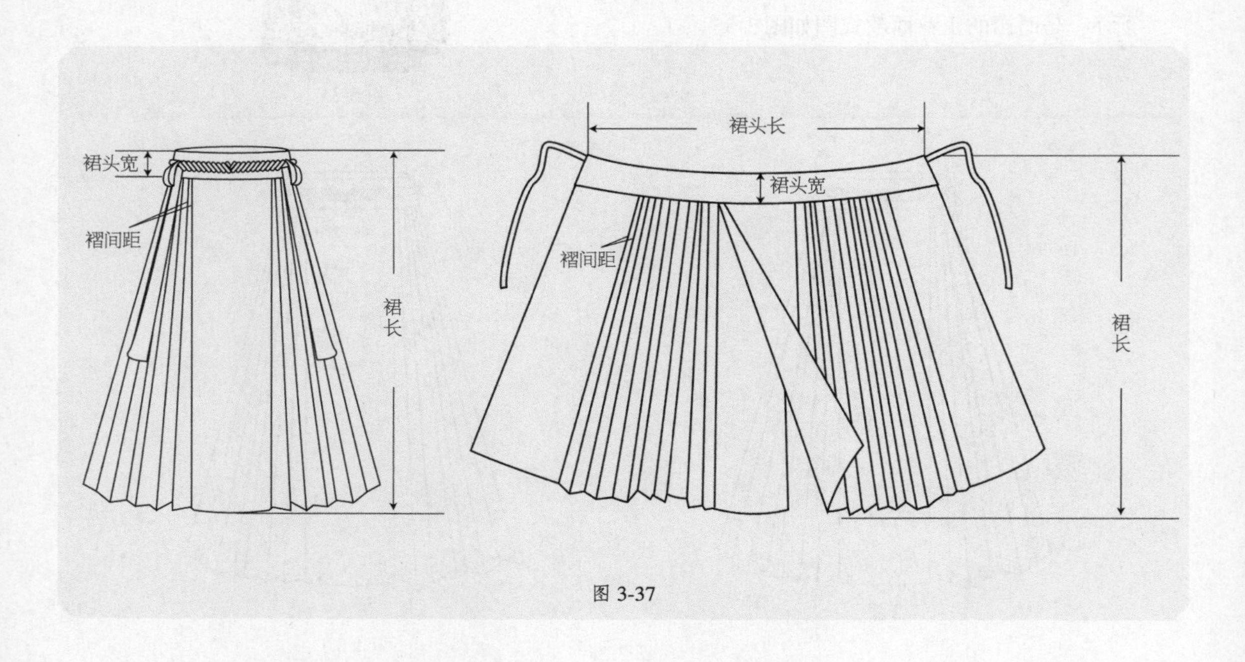

图 3-37

二、马面裙结构图

图 3-38 所示为马面裙裙片、裙头、系带的结构图（单位：cm）。

此裙左右裙片相同。

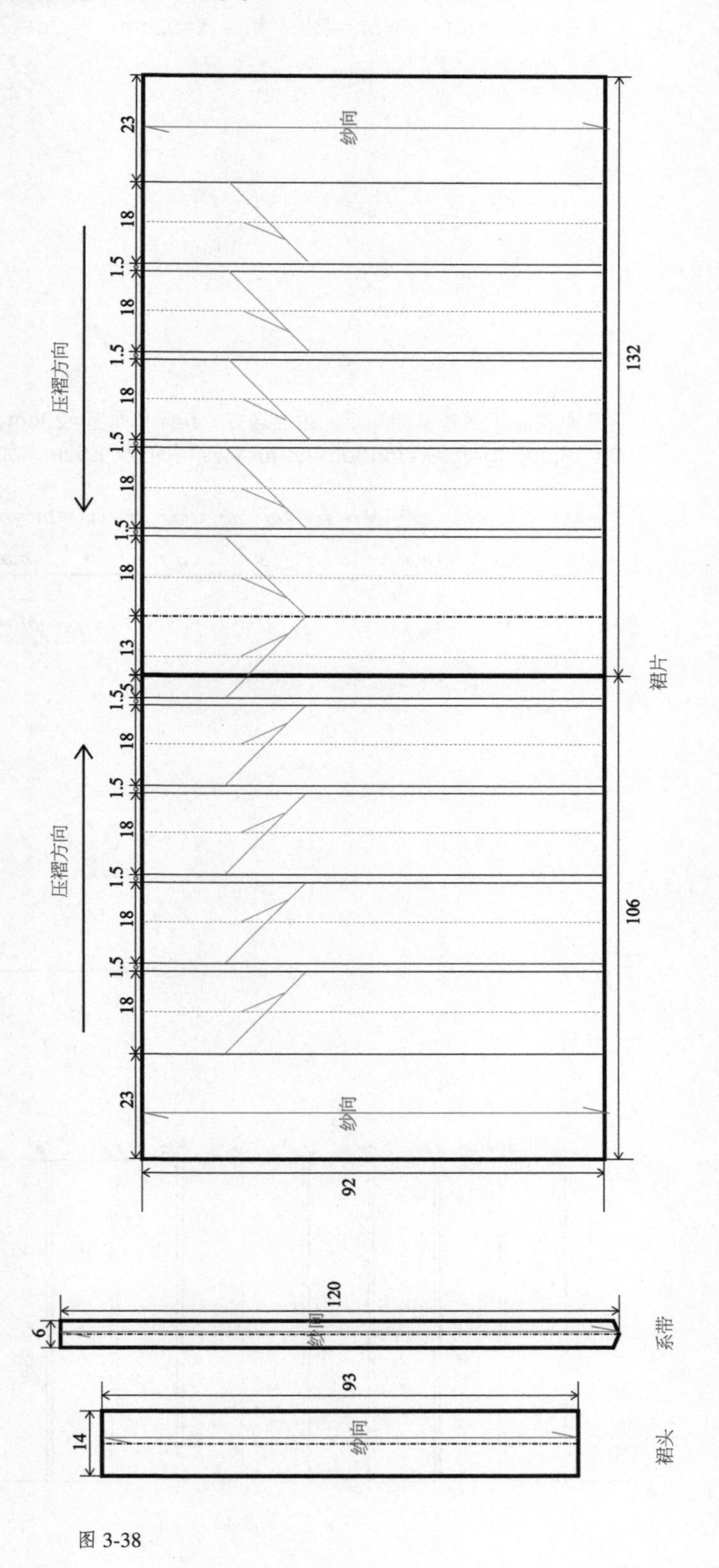

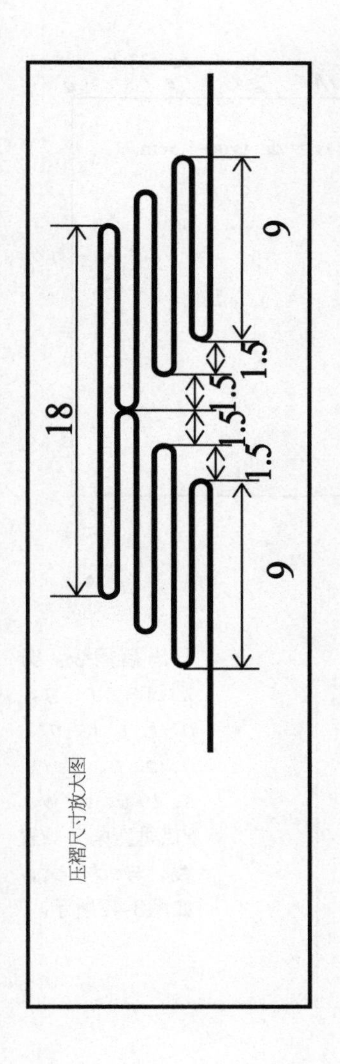

图 3-38

三、制图步骤

01 画腰围线。由左至右画水平线ab，ab=裙头长+褶裥量+前后裙片重叠量=238cm，如图3-39所示。

02 定裙长。垂直b点向下画bc=裙长－裙头宽=92cm，再过c点画一条水平线cd=238cm，如图3-40所示。

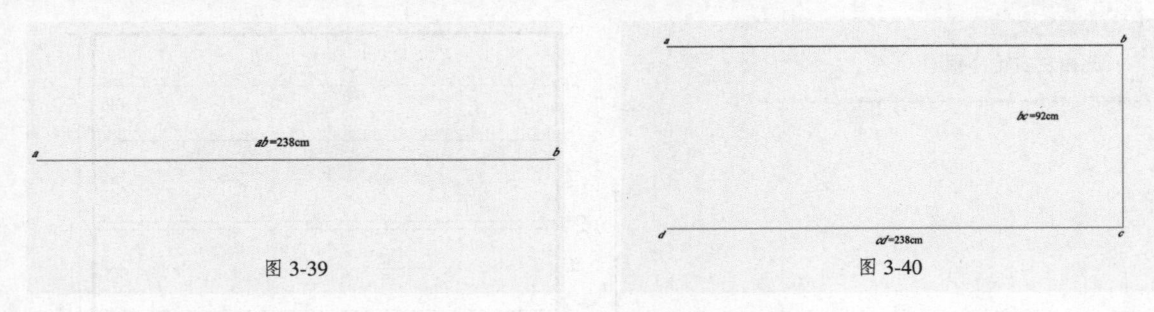

图 3-39　　图 3-40

03 定马面宽、压褶量及褶间距。由右至左，be=马面宽=23cm，$ef=gh=ij=km=no=op=qr=st=uv=wx$=压褶量=18cm，$fg=hi=jk=mn=pq=rs=tu=vw$=褶间距=1.5cm，如图3-41所示。

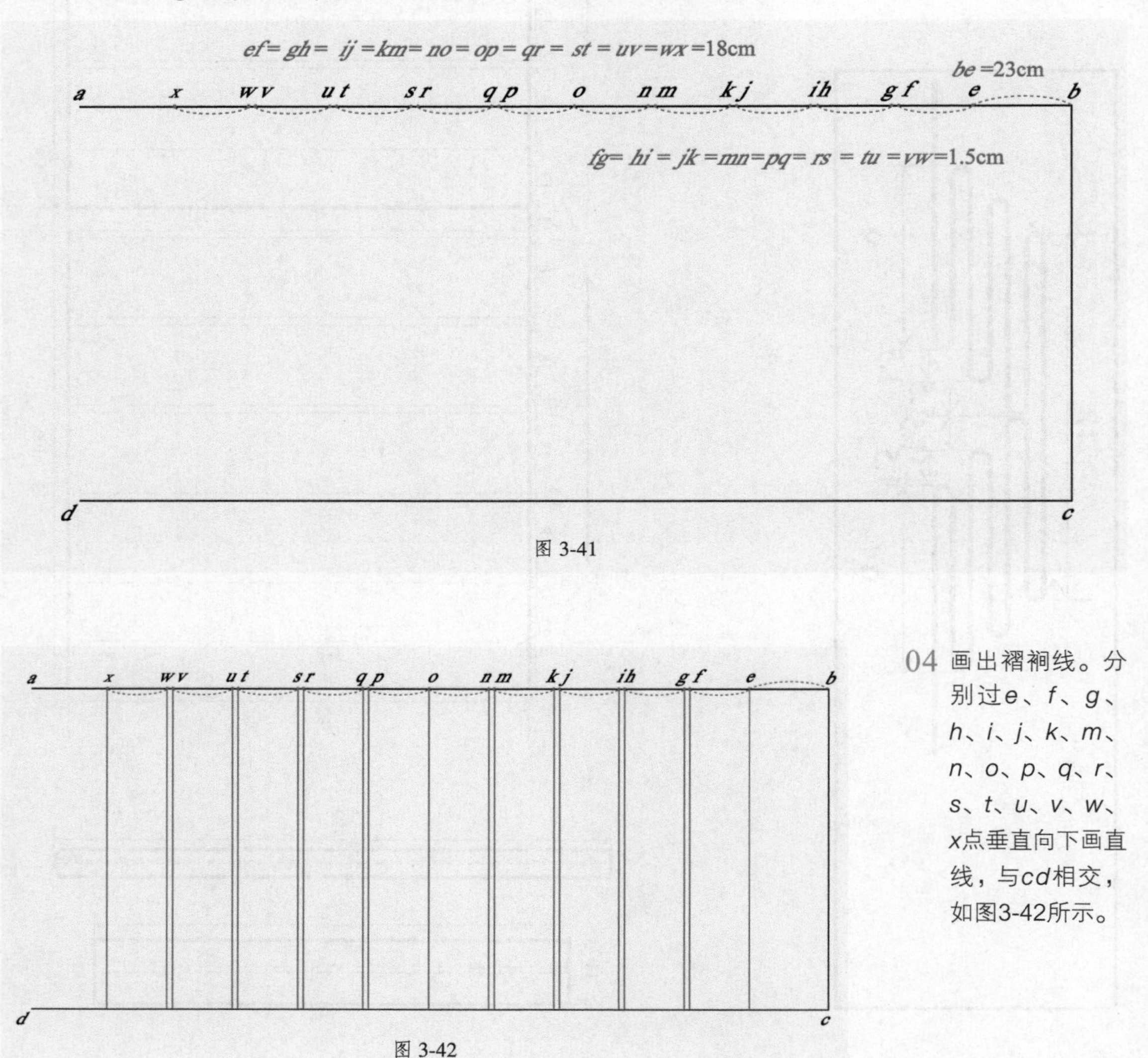

图 3-41

图 3-42

04 画出褶裥线。分别过e、f、g、h、i、j、k、m、n、o、p、q、r、s、t、u、v、w、x点垂直向下画直线，与cd相交，如图3-42所示。

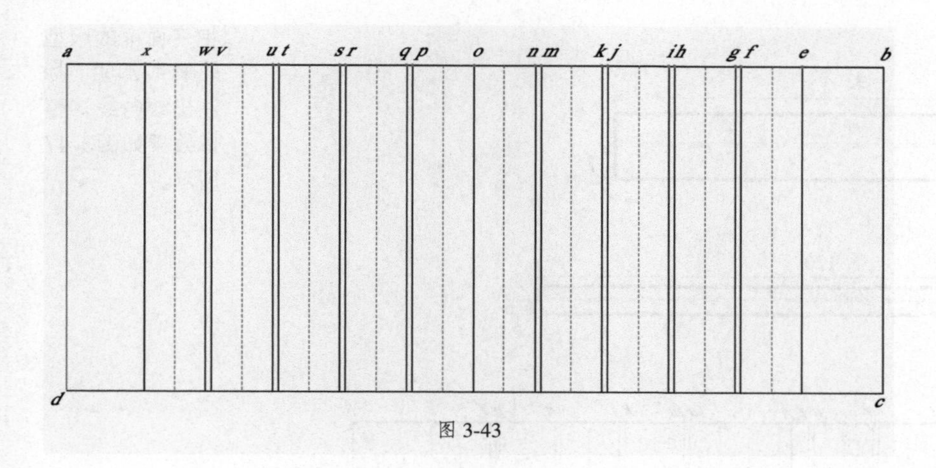

图 3-43

05 连接a、d两点，用虚线画出所有褶裥的中心线，如图3-43所示。

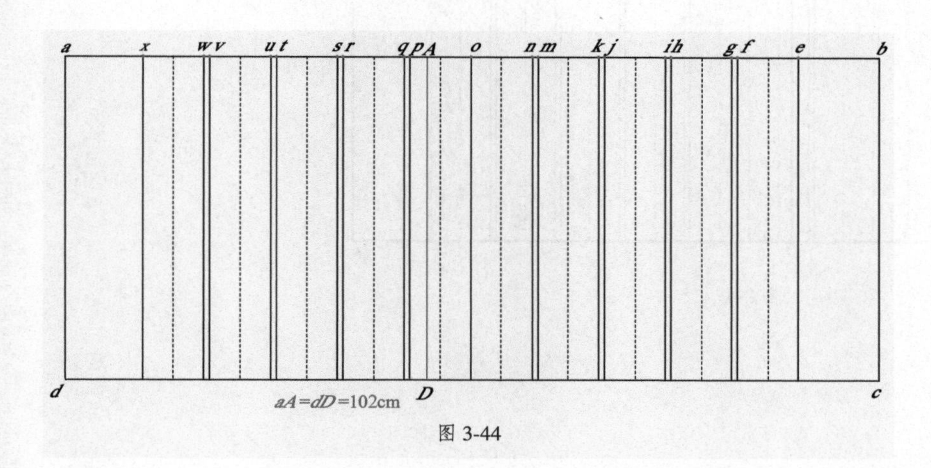

图 3-44

06 定分割线。一块面料的幅宽一般为150cm，马面裙裙片的宽度为238cm，因此需要用两块面料拼接成一个裙片。由a点和d点向右延伸，确定A点和D点，使aA=dD=102cm，连接A、D两点，如图3-44所示。

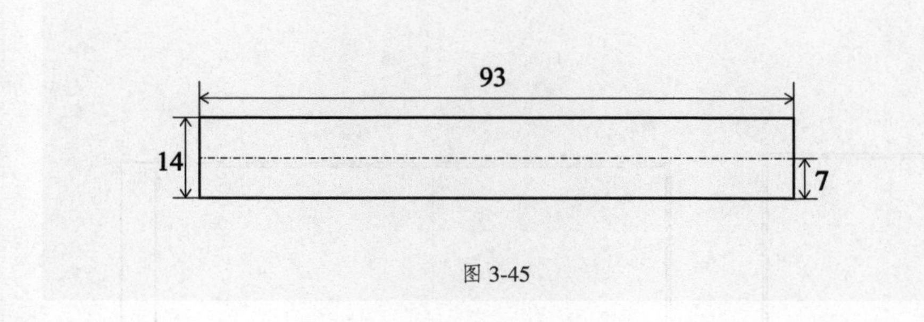

图 3-45

07 画裙头。裙头长=93cm，裙头宽=7cm，画一个长方形，如图3-45所示。

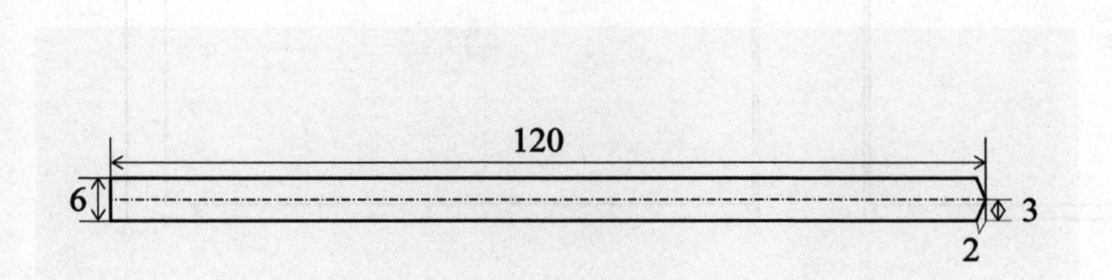

图 3-46

08 画系带。系带长=120cm，系带宽=3cm，如图3-46所示。

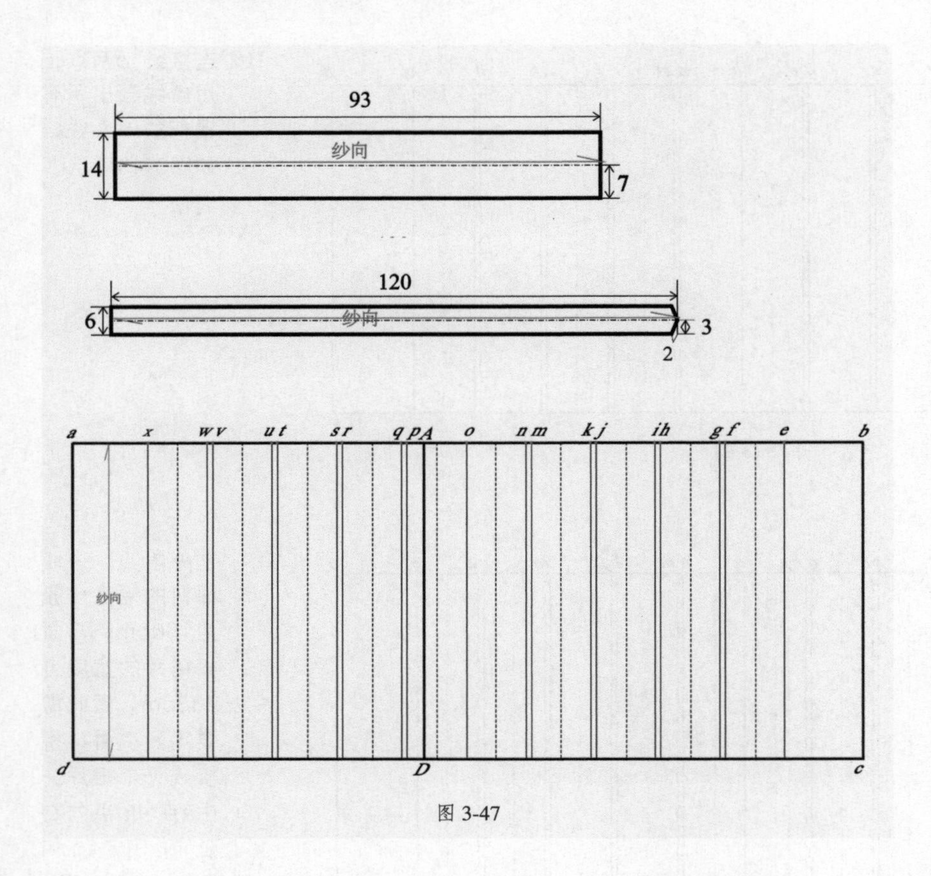

图 3-47

09 把马面裙的版型轮廓线加粗，标注出纱向线，整体效果如图3-47所示。

四、裁剪图

01 裙片裁剪图。裙片裁剪图分为前裙片和后裙片，在版型（净样）的基础上加放缝量，下摆放缝量为3cm，前马面放缝量是8cm，后马面放缝量是3cm，其余放缝量都是1cm，如图3-48所示。

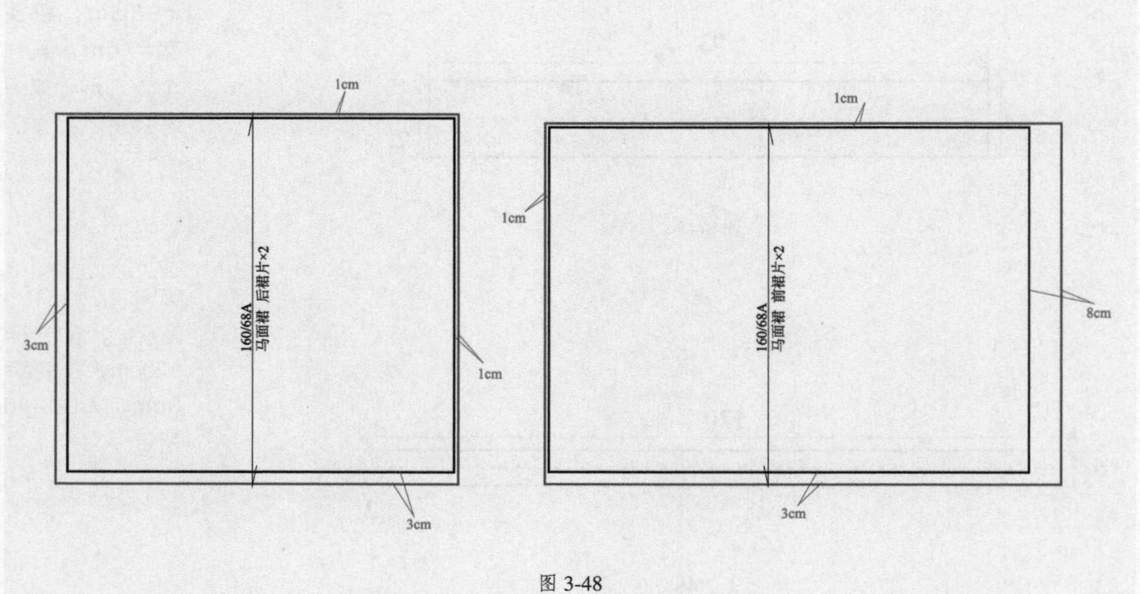

图 3-48

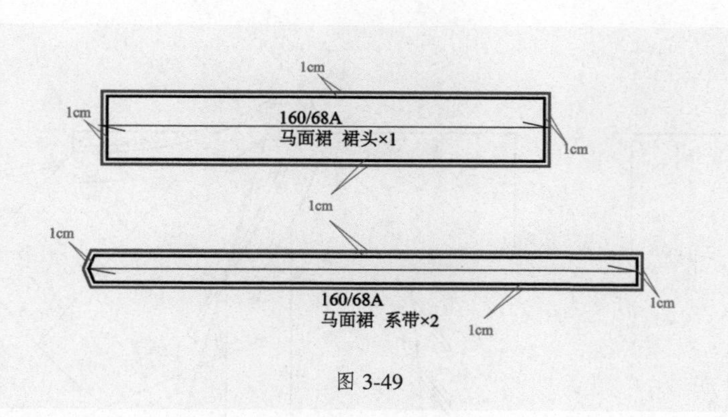

图 3-49

02 裙头及系带裁剪图。在版型（净样）的基础上加放缝量，放缝量都为1cm，如图3-49所示。

3.3 半臂版型及裁剪图

沈从文著的《中国古代服饰研究》中提到，“半臂又称半袖，是从魏晋以来上襦发展而出的一种无领（或翻领）、对襟（或套头）短外衣，它的特征是袖长及肘，身长及腰。”

3.3.1 交领半臂版型及裁剪图

交领半臂是唐代女装中极为常见的新式衣着，如图 3-50 所示。交领半臂的正背面款式图如图 3-51 所示，图 3-52 所示为交领半臂的展开图，分为外襟、内襟，左右不对称。

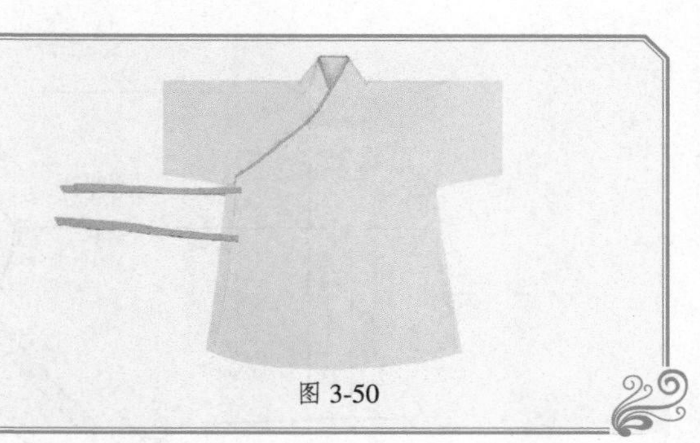
图 3-50

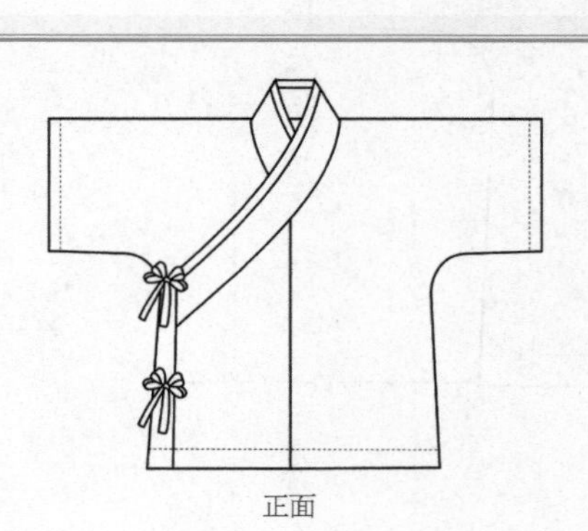
正面

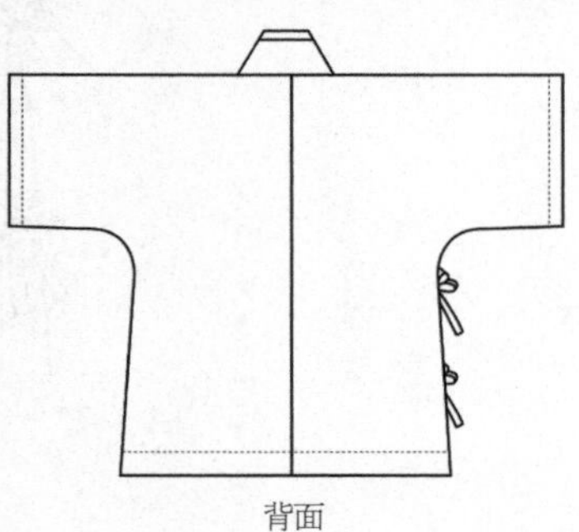
背面

图 3-51

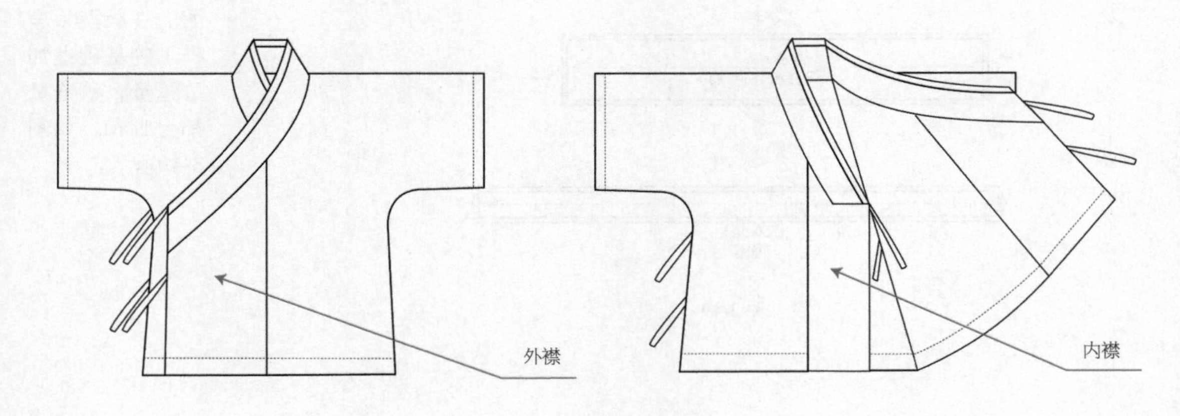

图 3-52

一、交领半臂规格尺寸表

交领半臂规格尺寸表如表 3-3 所示。图 3-53 所示为交领半臂各部位尺寸对照图。

表3-3　交领半臂规格尺寸表　　　　单位：cm

号型	胸围	领缘宽	衣长	袖口围	通袖长
160/84A	90	5.5	50	40	80

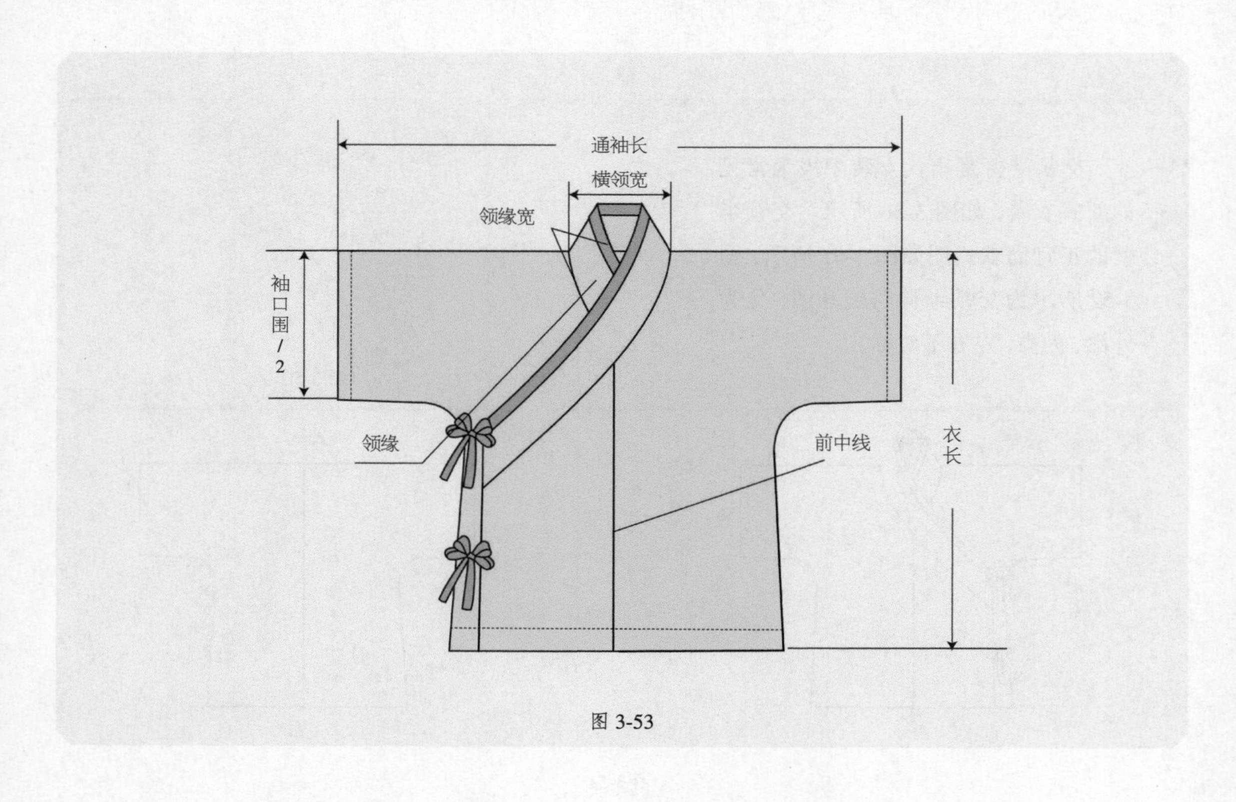

图 3-53

二、交领半臂结构图

交领半臂结构图如图 3-54 所示（单位：cm）。

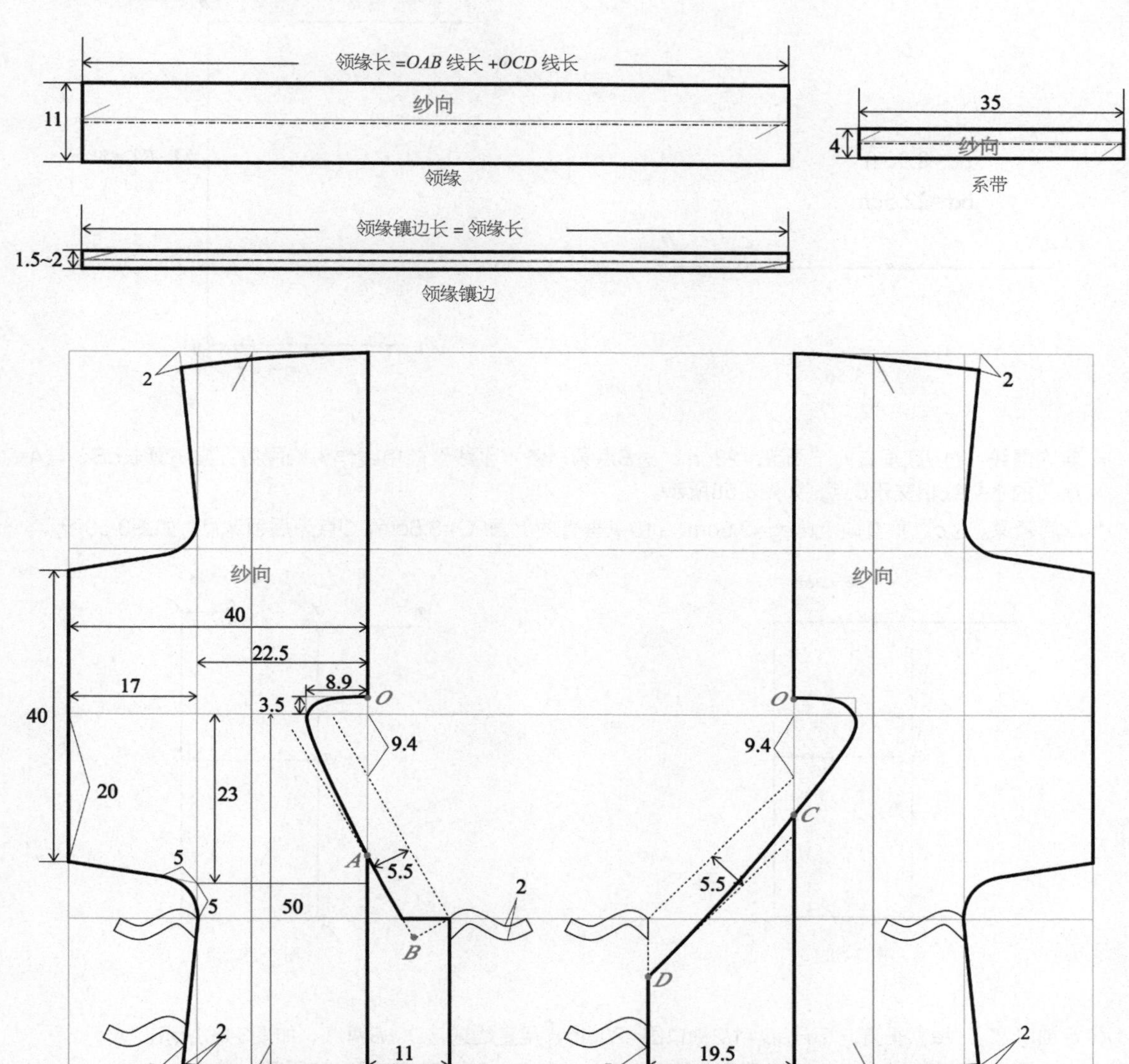

图 3-54

三、制图步骤

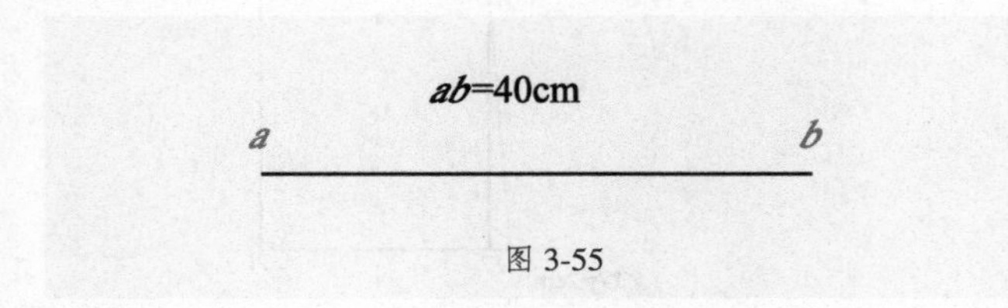

图 3-55

01 画肩线。由左至右画水平线ab，ab=1/2通袖长=40cm，如图3-55所示。

02 定领宽、肩点。由右至左，*bc*=1/2横领宽=8.9cm，*bd*=1/4胸围=22.5cm，如图3-56所示。

03 画前中线。过*b*点垂直向下画*bA*=衣长=50cm，再过*A*点画一条水平线，如图3-57所示。

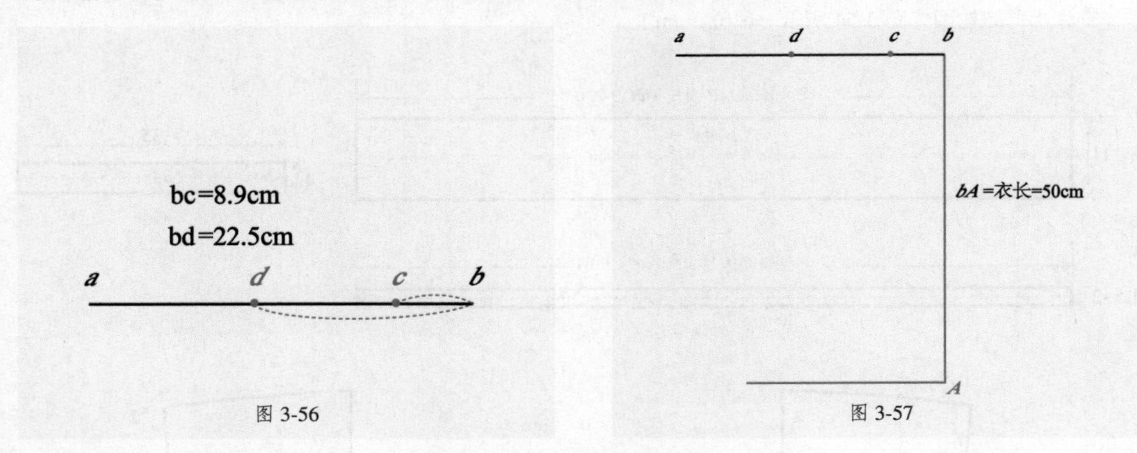

图 3-56　　图 3-57

04 定胸围线。过*d*点垂直向下画*dB*=23cm，过*B*点画一条水平线至前中线作为胸围线；向下延长*dB*，与*A*点所在的水平线相交于*C*点，如图3-58所示。

05 画后领深。过*c*点垂直向上画*cg*=3.5cm，过*b*点垂直向上画*bO*=3.5cm，*O*点为后领深点，如图3-59所示。

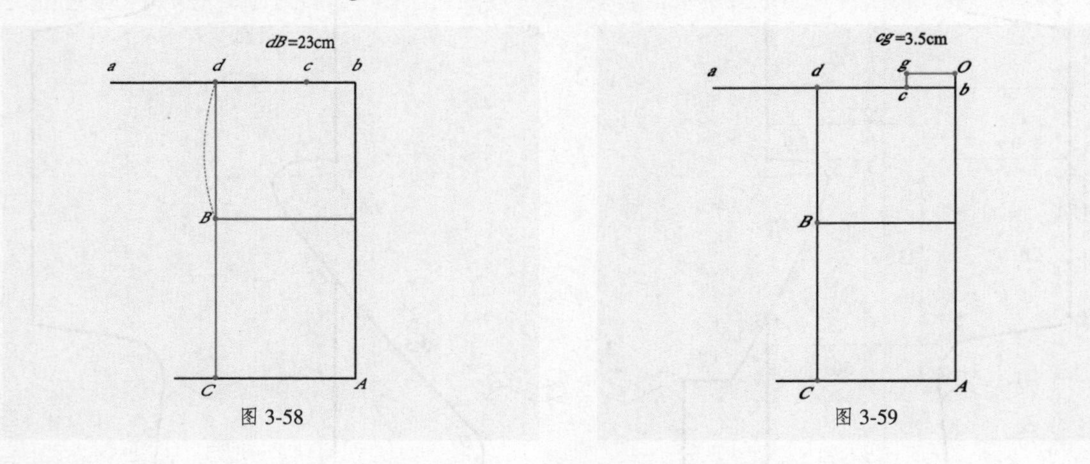

图 3-58　　图 3-59

06 定袖口宽。过*a*点垂直向下画*aD*=1/2袖口围=20cm，用直线连接*D*、*B*两点，如图3-60所示。

07 定摆围。沿*C*点水平往左2cm，确定*G*点，用直线连接*B*、*G*两点，如图3-61所示。

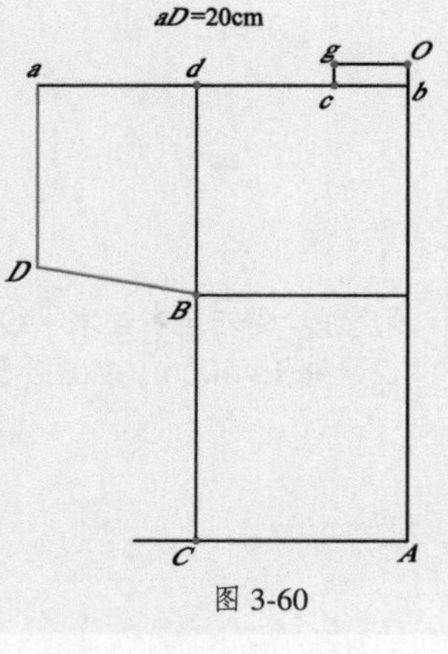

图 3-60

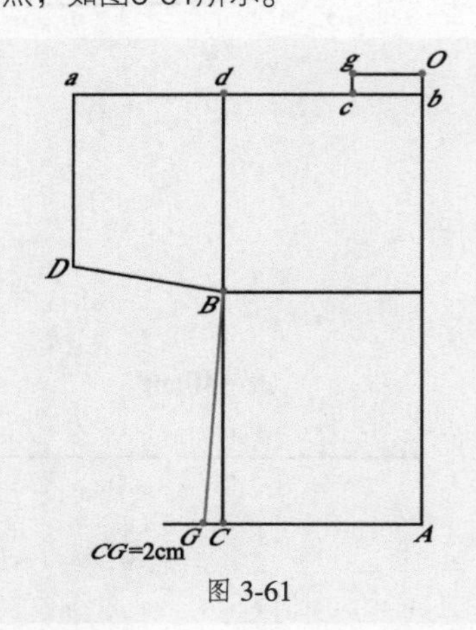

图 3-61

08 腋下圆角处理。沿BD方向、BG方向各取5cm，用曲线连接D'、f两点（画圆角），如图3-62所示。

09 对称画出后片。以ab为对称轴，对称画出后片，如图3-63所示。

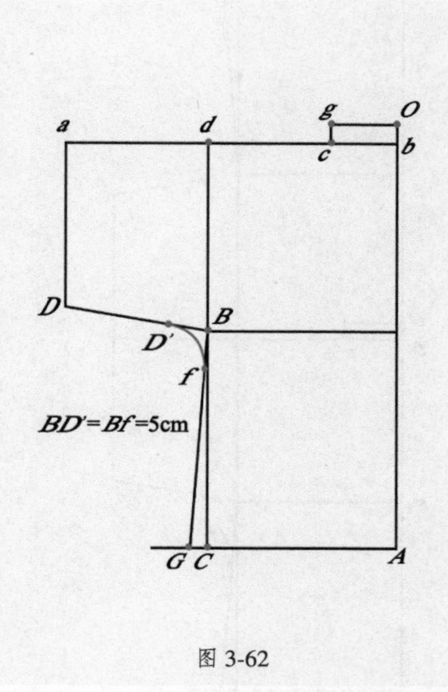

图 3-62

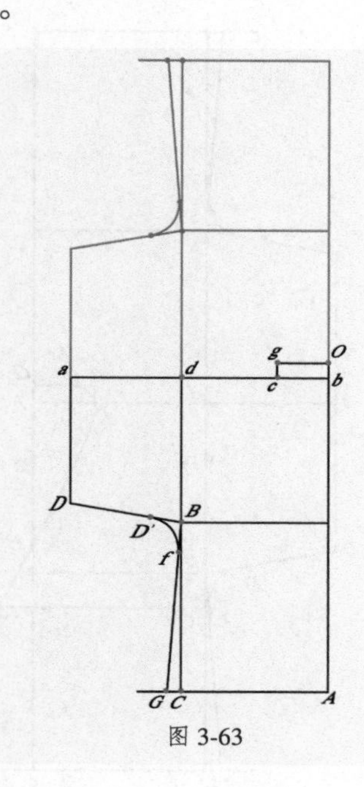

图 3-63

10 画内襟。过f点水平向右画水平线，延长CA至E点，AE=11cm，过E点向上画垂直线，与f点所在的水平线相交于F点，如图3-64所示。

11 画领缘。沿b点向下9.4cm得到e点，用虚线连接e、F两点，画距离eF5.5cm的平行线，其分别与bA、fF相交于E'、F'两点。过F点做eF的垂直线，与E'F'的延长线相交于F1点，用曲线连接O、c、F'3点，画出领圈弧线（此处沿c点向下做垂直辅助线，与领圈相切），如图3-65所示。

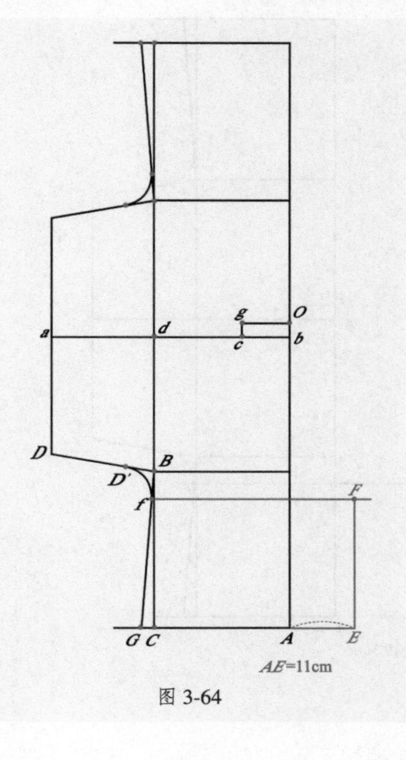

图 3-64

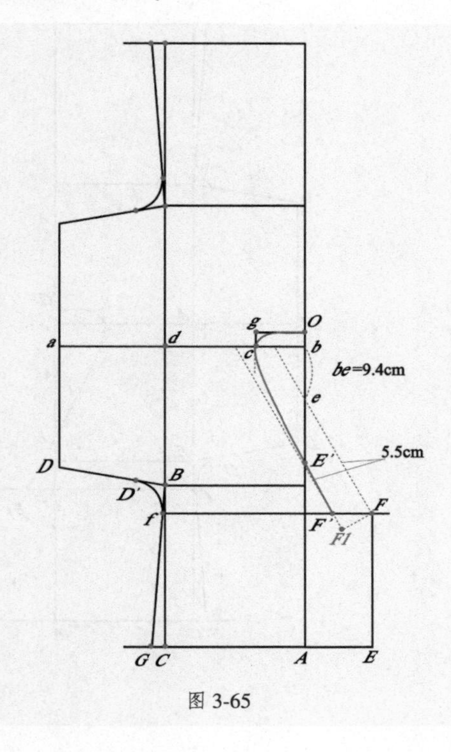

图 3-65

12 画左片。采用步骤1~9的方法画出左片，标注出关键点O、c'、b'、F*、A'、f*，如图3-66所示。

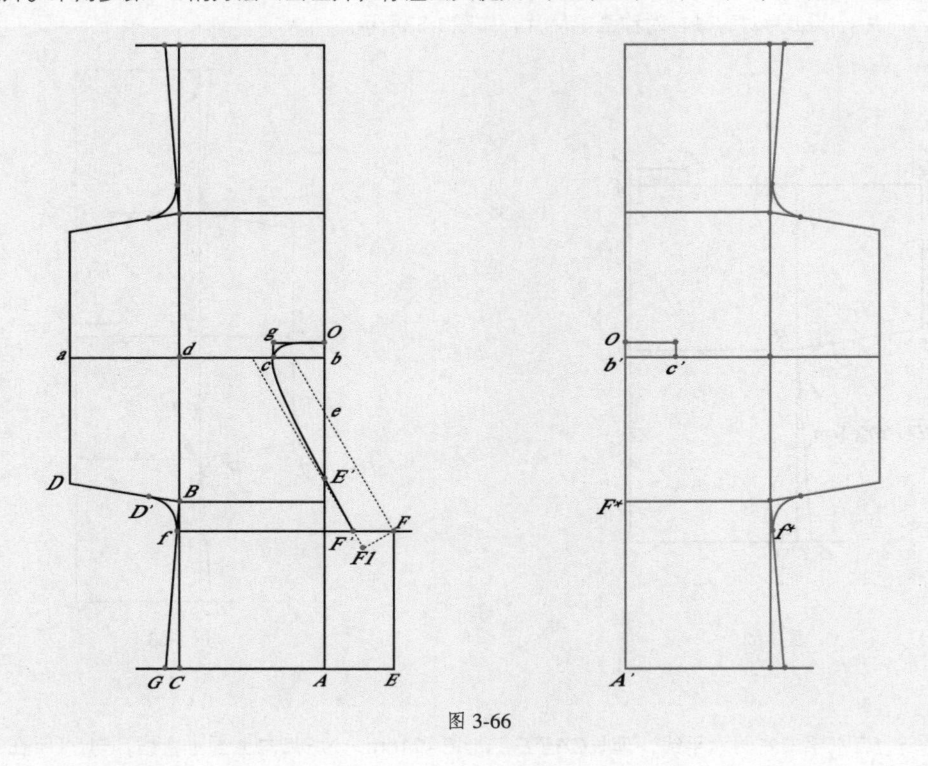

图 3-66

13 画外襟。过A'点向左延长19.5cm至H点，过H点向上画垂直线，与f*点向左的水平延长线相交于h点，如图3-67所示。

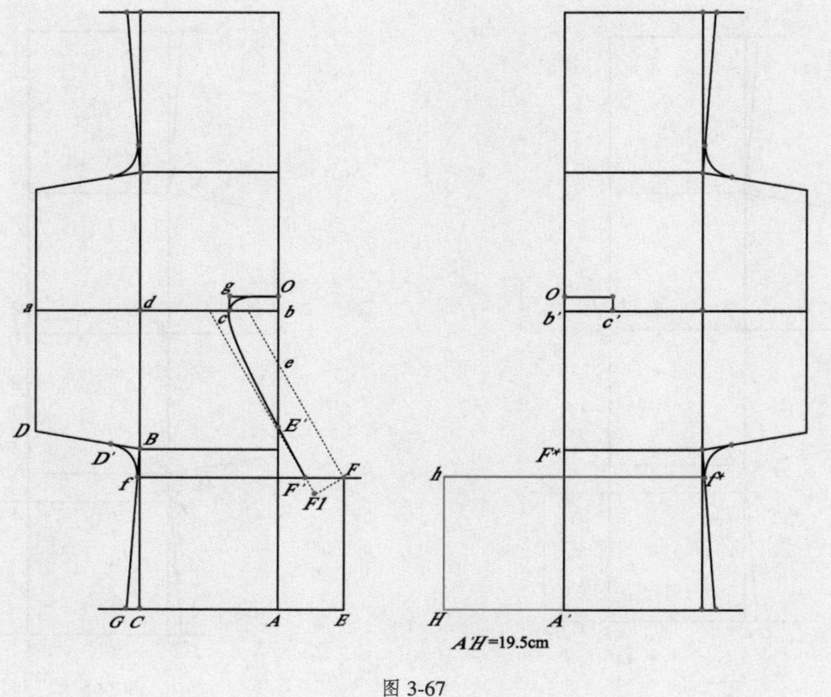

图 3-67

14 画领圈弧线。过*b*'点向下9.4cm得到*E1*点，用虚线连接*E1*、*h*两点，画距离*E1h*5.5cm的平行线，其分别与*b*'*A*'、*hH*相交于*E2*、*h2*两点，用曲线连接*O*、*c*'、*E2*、*h2*这4点，画出领圈弧线，如图3-68所示。

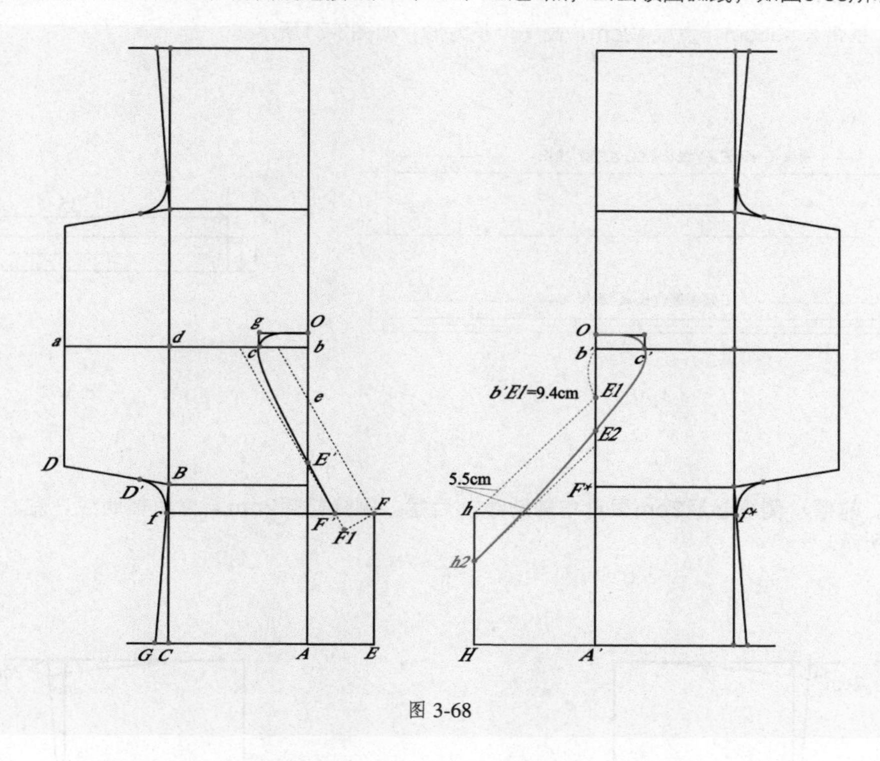

图 3-68

15 计算领缘长度。领缘长=*OcE*'*F1*线长+*Oc*'*E2h2*线长，如图3-69所示。

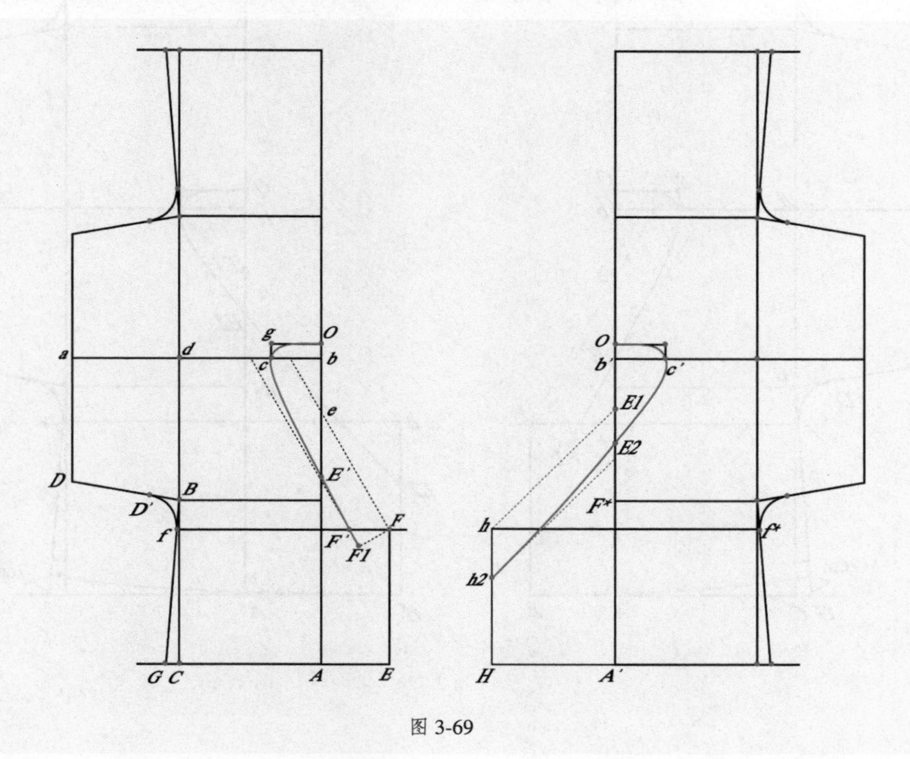

图 3-69

16 画领缘及领缘镶边。领缘长=ocE'F1线长+Oc'E2h2线长，领宽=5.5cm，镶边宽度为1.5~2cm，画两个长方形，如图3-70所示。

17 画系带。系带长=35cm，宽度=2cm，画一个长方形，如图3-71所示。

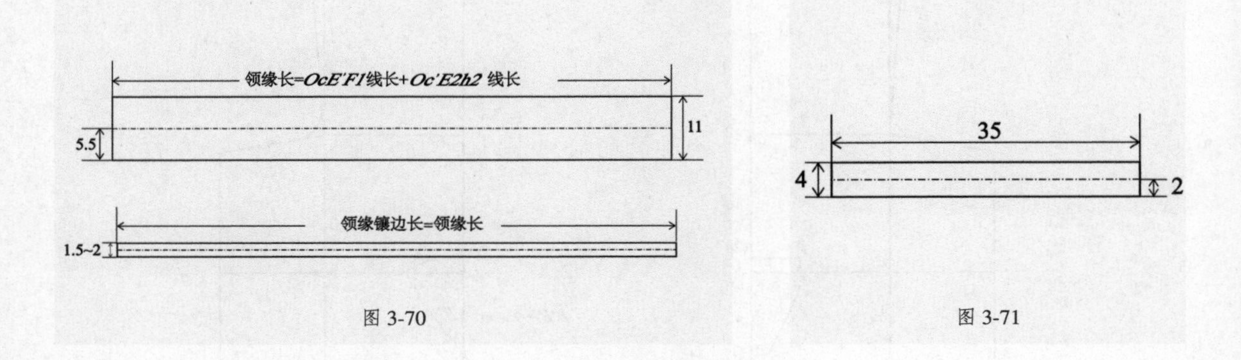

图 3-70　　图 3-71

18 修下摆。前摆、侧缝起翘2cm画直角辅助线；后摆、侧缝起翘2cm画直角辅助线，左右片相同，如图3-72所示。

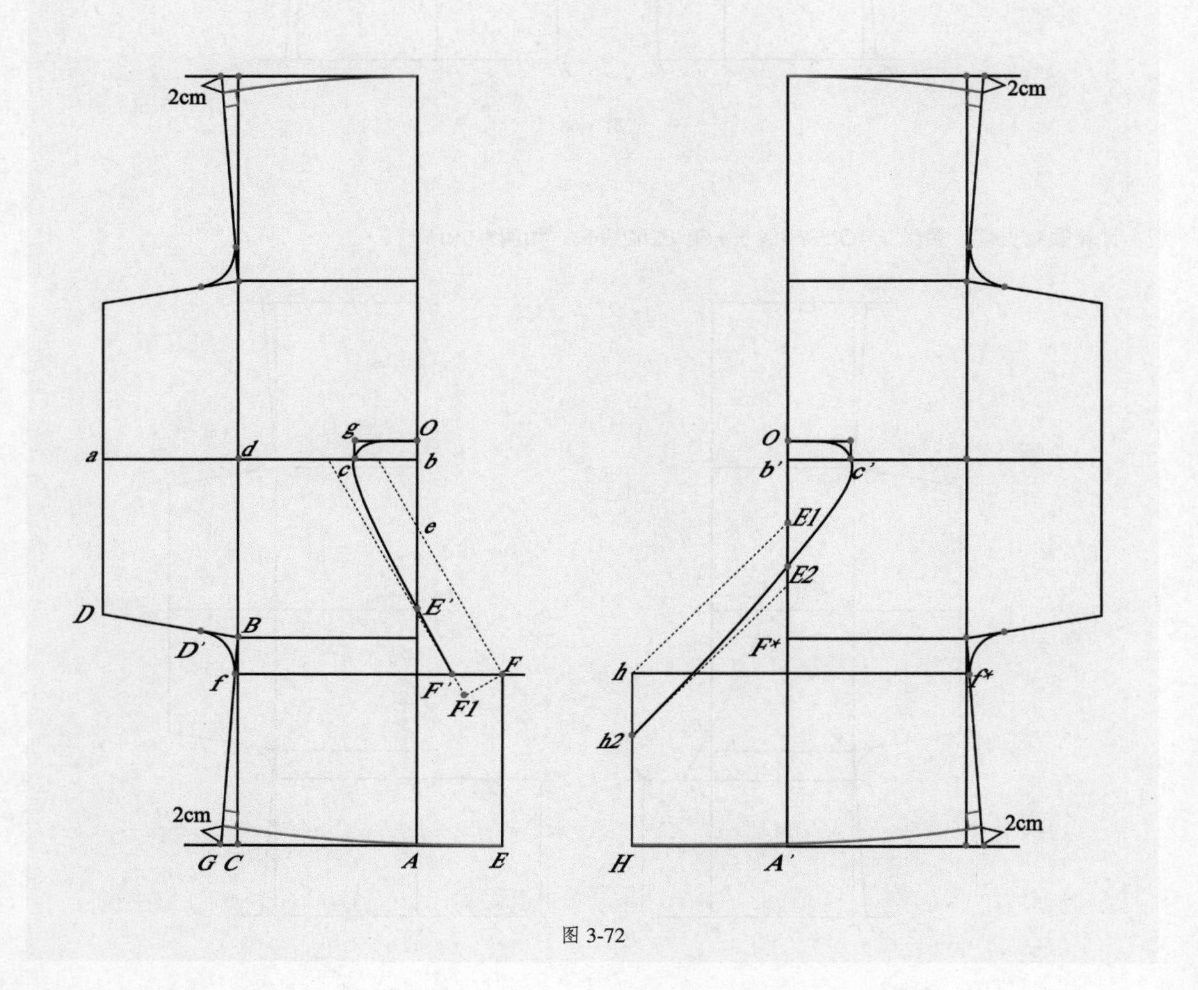

图 3-72

19 确定系带位置。*f*、*F*、*h*、*f**这4点为4条系带的位置，如图3-73所示。分别取*H*点向上5cm的位置和*G*点向上7cm的位置为两条系带位置，如图3-74所示。

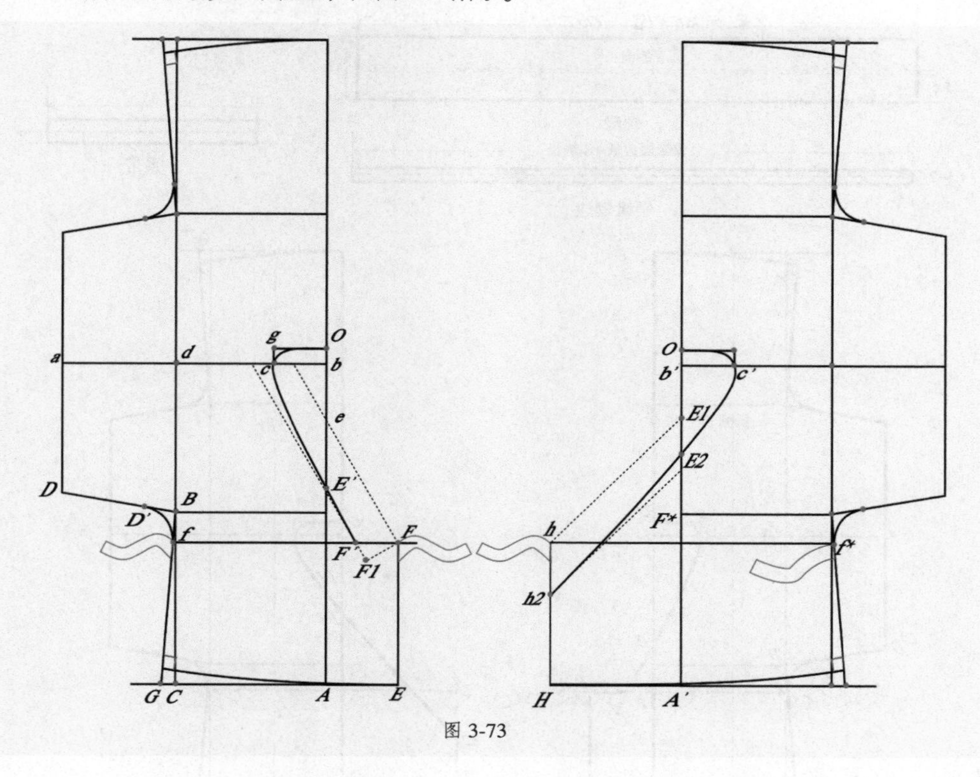

图 3-73

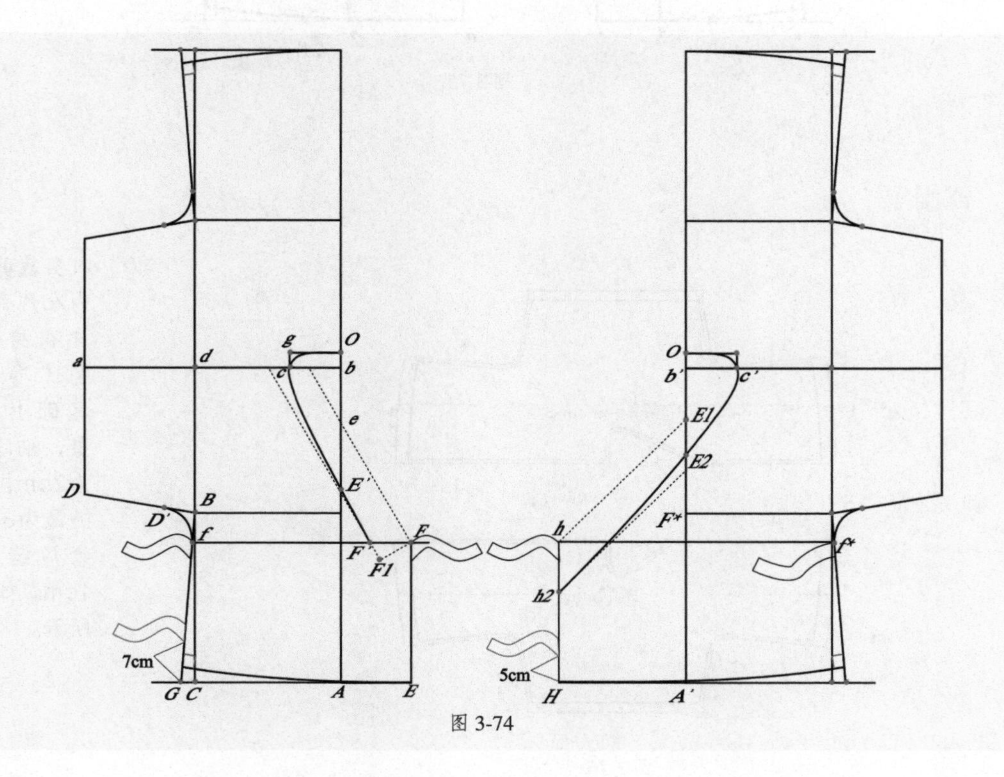

图 3-74

20 把交领半臂的版型轮廓线加粗，标注出纱向线，整体效果如图3-75所示。

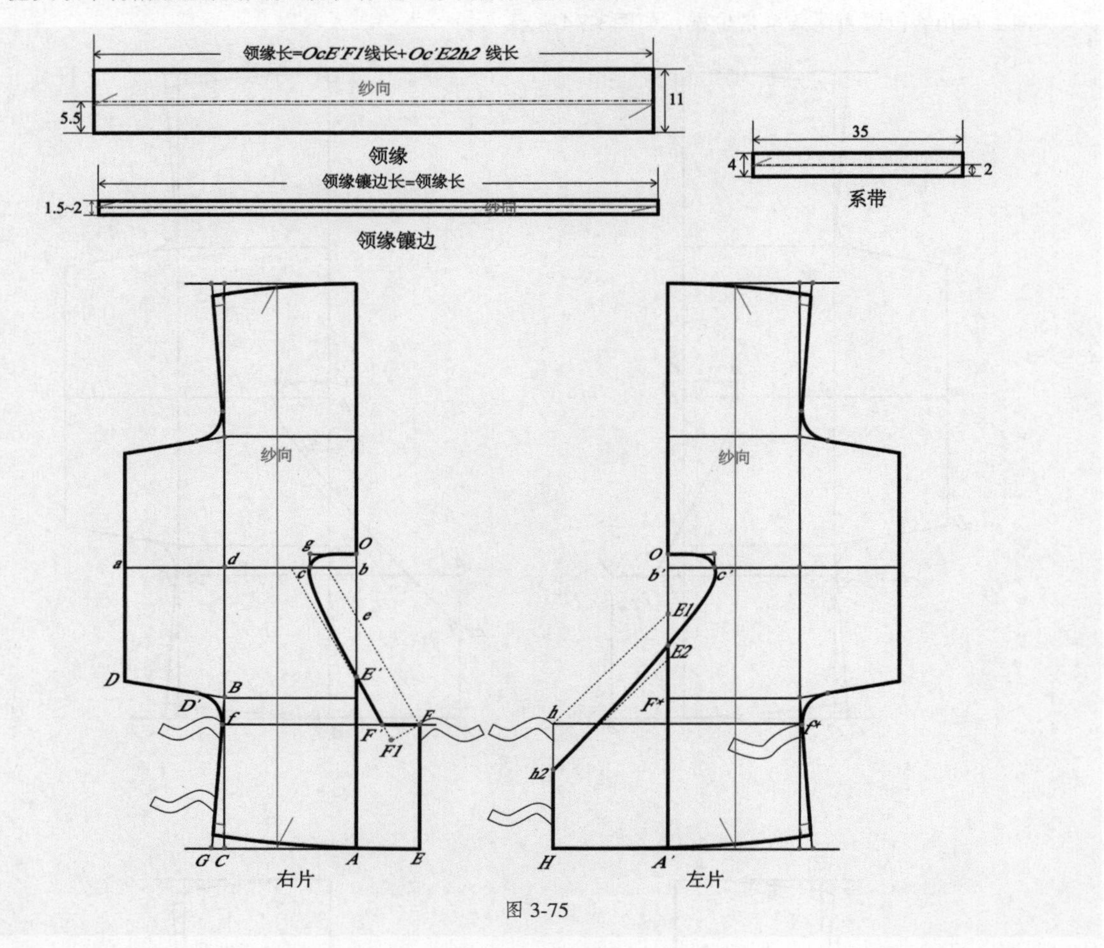

图 3-75

四、裁剪图

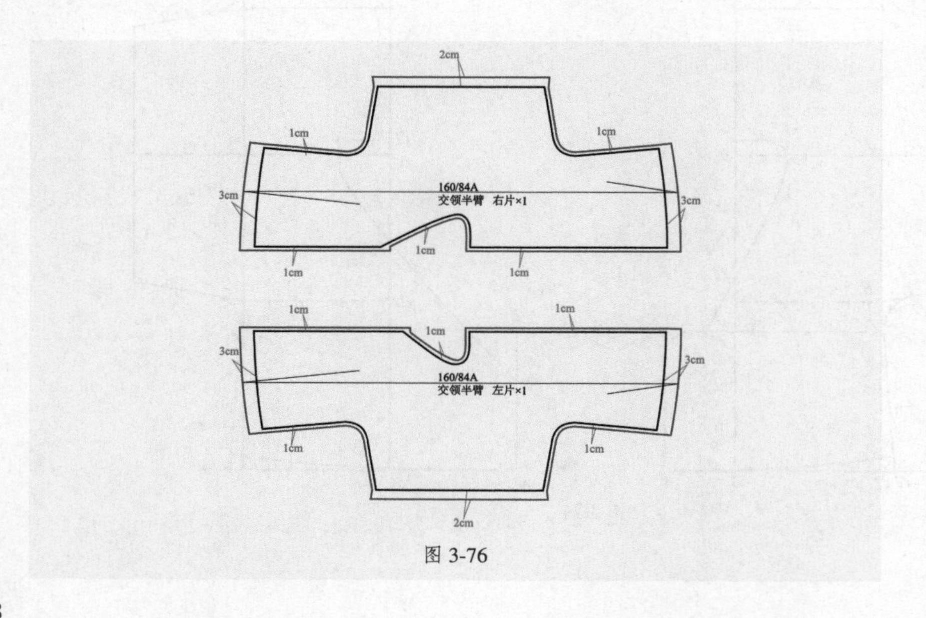

图 3-76

01 衣身裁剪图。分为左片衣身和右片衣身，在版型（净样）的基础上加放缝量，袖口放缝量为2cm，下摆放缝量为3cm，其余放缝量都是1cm，如图3-76所示。

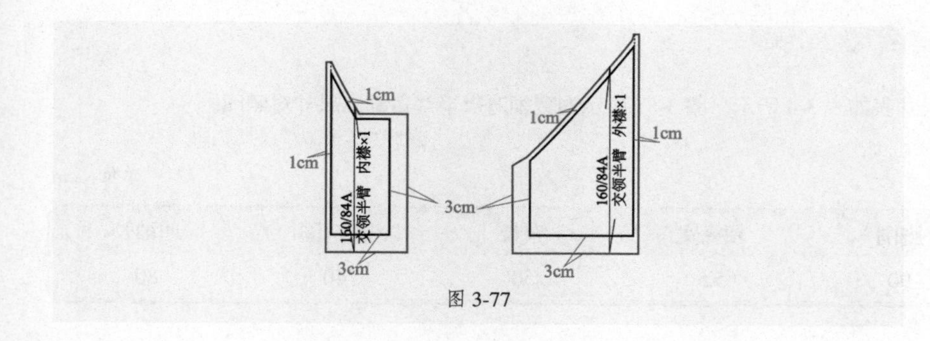

图 3-77

02 内外襟裁剪图。在版型（净样）的基础上加放缝量，下摆及侧缝放缝量为3cm，其余放缝量均为1cm，如图3-77所示。

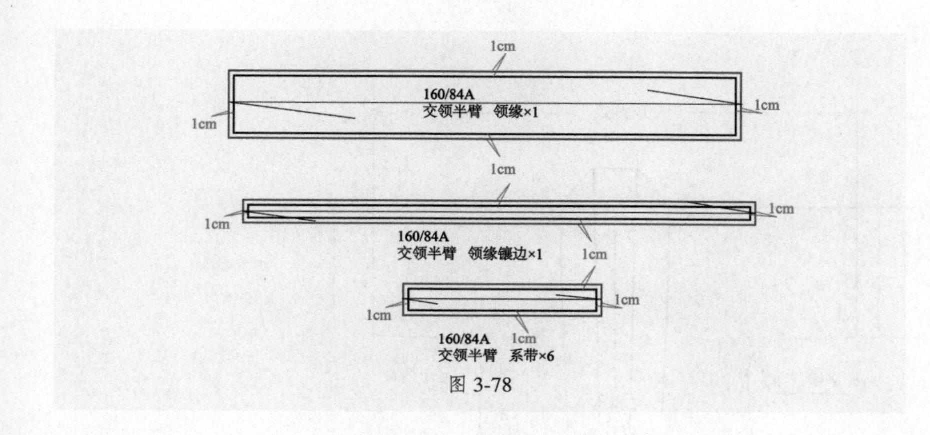

图 3-78

03 领缘、领缘镶边及系带裁剪图。在版型（净样）的基础上加放缝量，放缝量均为1cm，如图3-78所示。

3.3.2 直领对襟半臂版型及裁剪图

直领对襟半臂的领口宽大，两襟开口，胸前用系带固定，如图 3-79 所示。直领对襟半臂的正背面款式图如图 3-80 所示。

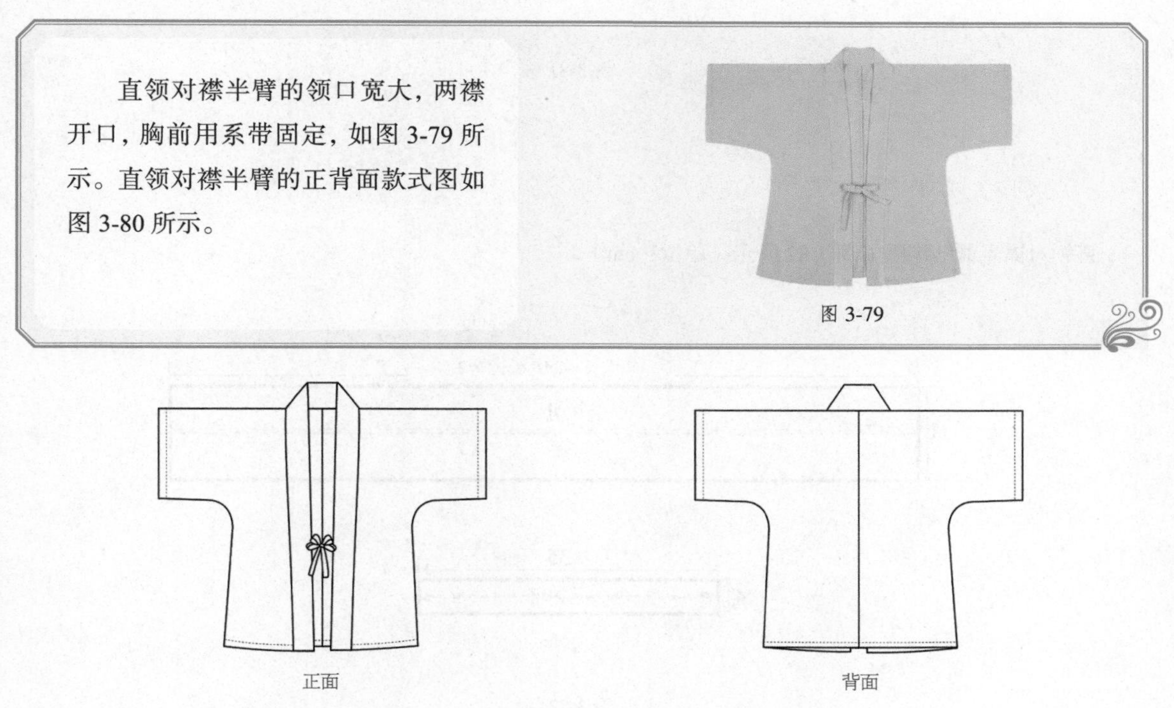

图 3-79

图 3-80

一、直领对襟半臂规格尺寸表

直领对襟半臂规格尺寸表如表 3-4 所示。图 3-81 所示为直领对襟半臂各部位尺寸对照图。

表3-4　直领对襟半臂规格尺寸表　　单位：cm

号型	胸围	领缘宽	衣长	袖口围	通袖长
160/84A	90	5.5	50	40	80

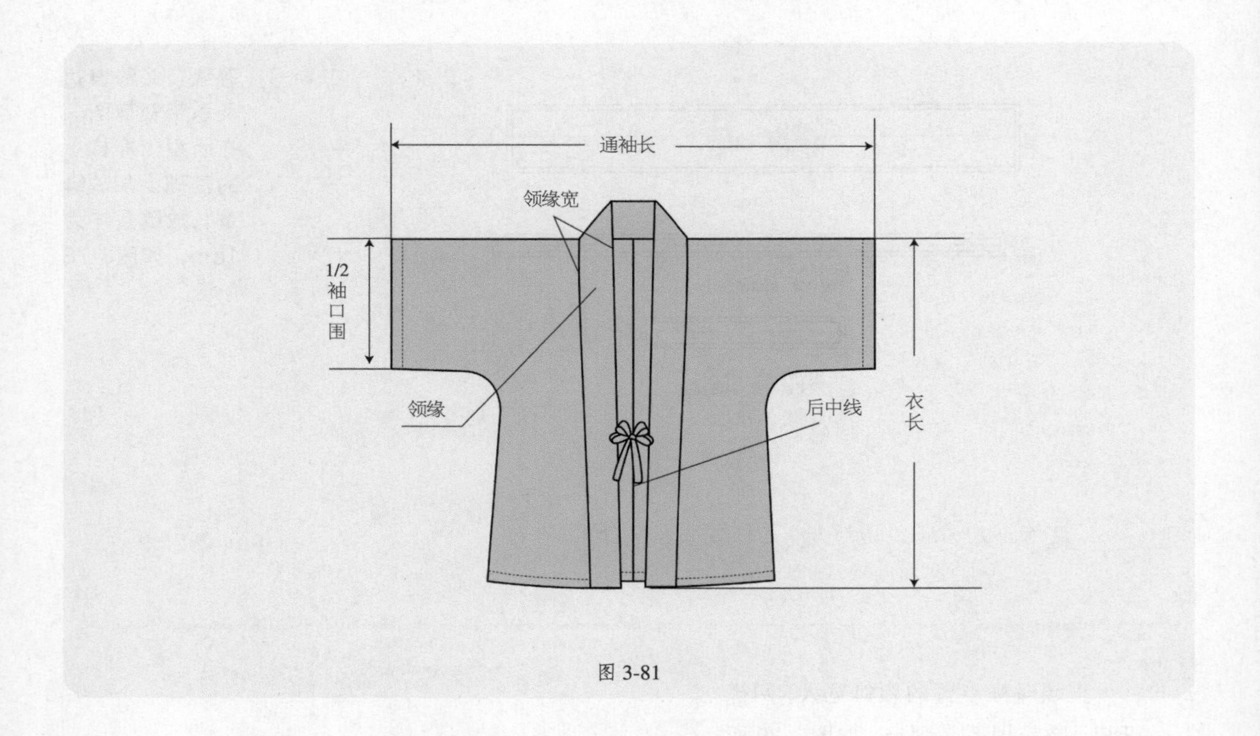

图 3-81

二、直领对襟半臂结构图

直领对襟半臂结构图如图 3-82 所示（单位：cm）。

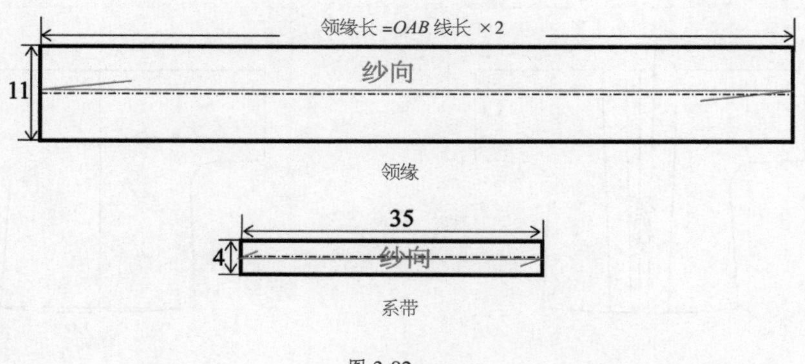

图 3-82

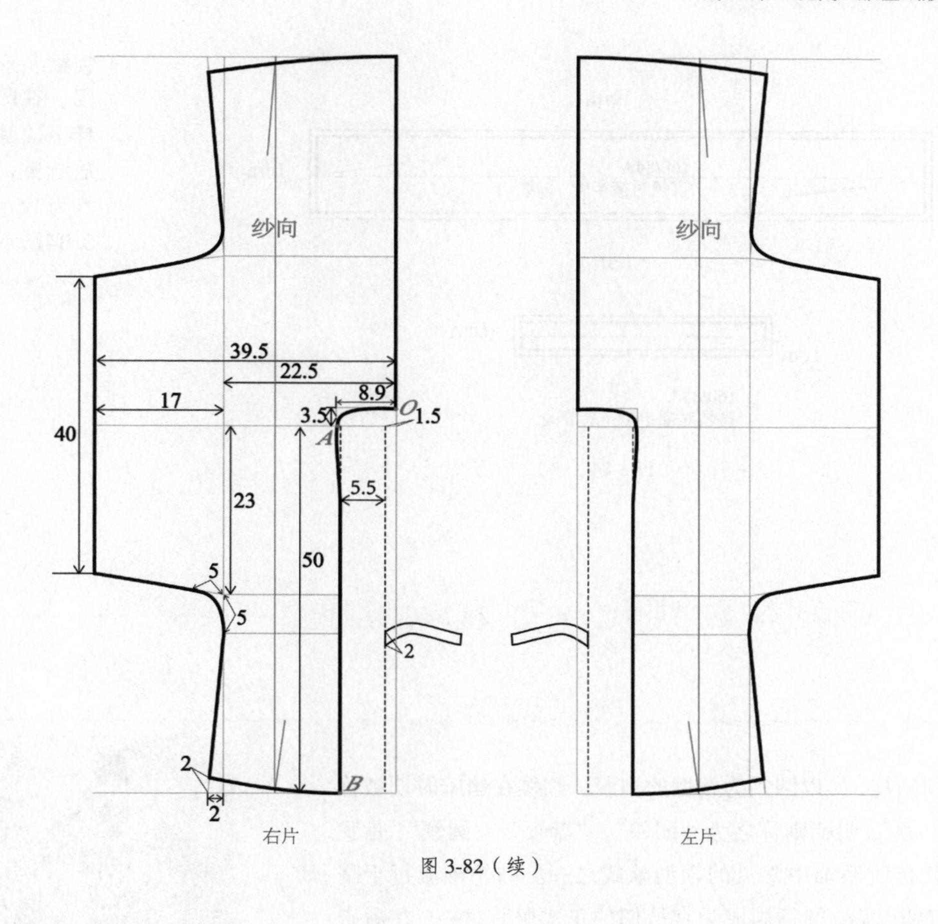

图 3-82（续）

三、制图步骤

略，可参考交领半臂的制图步骤。

四、直领对襟半臂裁剪图

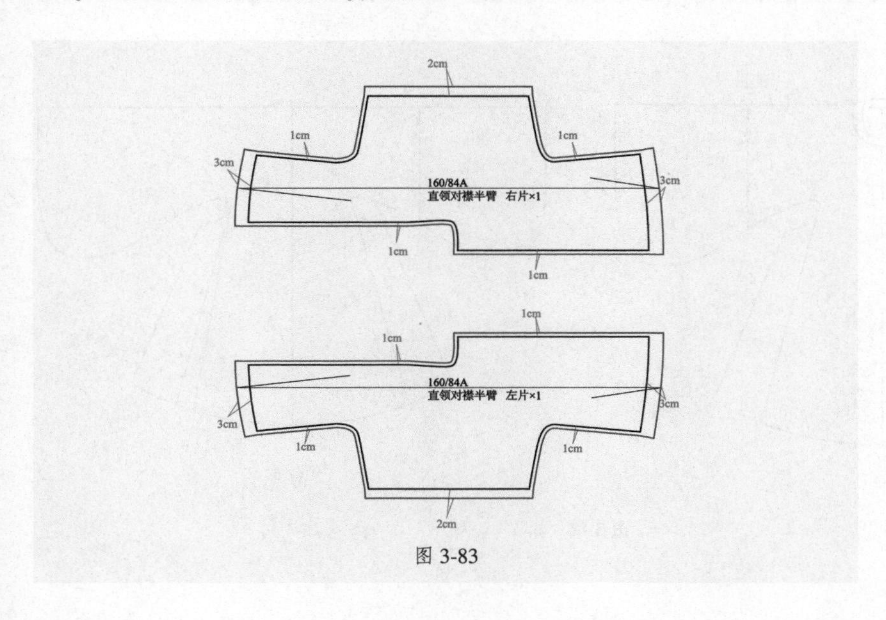

图 3-83

01 衣身裁剪图。分为左片衣身和右片衣身，在版型（净样）的基础上加放缝量，袖口放缝量为2cm，下摆放缝量为3cm，其余放缝量都是1cm，如图3-83所示。

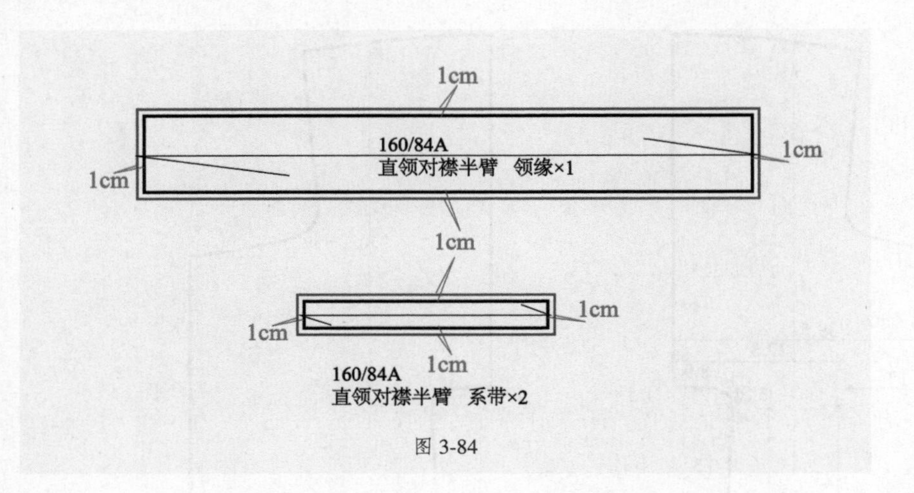

图 3-84

02 领缘及系带裁剪图。在版型（净样）的基础上加放缝量，放缝量均为1cm，如图3-84所示。

3.4 圆领袍与翻领袍版型及裁剪图

圆领袍，即以圆领为领型的袍服。圆领在唐宋时期被称为“上领”，明朝则称之为“团领”“盘领”“圆领”，是我国古代传统服饰中常见的领型款式之一。圆领袍流行于隋唐，宋朝以后，圆领袍成为官员们的正式服装之一，在后来的明朝也被大量运用。明朝的圆领袍配上补子，便于分辨官位等级。图 3-85 所示为明制圆领袍。明制圆领袍的正背面款式图如 3-86 所示。

图 3-85

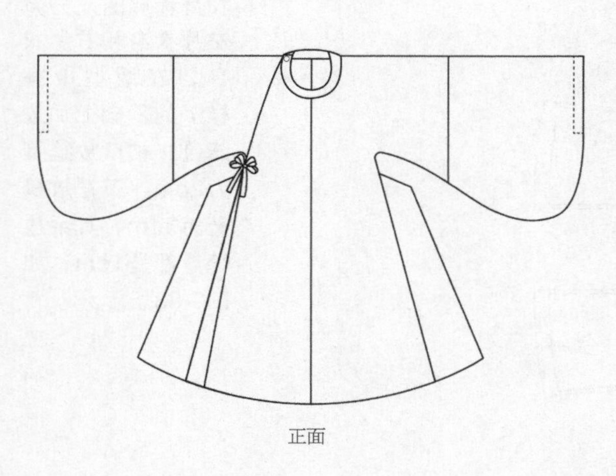

正面

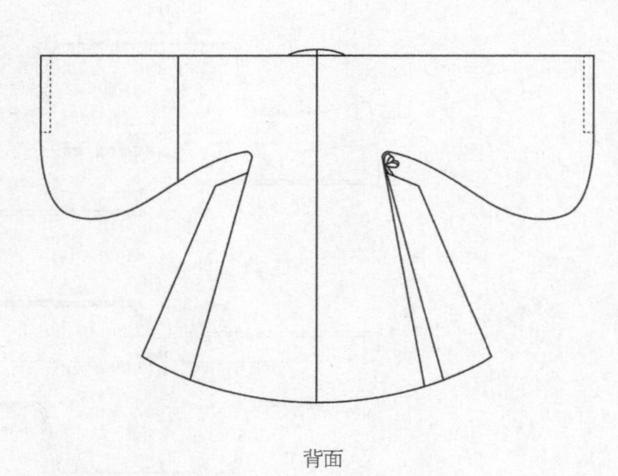

背面

图 3-86

3.4.1 圆领袍版型及裁剪图

明制圆领袍的特点是领口宽大，两侧开衩有外摆，袖型为琵琶袖。图 3-87 所示为圆领袍的展开图，分为外襟、内襟，左右不对称。

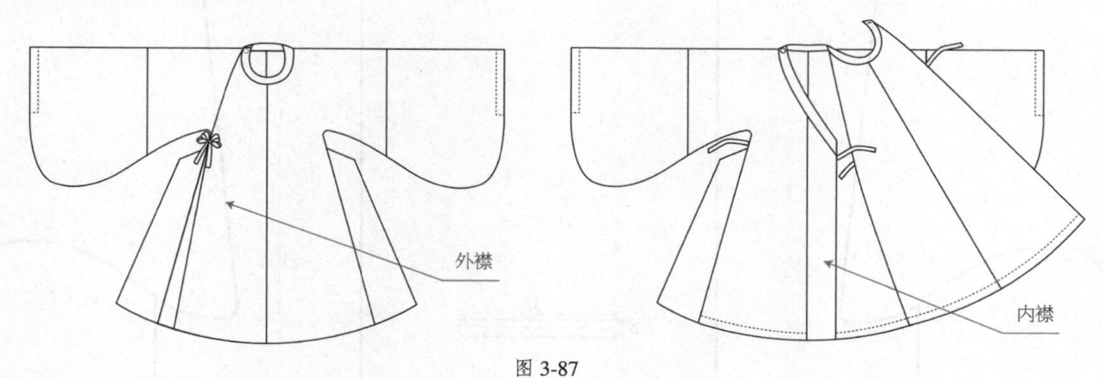

图 3-87

一、圆领袍（男装）规格尺寸表

圆领袍（男装）规格尺寸表如表 3-5 所示。图 3-88 所示为圆领袍各部位尺寸对照图。

表3-5　圆领袍（男装）规格尺寸表　　单位：cm

号型	胸围	领缘宽	衣长	袖口围	通袖长
170/92A	120	3.5	130	120	200

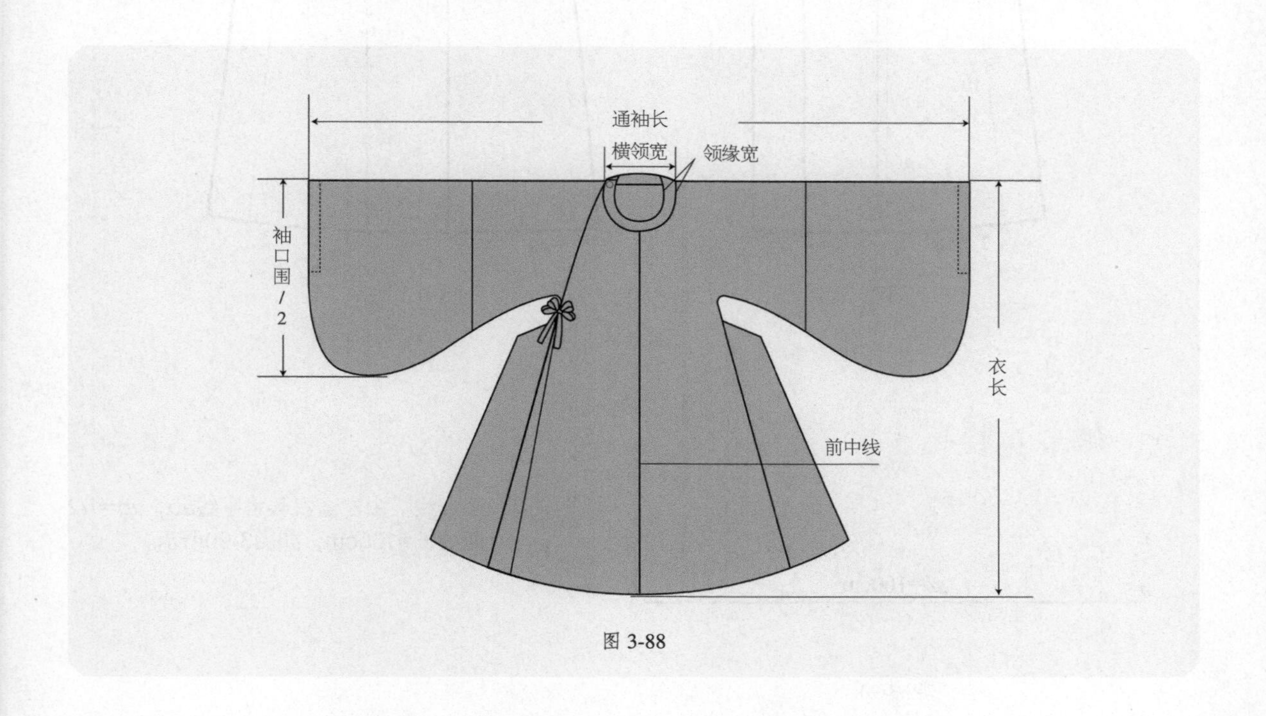

图 3-88

二、圆领袍结构图

圆领袍结构图如图 3-89 所示（单位：cm）。

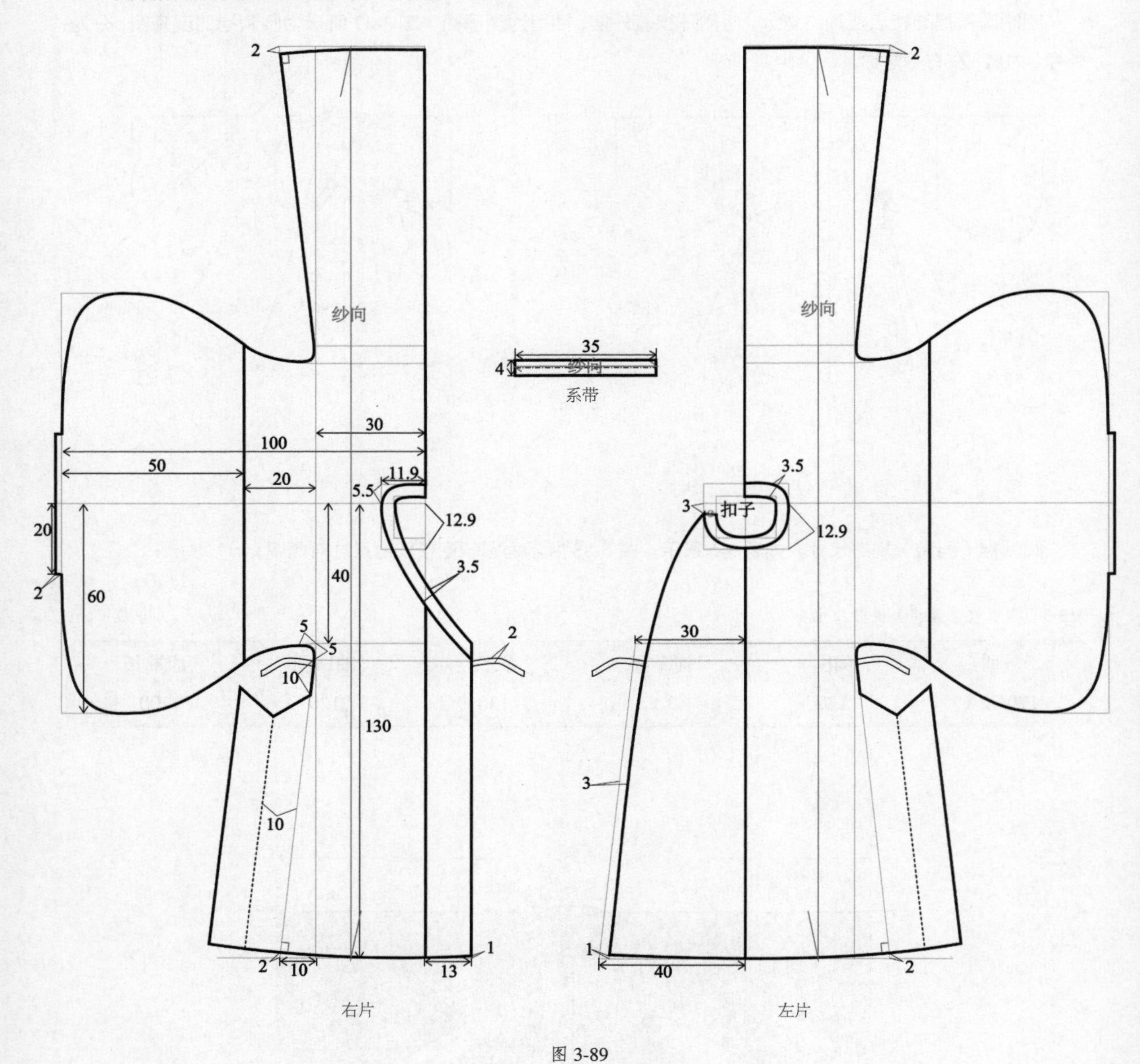

图 3-89

三、制图步骤

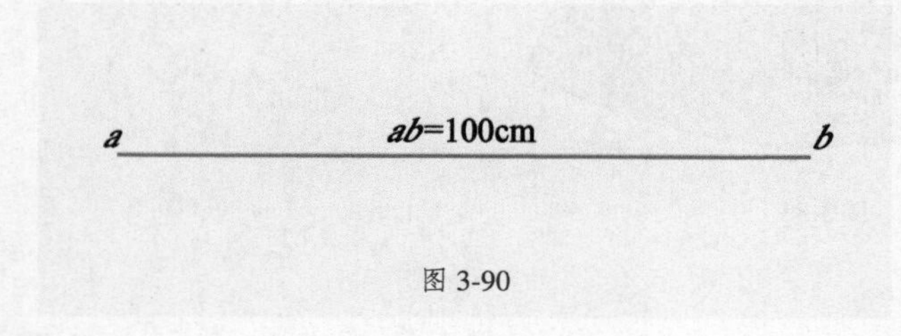

图 3-90

01 画肩线。由左至右画水平线ab，ab=1/2通袖长=100cm，如图3-90所示。

02 定领宽、肩点、袖分割点。由右至左，bc=1/2横领宽=8.4cm，bd=1/4胸围=30cm，de=20cm，如图3-91所示。

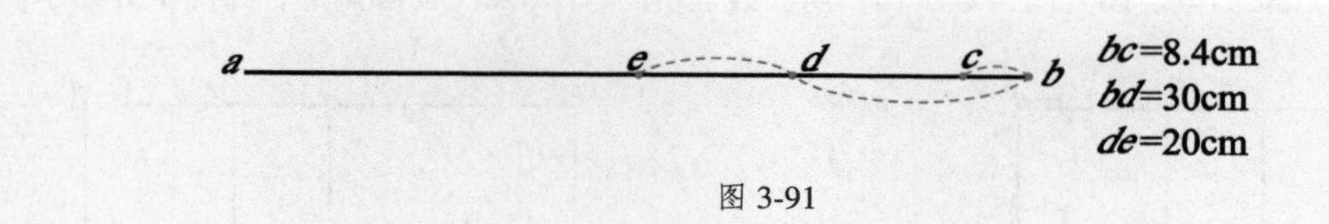

图 3-91

03 画前中线。过b点垂直向下画bA=衣长=130cm，再过A点画一条水平线，如图3-92所示。

04 画后领深。c点垂直向上画cg=2cm，过b点垂直向上画bo=2cm，o点为后领深点，如图3-93所示。

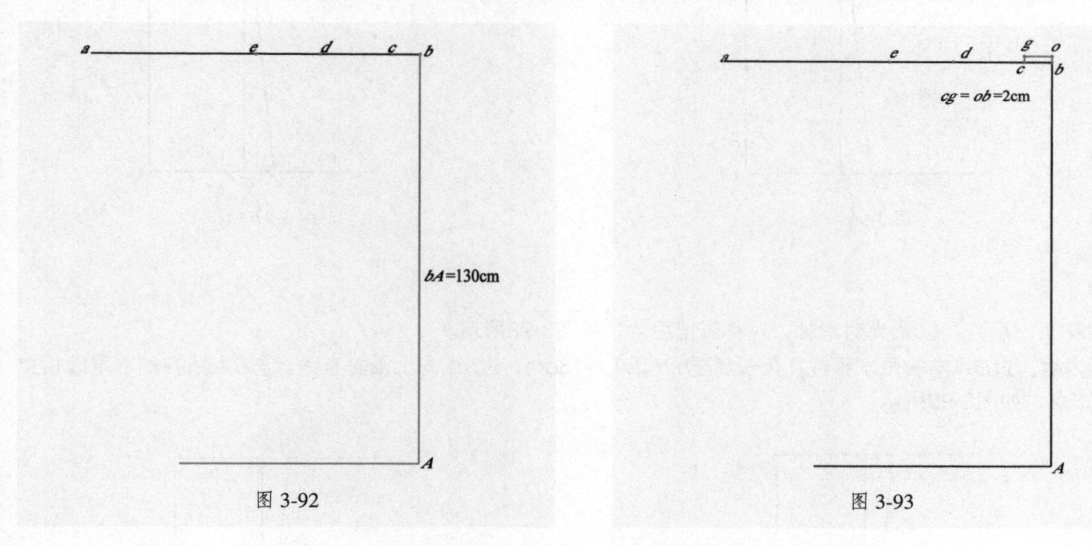

图 3-92　　图 3-93

05 定胸围线。过d点垂直向下画dB=40cm，过B点画一条水平线；向下延长dB，与过A点的水平线相交于C点，如图3-94所示。

06 定袖口宽。过a点垂直向下画aD=1/2袖口围=60cm，过D点画一条水平袖底线，用曲线连接a、B两点（与两条辅助线相切），如图3-95所示。

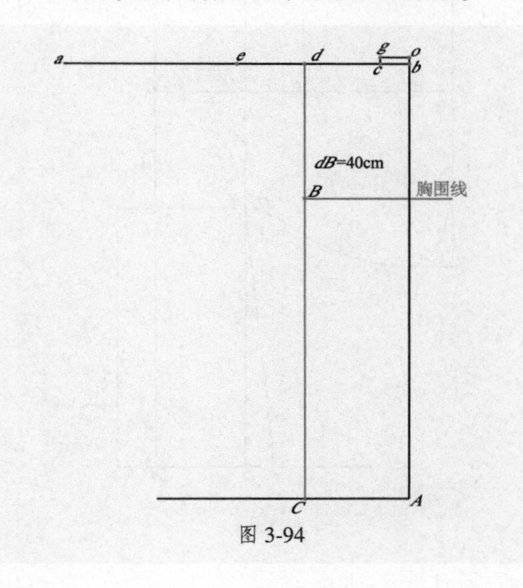

图 3-94

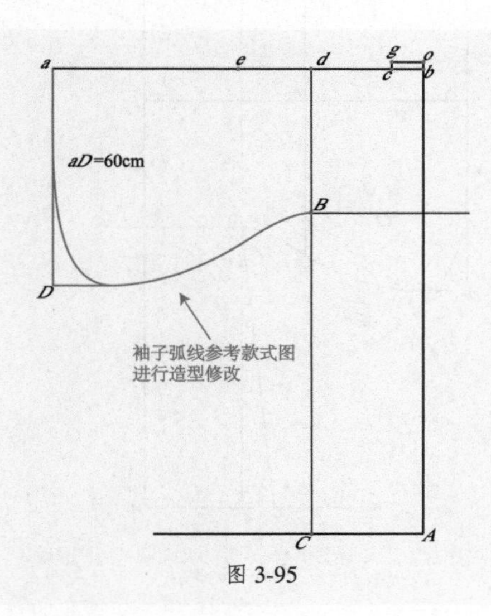

图 3-95

07 定摆围、袖子分割线。下摆放摆量Cf=10cm，用直线连接B、f两点，过e点画垂直线，与DB弧线相交于E点，eE为袖子分割线，如图3-96所示。

08 腋下圆角处理。沿BE方向、Bf方向各取5cm，用曲线连接D'、f'两点（画圆角），如图3-97所示。

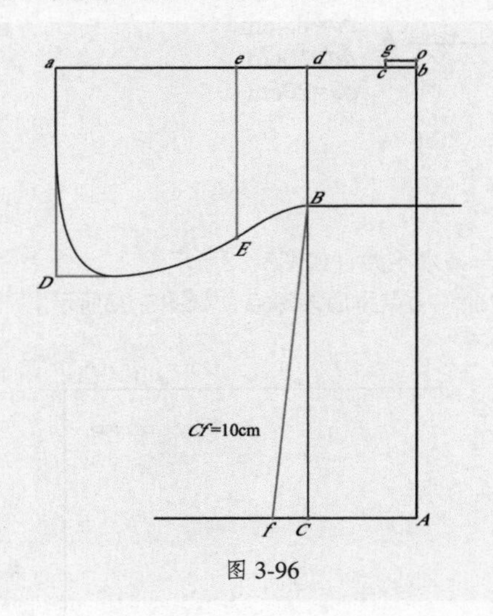

图 3-96

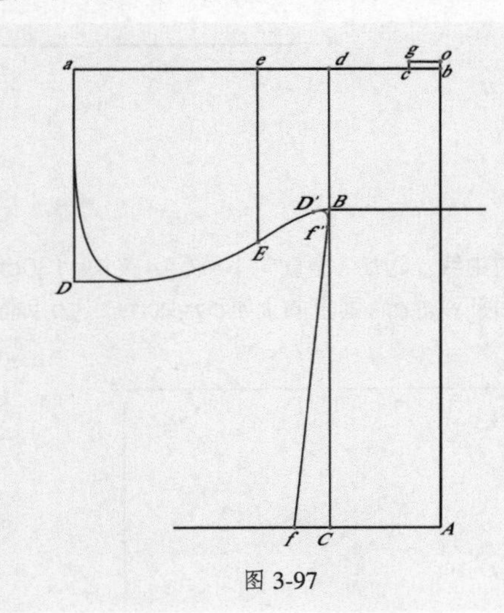

图 3-97

09 对称画出后片。以ab为对称轴，对称画出后片，如图3-98所示。

10 画内襟。过B点向右画水平线，延长fA至h点，Ah=13cm，过h点向上画垂直线，与B点所在的水平线相交于F点，如图3-99所示。

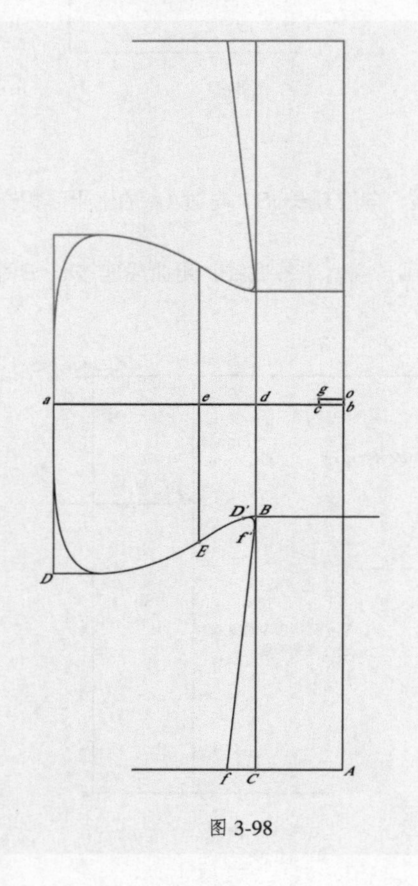

图 3-98

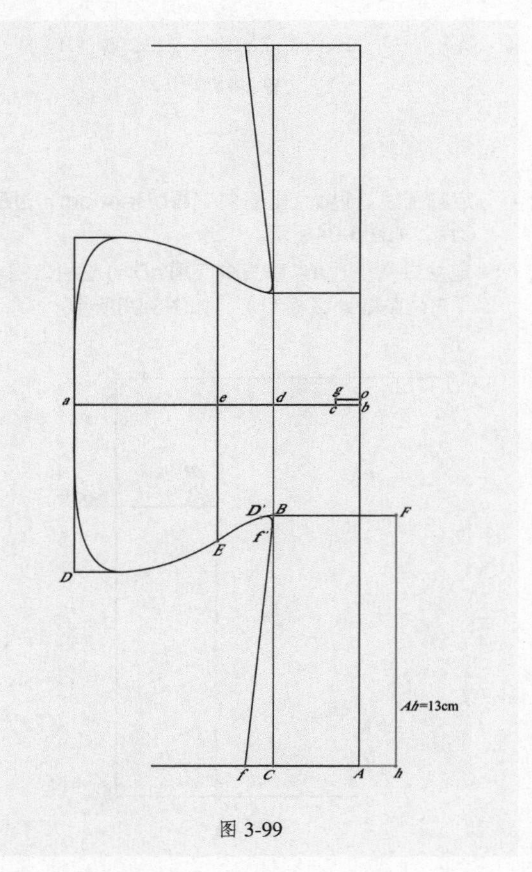

图 3-99

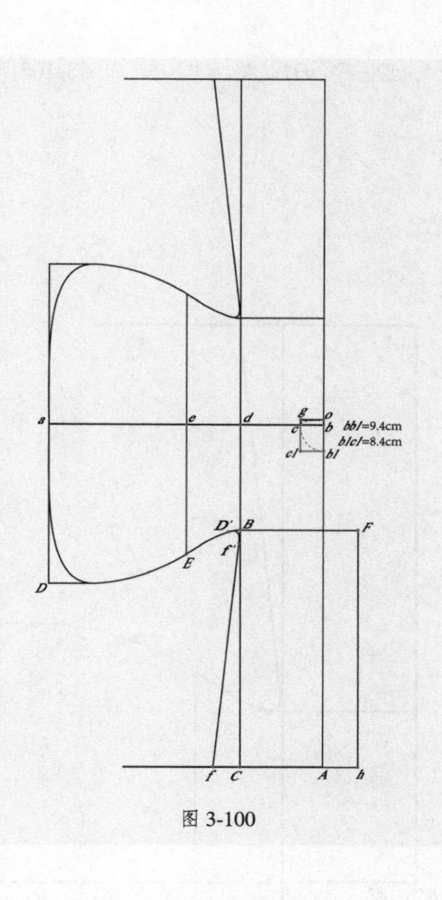

图 3-100

11 画基础领圈。沿*b*点向下取*b1*点，*bb1*=9.4cm，过*b1*点往左画水平线，*b1c1*=8.4cm，用虚线连接*o*、*c*、*b1*点（分别与*og*、*gc1*、*c1b1*这3条直线相切），如图3-100所示。

12 画领缘。以基础领圈为参考线，用曲线连接*o*、*c*、*F*这3点，如图3-101所示。以*ocF*弧线为参考线，平行向外开大3.5cm，得到弧线*o'c'F1*，如图3-102所示。

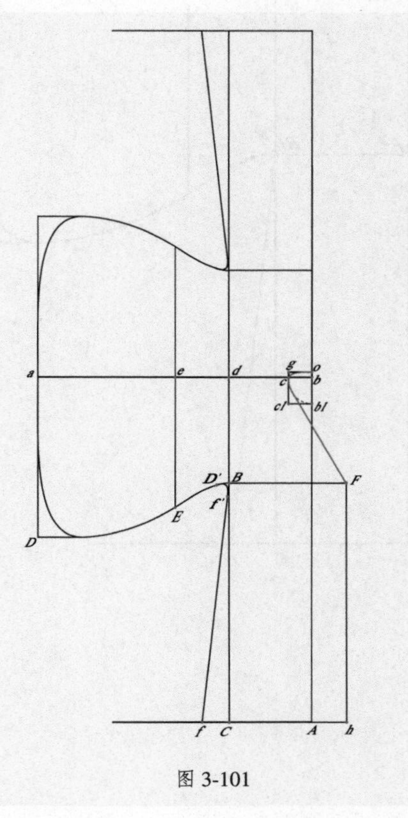

图 3-101

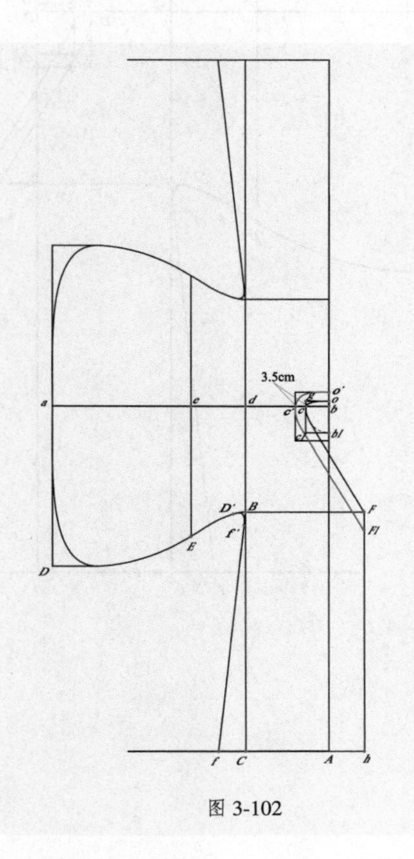

图 3-102

13 画左片。采用步骤1~9的方法画出左片，标注关键点*o*、*b*'、*c2*、*F**、*B1*、*A*'、*C*'、*f**，如图3-103所示。

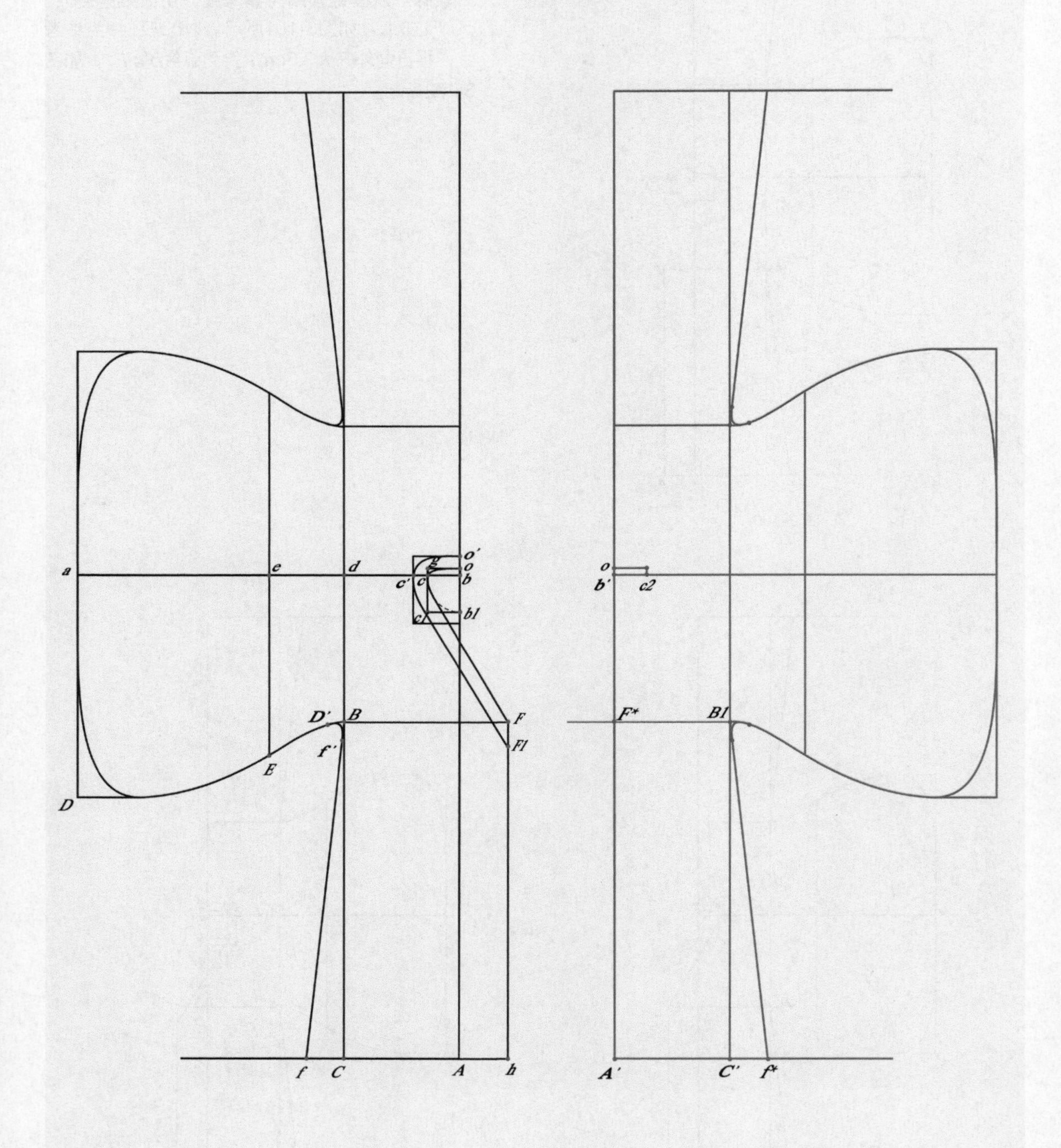

图 3-103

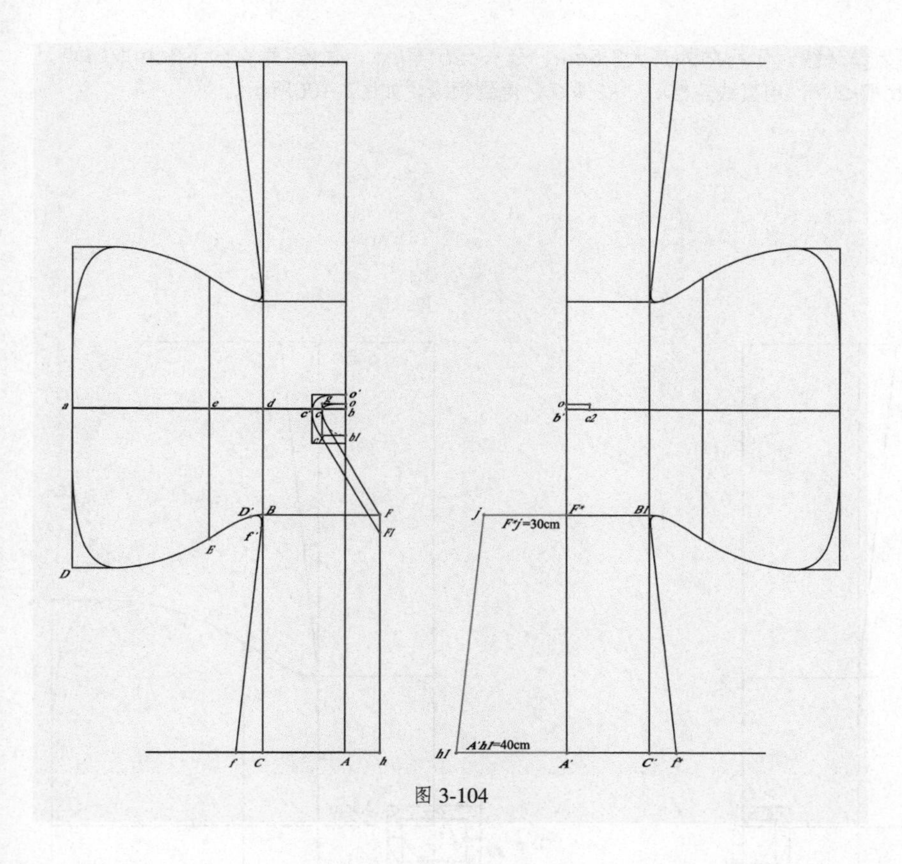

图 3-104

14 定外襟。过F^*点向左延长30cm至j点，过A'点向左延长40cm至$h1$点，连接j、$h1$两点，如图3-104所示。

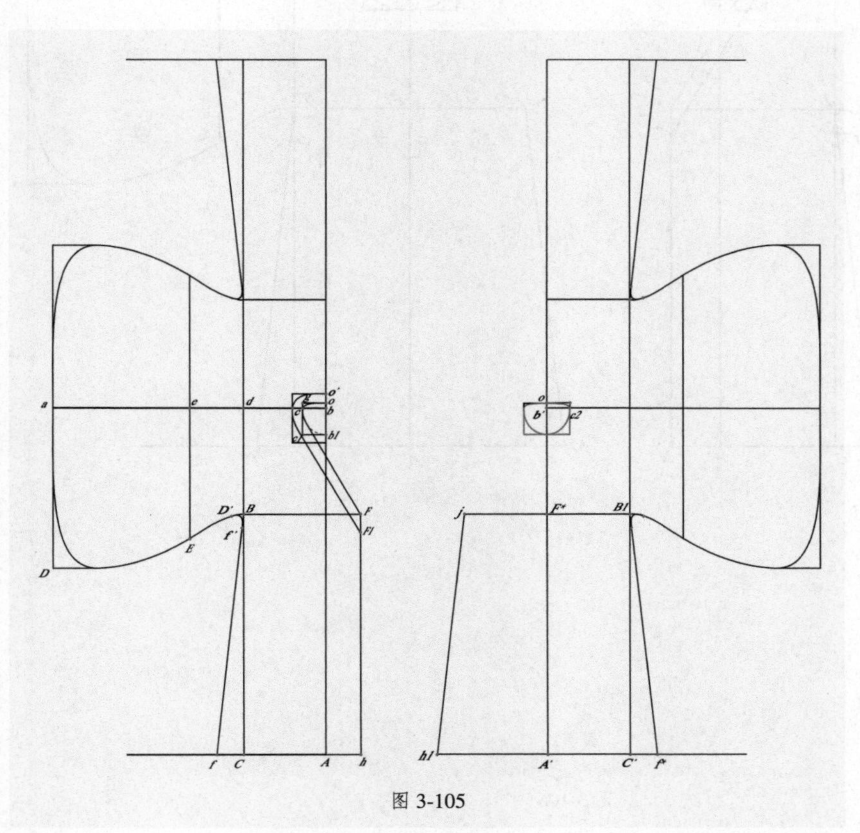

图 3-105

15 画左片基础领圈。重复步骤11的操作，画出基础领圈并对称画出另一半，如图3-105所示。

16 画领缘。以基础领圈为参考线，平行向外开大3.5cm，延长*c2b'*至*k*点，过*k*点垂直向下3cm取*k1*点，过*k1*点水平向右3.5cm取*k2*点，用直线连接*k1*、*k2*两点，得到领缘，如图3-106所示。

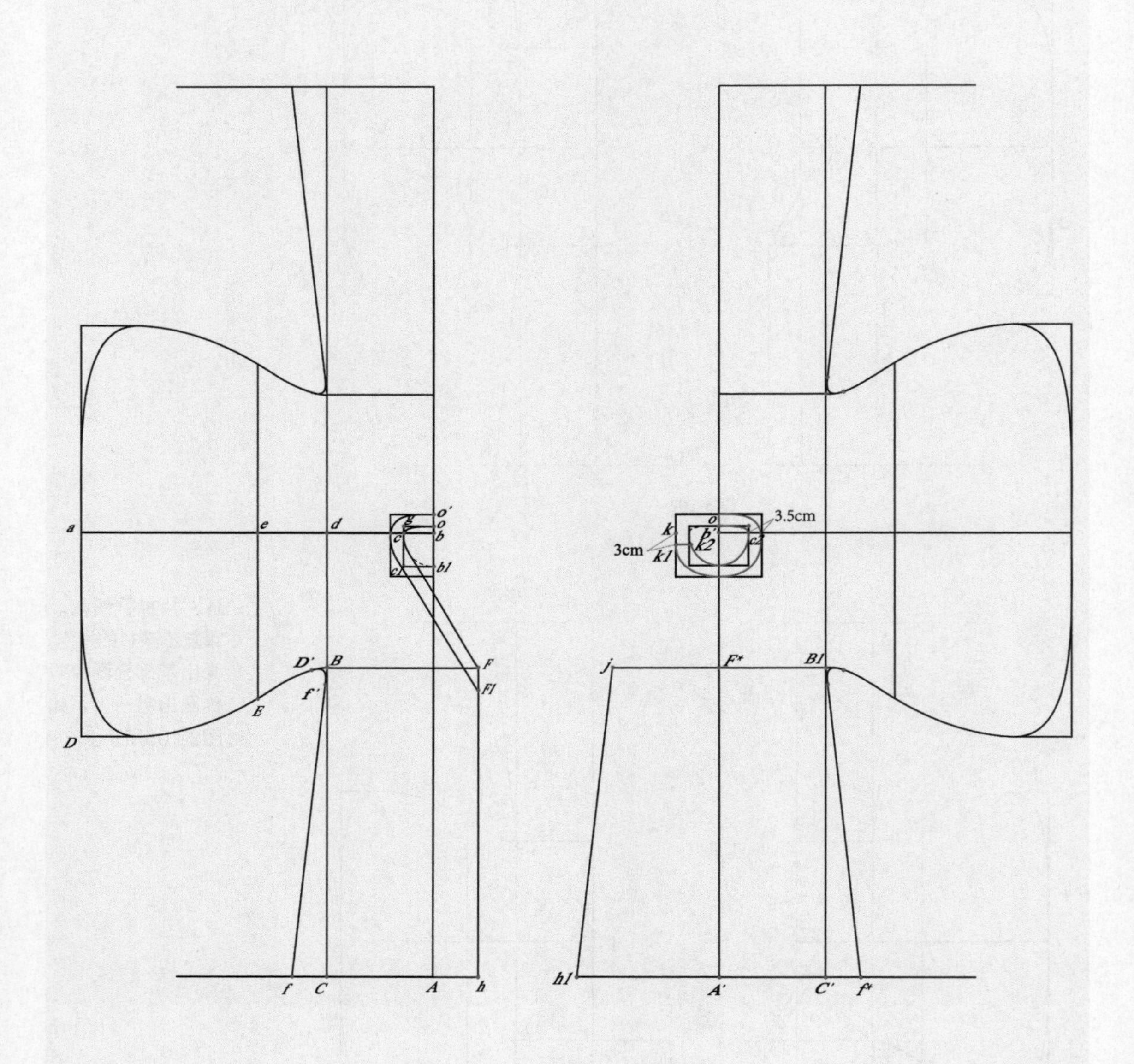

图 3-106

17 画外襟弧线。过h1点向右3cm取h2点，过j点向右3cm取j1点，连接j1、h2两点。用曲线连接k1、j1两点（与j1h2相切），如图3-107所示。

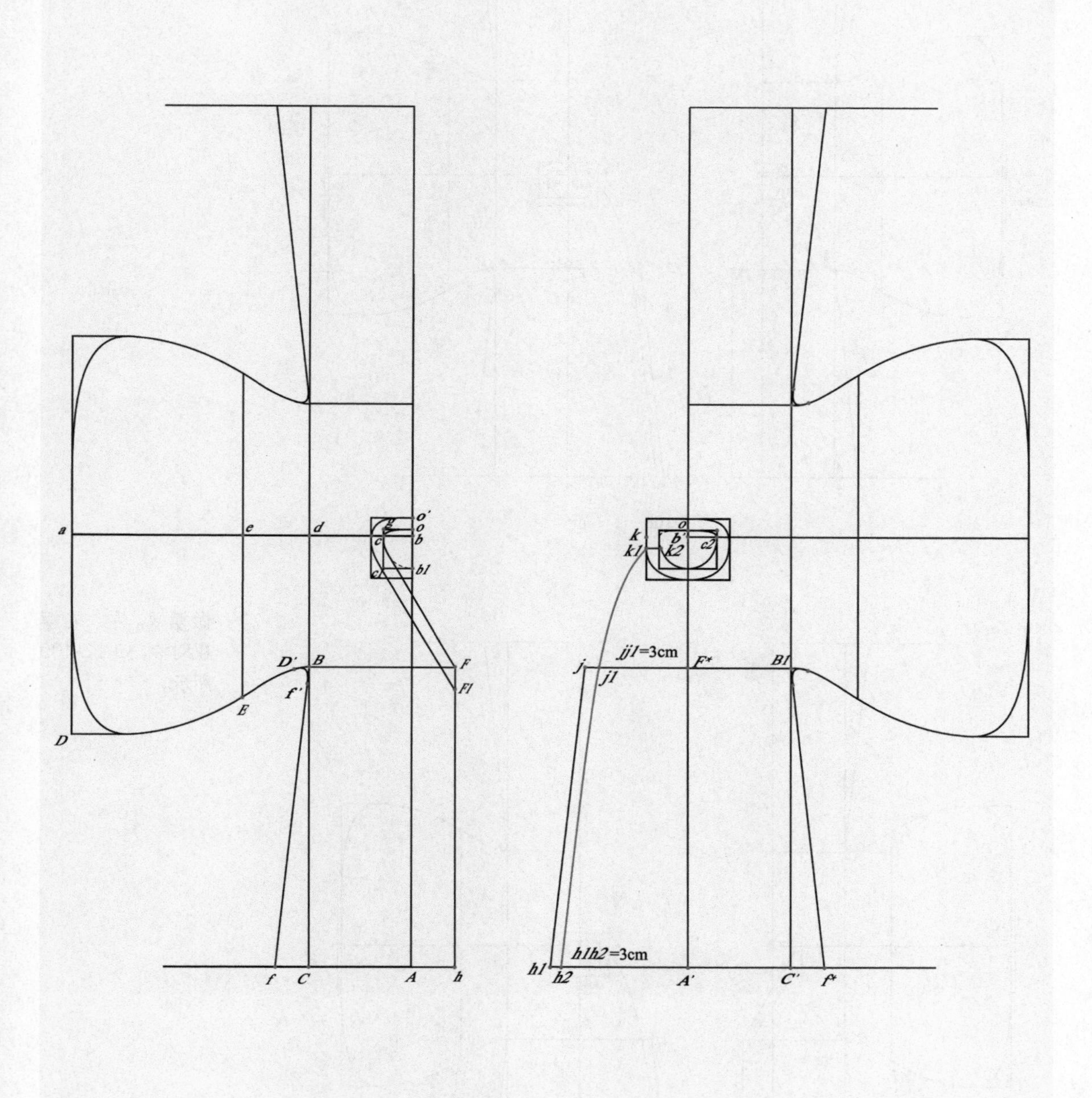

图 3-107

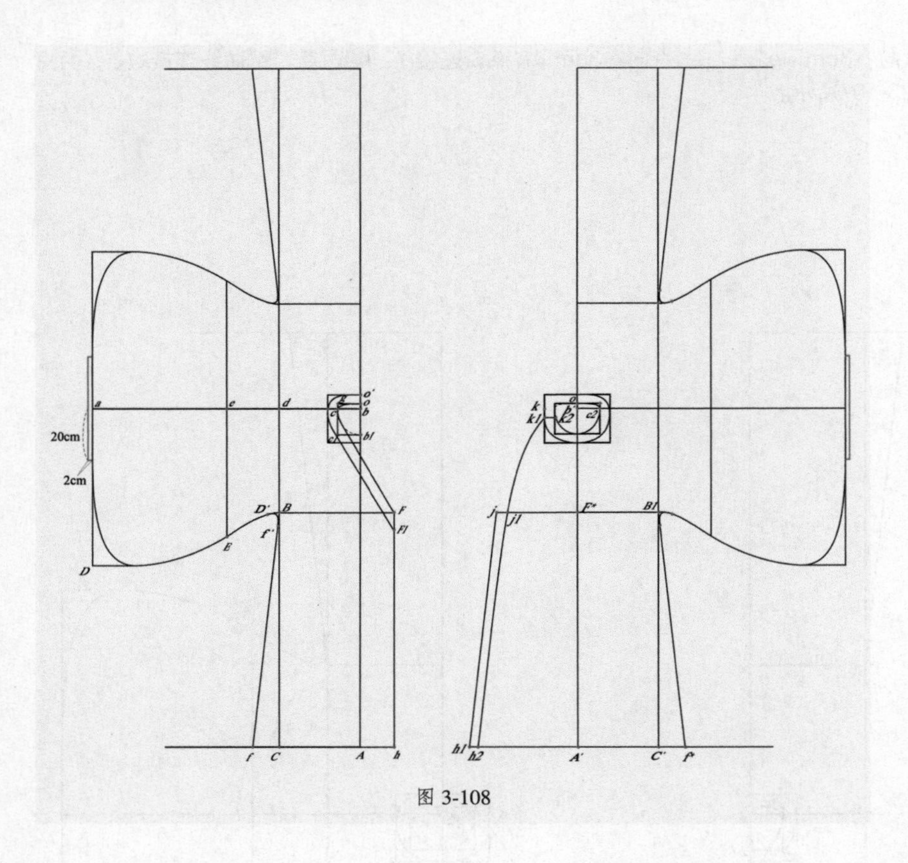

图 3-108

18 画袖口折边。左右袖口长40cm，宽2cm，画两个长方形，如图3-108所示。

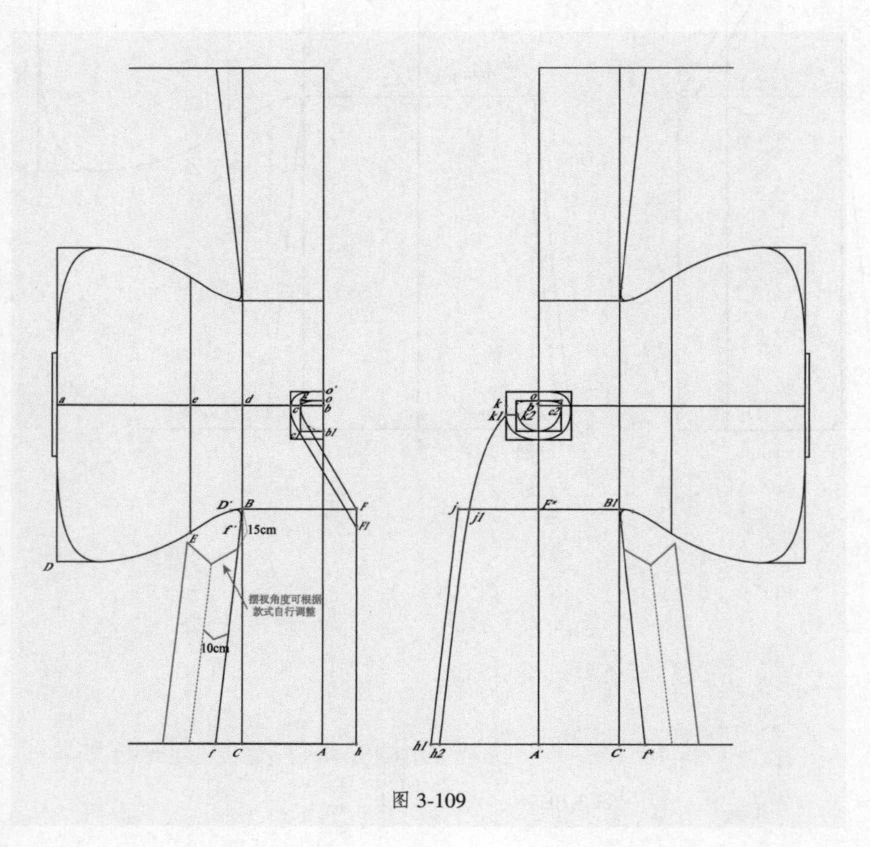

图 3-109

19 做摆衩。左、右摆衩对称，如图3-109所示。

20 修下摆。前摆、侧缝起翘2cm画直角辅助线，内外襟边缘各起翘1cm画直角辅助线，连接两直角顶点。后摆、侧缝起翘2cm画直角辅助线，后中线起翘1cm画直角辅助线，连接两直角顶点，左右片的操作相同，如图3-110所示。

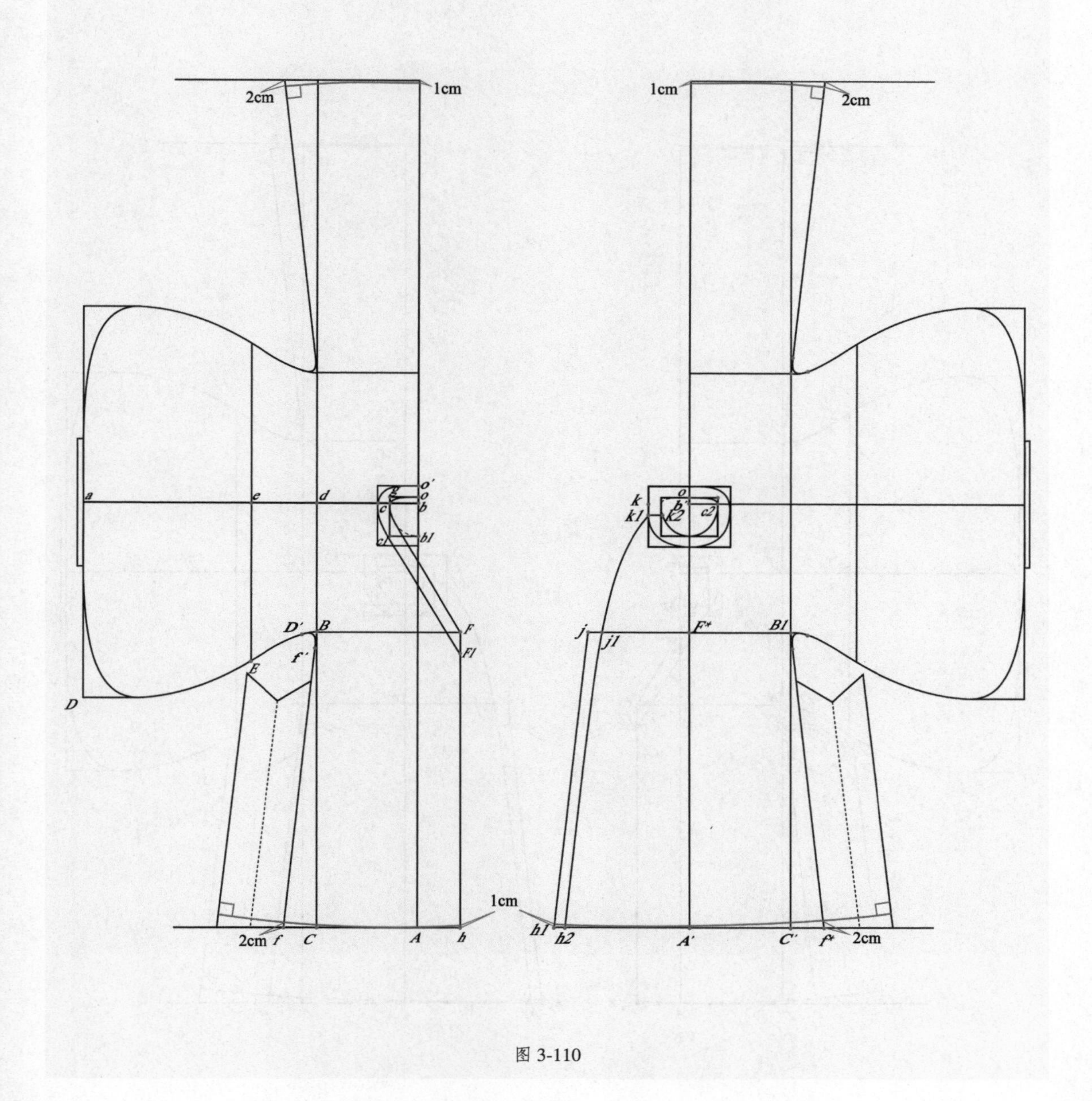

图 3-110

图 3-111

21 画系带。系带长=35cm，宽度=2cm，画一个长方形，如图3-111所示。

22 定纽扣、系带位置。过*F1*点画一条水平线，该线与衣片相交的位置为系带位置，取*k1k2*的中点为纽扣位置，如图3-112所示。

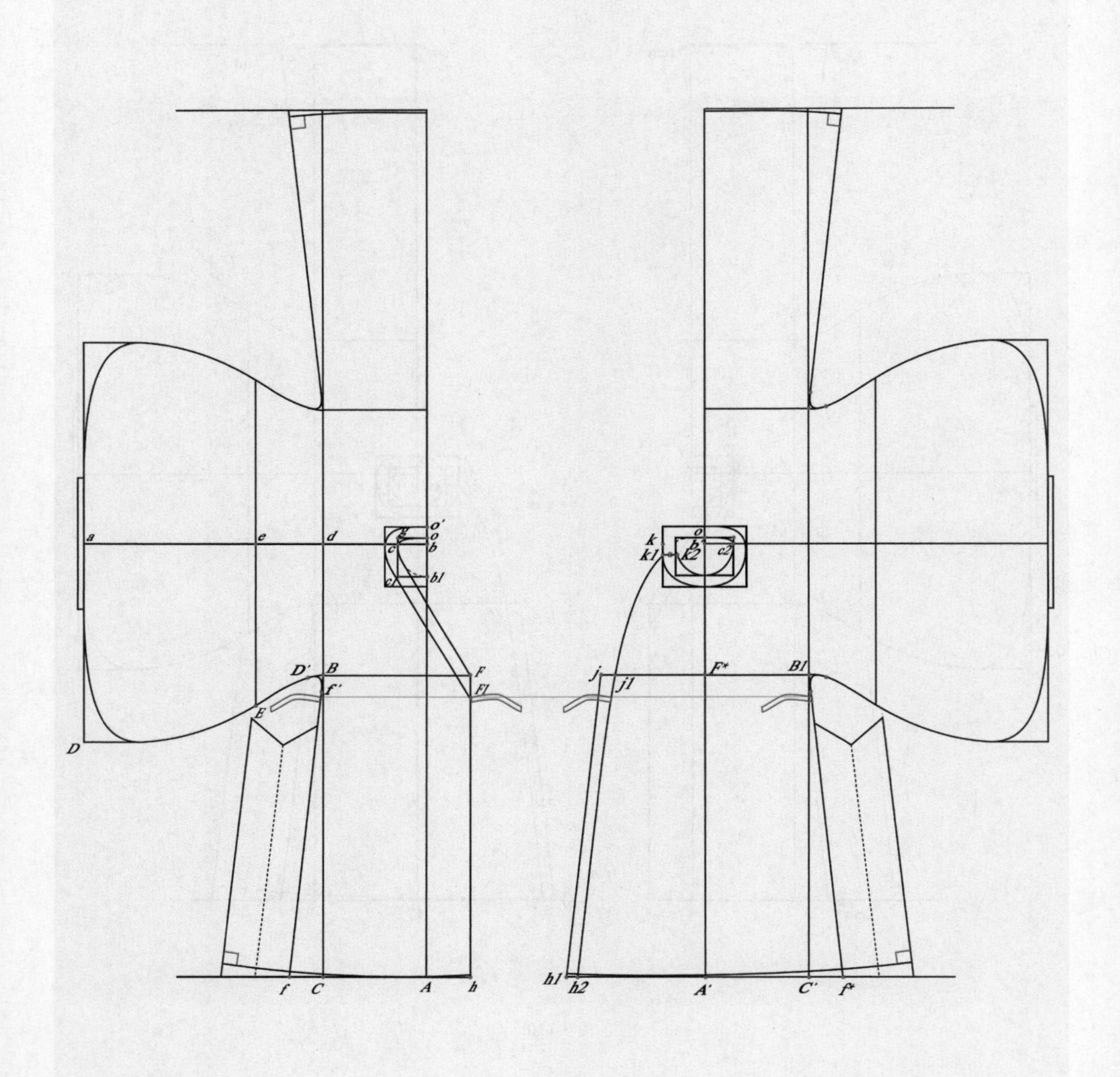

图 3-112

23 把圆领袍的版型轮廓线加粗，标注出纱向线，整体效果如图3-113所示。

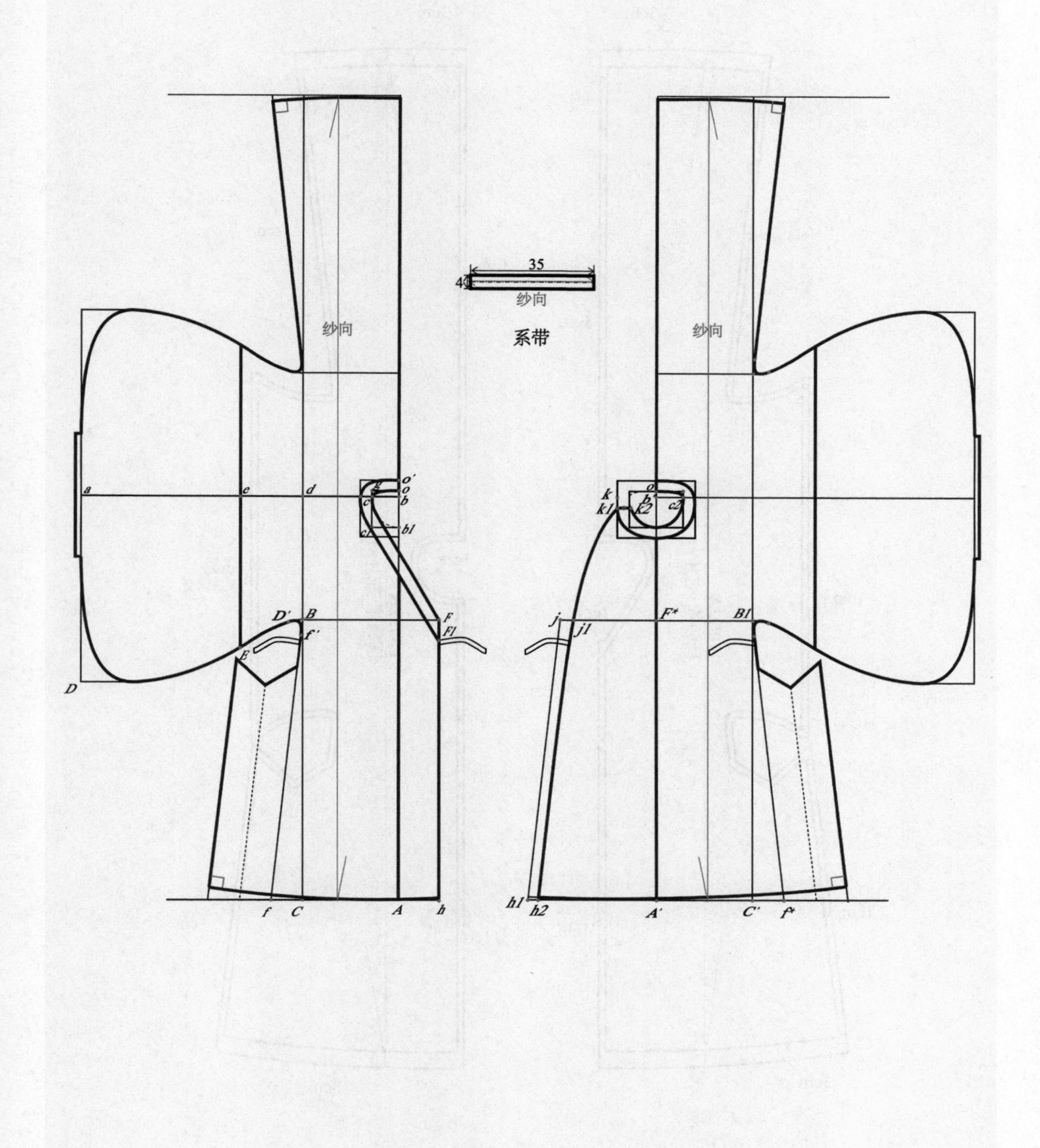

图 3-113

四、圆领袍裁剪图

01 衣身裁剪图。分为左片衣身和右片衣身，在版型（净样）的基础上加放缝量，下摆放缝量为3cm，其余放缝量都是1cm，如图3-114所示。

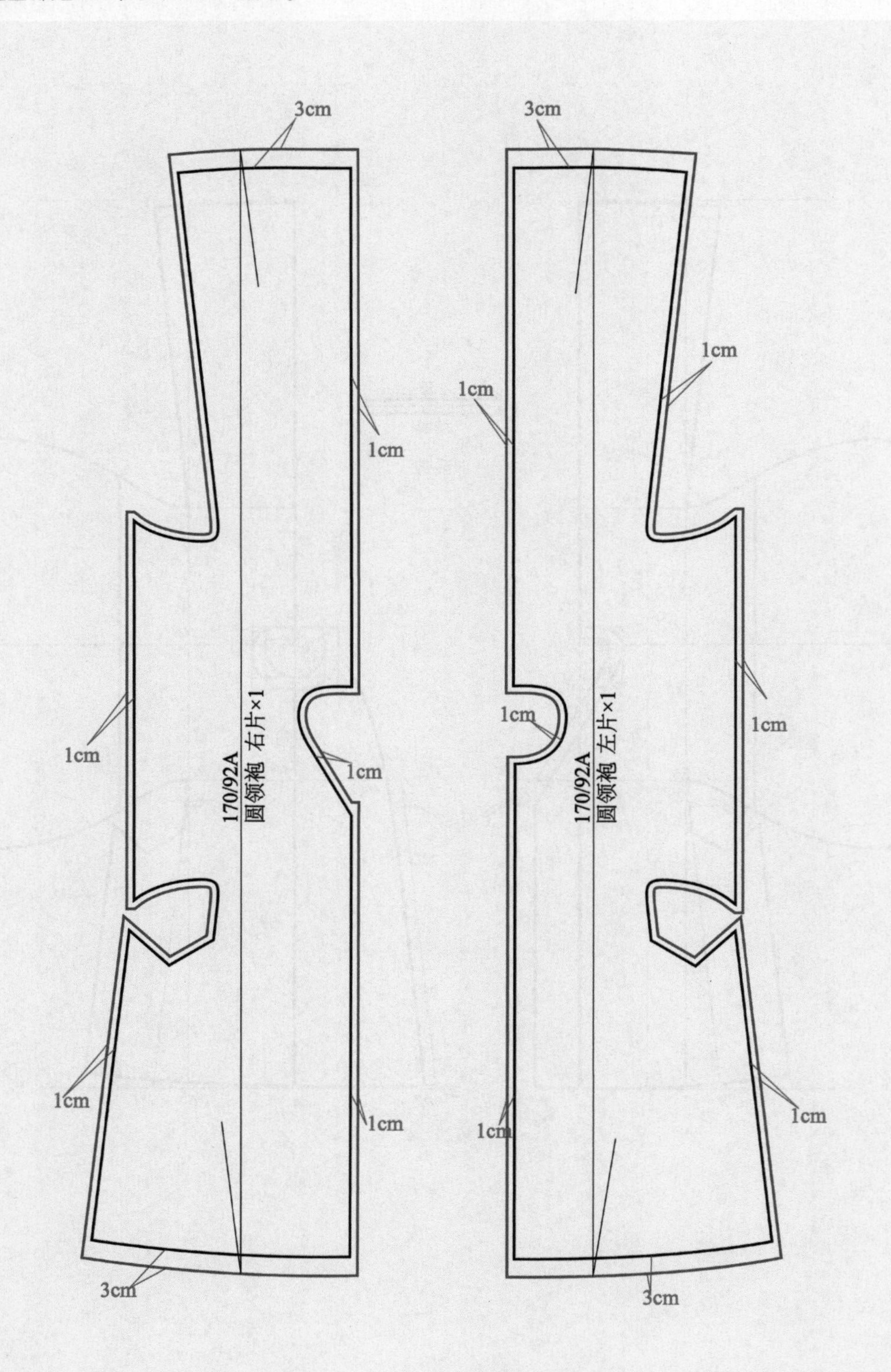

图 3-114

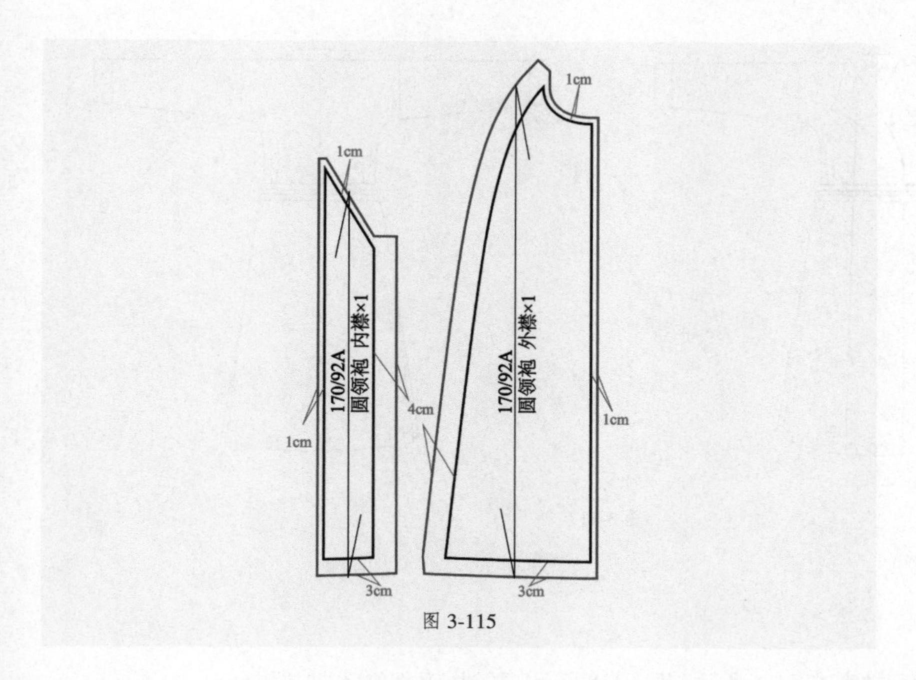

图 3-115

02 内外襟裁剪图。在版型（净样）的基础上加放缝量，下摆放缝量为3cm，侧缝放缝量为4cm，其余放缝量为1cm，如图3-115所示。

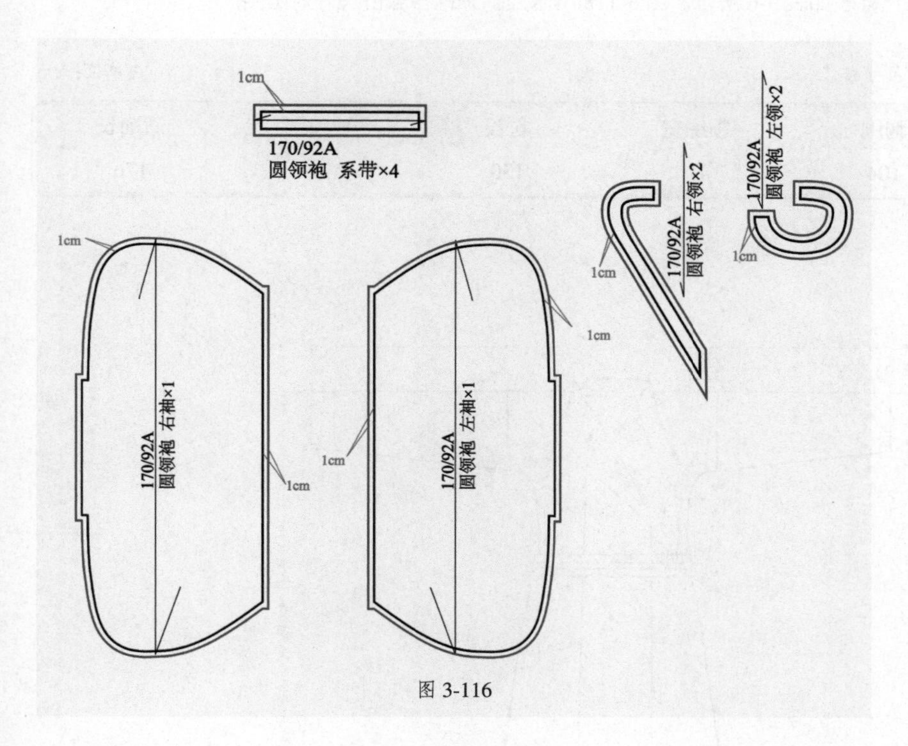

图 3-116

03 袖子、领缘及系带裁剪图。在版型（净样）的基础上加放缝量，放缝量均为1cm，如图3-116所示。

3.4.2 翻领袍版型及裁剪图

翻领袍，顾名思义，就是领子外翻的窄袖袍。它起源于西北少数民族回鹘，吸收了胡服的特点。随着回鹘与唐朝的经济、文化往来逐渐密切，翻领袍也成为唐朝男装中的一种常见款式。翻领袍的特点是领口宽大，两侧开衩有外摆，袖形为窄袖，图 3-117 所示为翻领袍的正背面款式图。

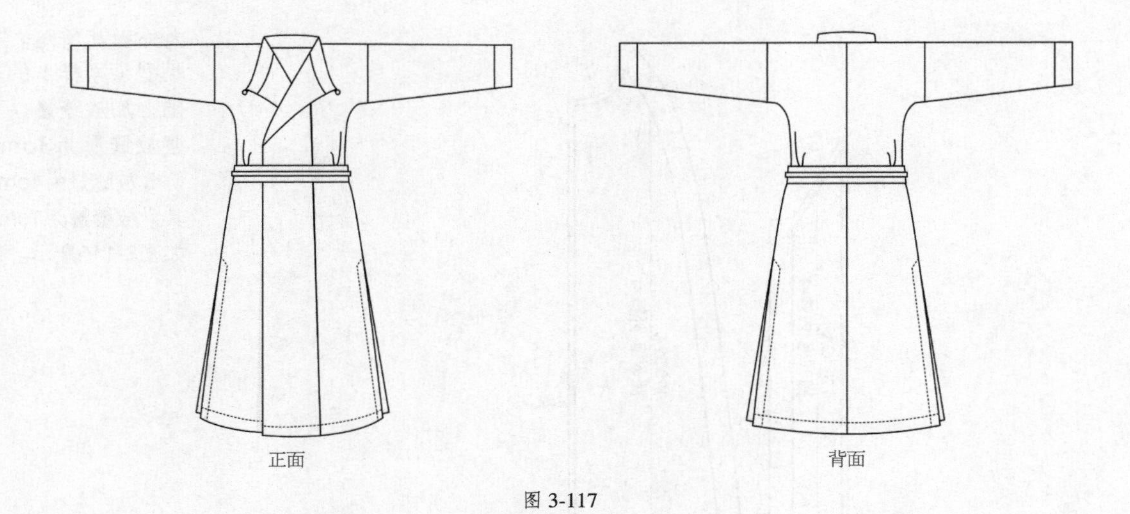

图 3-117

一、翻领袍（男装）规格尺寸表

翻领袍（男装）规格尺寸表如表 3-6 所示。图 3-118 所示为翻领袍各部位尺寸对照图。

表3-6 翻领袍（男装）规格尺寸表 单位：cm

号型	胸围	领缘宽	衣长	袖口围	通袖长
170/92A	104	3	130	32	176

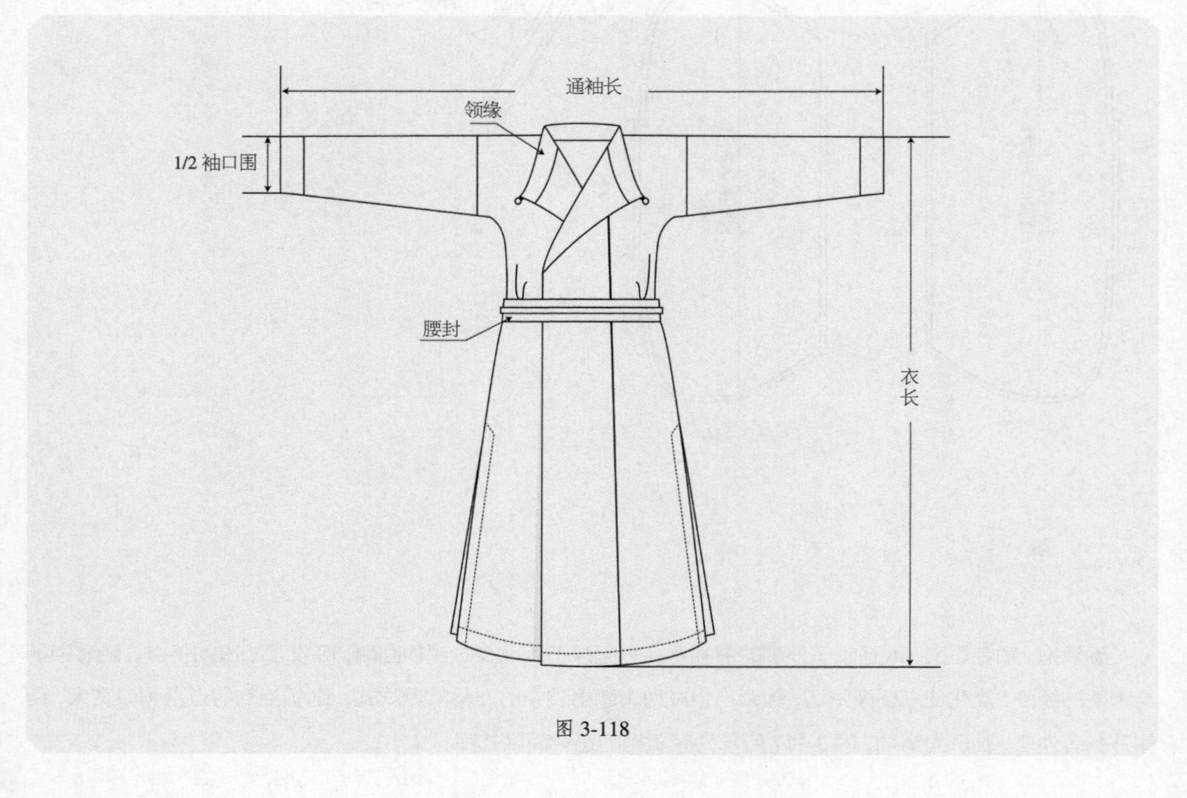

图 3-118

二、翻领袍结构图

翻领袍结构图如图 3-119 所示（单位：cm）。

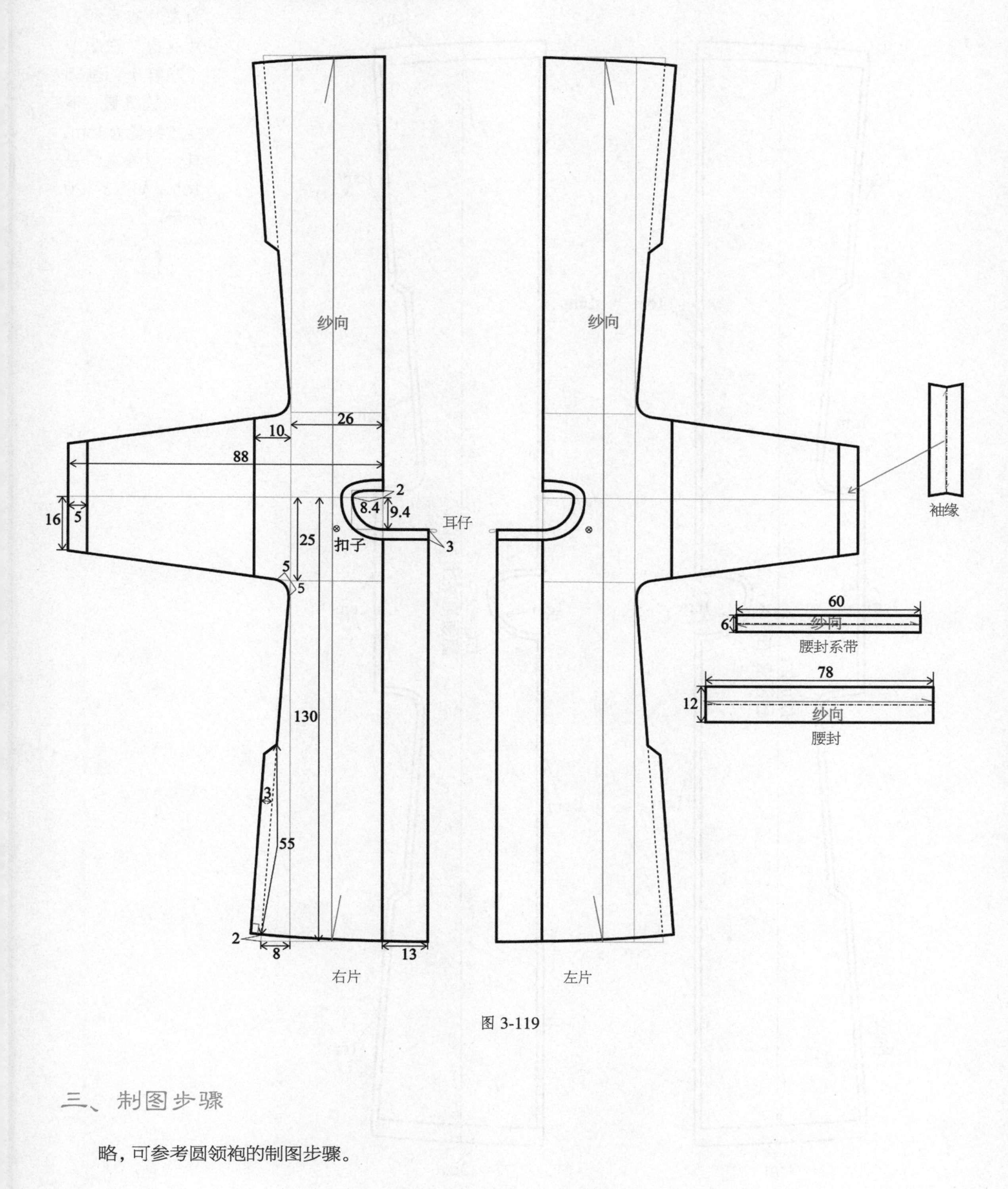

图 3-119

三、制图步骤

略，可参考圆领袍的制图步骤。

四、翻领袍裁剪图

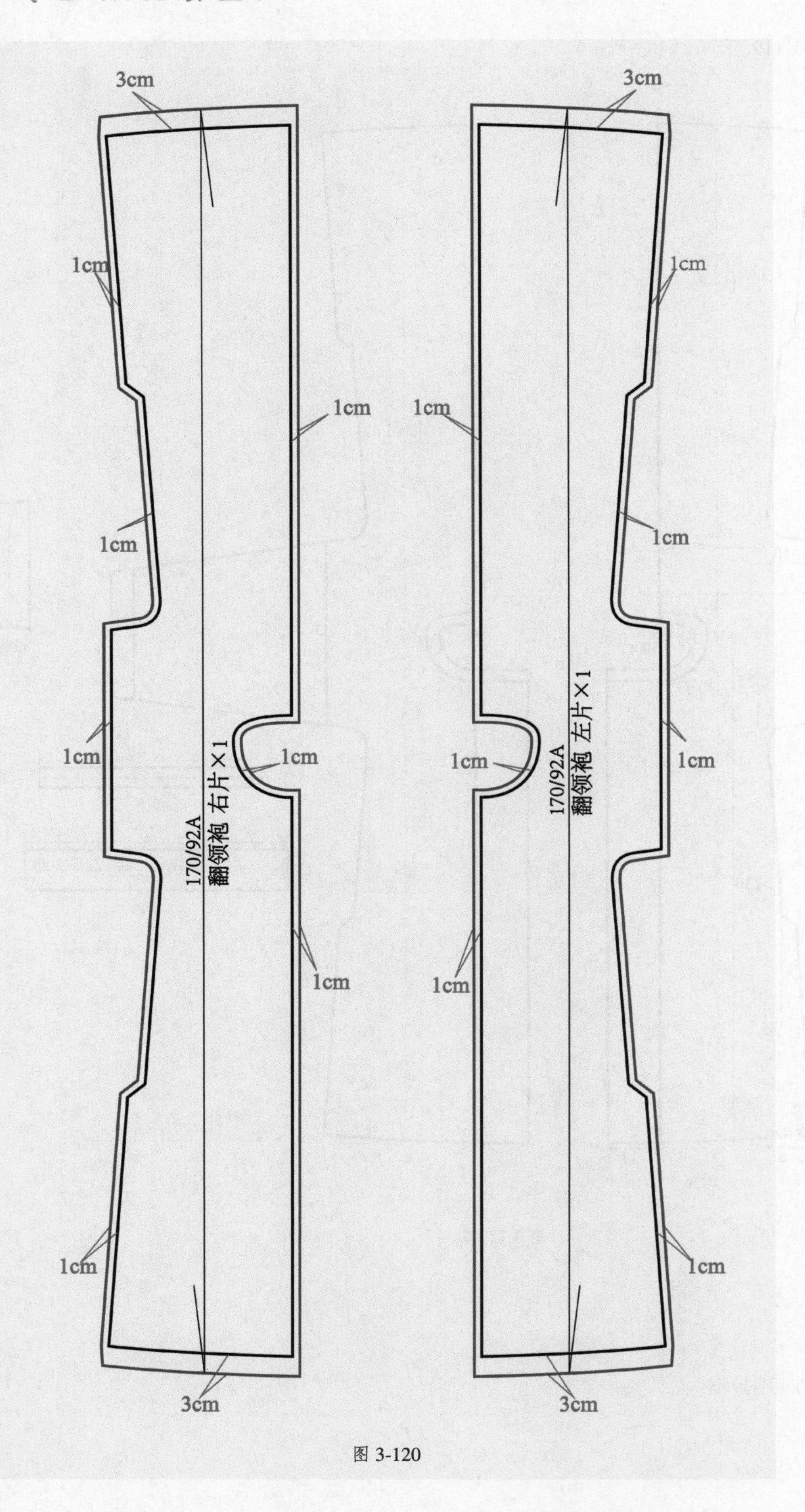

图 3-120

01 衣身裁剪图。分为左片衣身和右片衣身，在版型（净样）的基础上加放缝量，下摆放缝量为3cm，其余放缝量都是1cm，如图3-120所示。

02 内外襟、袖子、领缘、袖缘、系带及腰封裁剪图。在版型（净样）的基础上加放缝量，内外襟中侧及下摆放缝量为3cm，其余放缝量都是1cm，如图3-121所示。

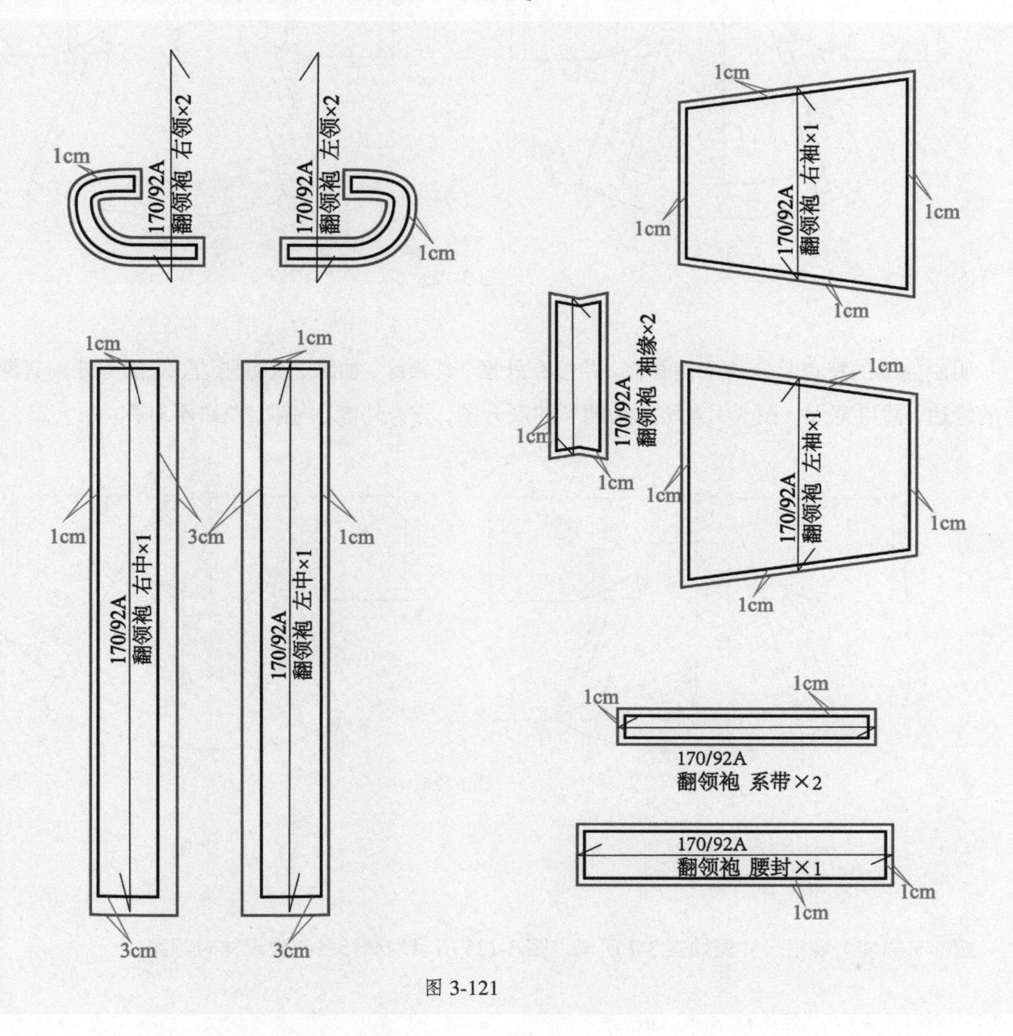

图 3-121

3.5 襕衫版型及裁剪图

襕衫出现于唐代，流行于宋明。襕衫在膝处有一道接缝，称为“横襕”，一般认为这道横襕是对衣裳制的恪守而刻意加上的。在古代，襕衫为官职公服，学子亦多穿着襕衫。图3-122所示为明代襕衫款式图。明代襕衫的正背面款式图如图3-123所示。

图 3-122

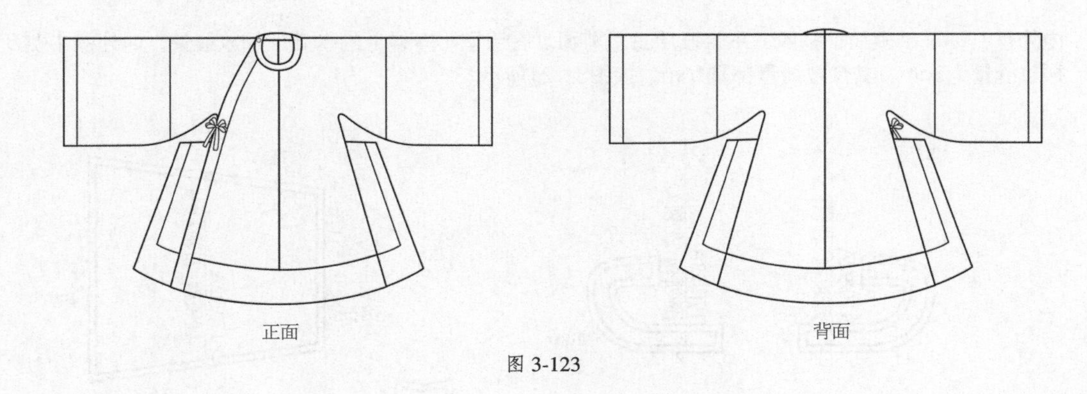

图 3-123

明制襕衫的特点是衣身两侧开衩，并接有外摆，其领缘、袖缘、衣襟侧边、双摆等处均有深青色或黑色的缘边，袖口宽大。图 3-124 所示为澜衫的展开图，分为外襟、内襟，左右不对称。

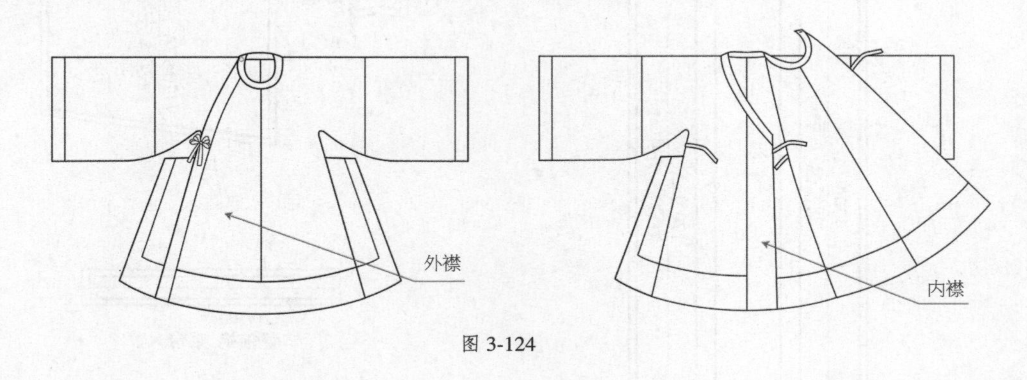

图 3-124

一、襕衫规格尺寸表

襕衫（男装）规格尺寸表如表 3-7 所示。图 3-125 所示为襕衫各部位尺寸对照图。

表3-7　襕衫（男装）规格尺寸表　单位：cm

号型	170/92A
胸围	110
领缘宽	3.5
衣长	128
袖口围	96
通袖长	188

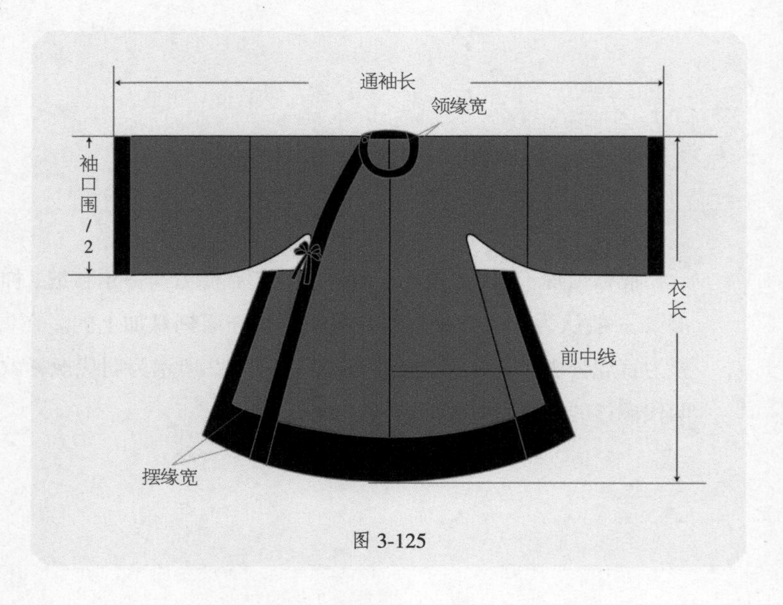

图 3-125

二、褴衫结构图

褴衫结构图如图 3-126 所示（单位：cm）。

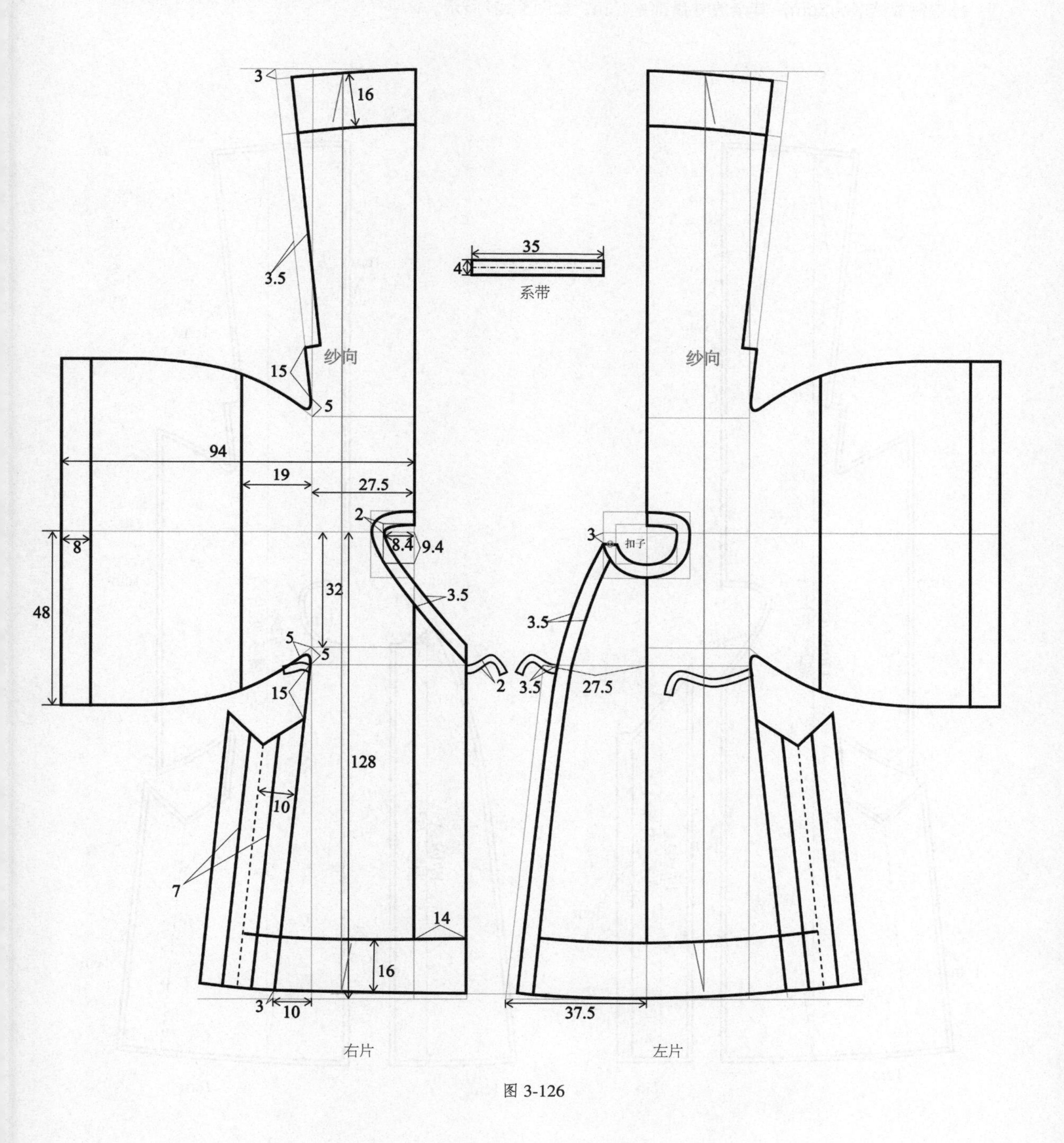

图 3-126

三、制图步骤

略，可参考圆领袍的制图步骤。

四、襕衫裁剪图

01 衣身及内外襟裁剪图。分为左片衣身和右片衣身、内襟和外襟，在版型（净样）的基础上加放缝量，内襟中侧放缝量为3cm，其余放缝量都是1cm，如图3-127所示。

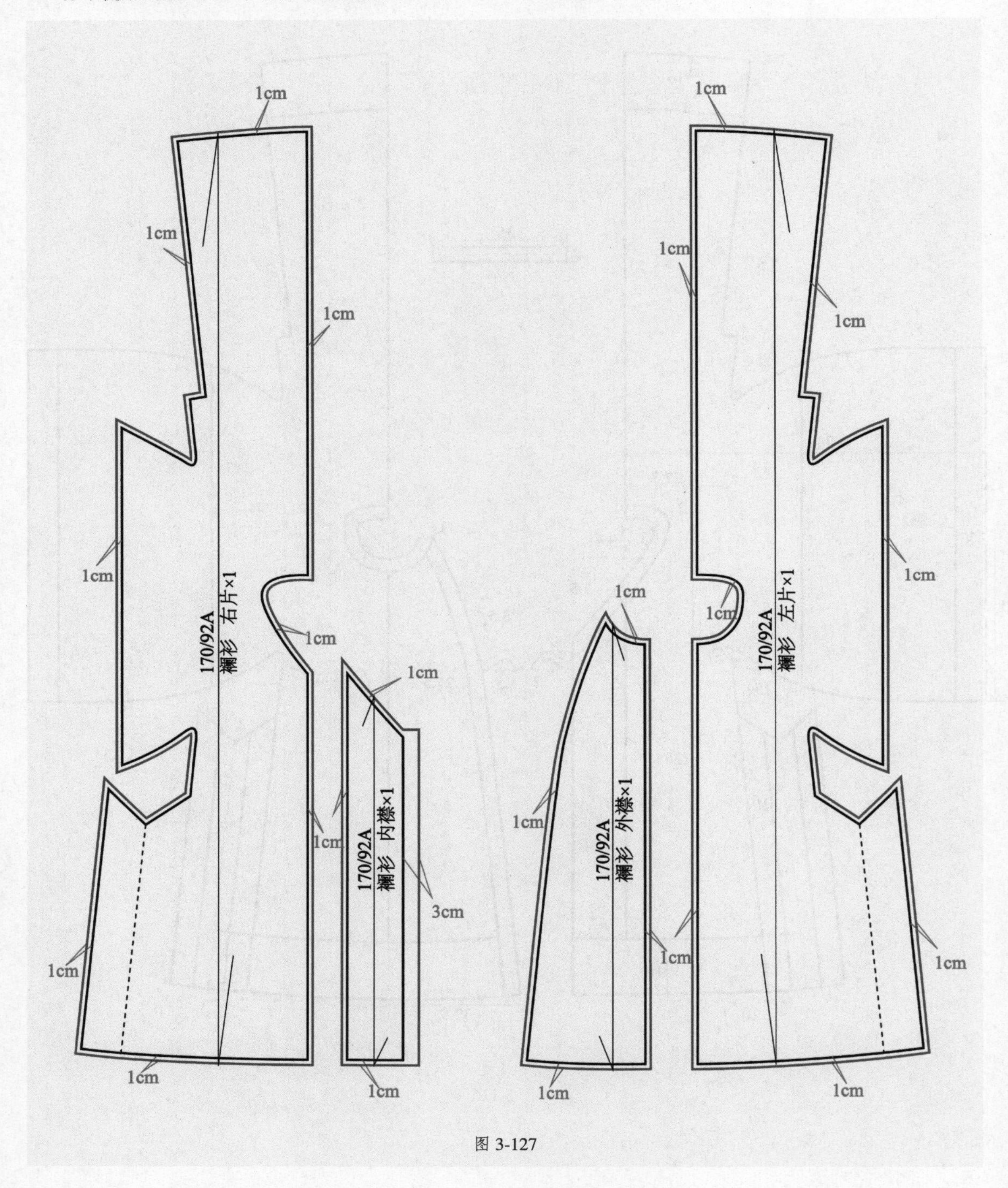

图 3-127

02 袖子、领缘、袖缘、门襟条、摆衩、摆缘及系带裁剪图。在版型（净样）的基础上加放缝量，放缝量都是1cm，如图3-128所示。

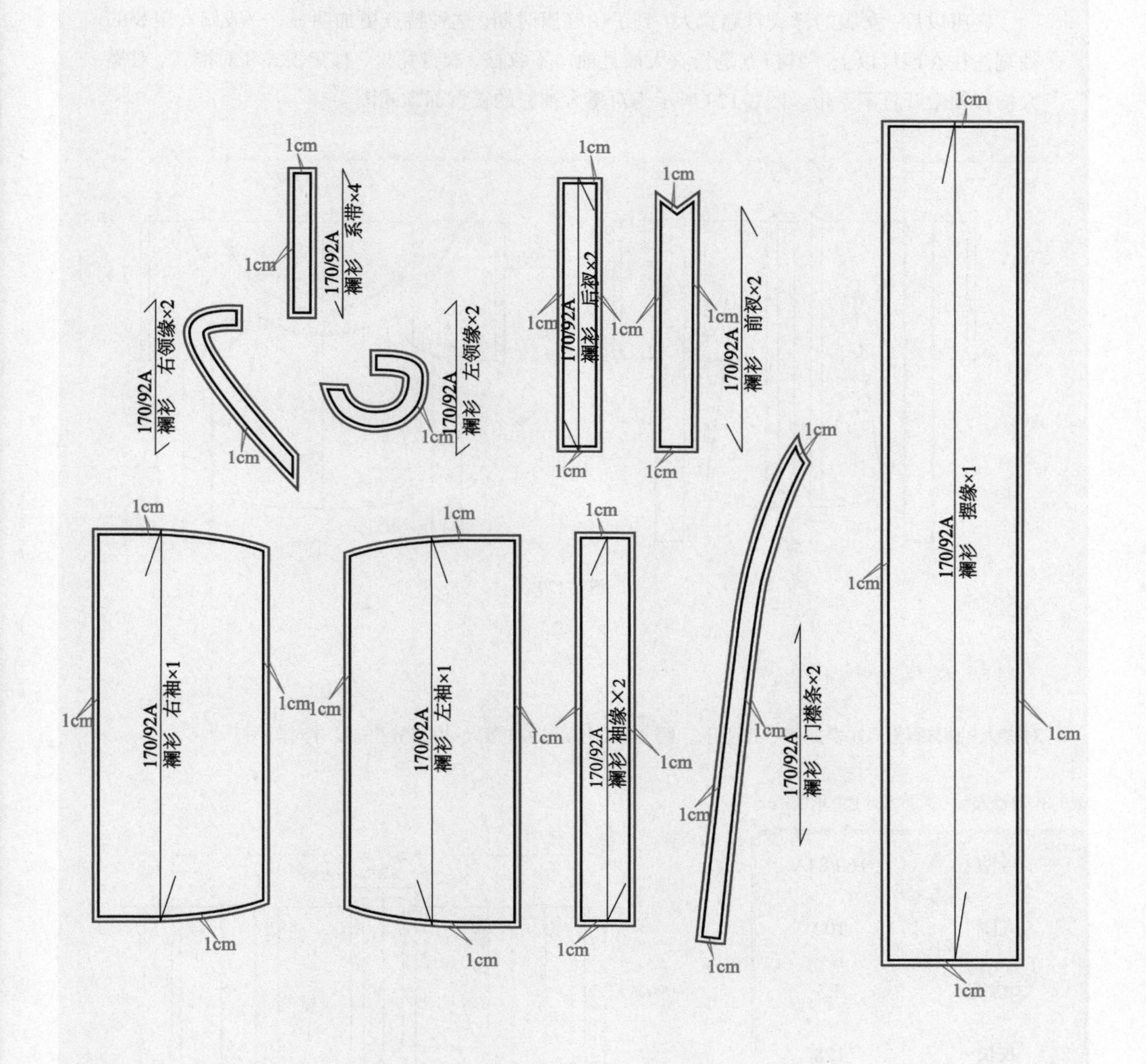

图 3-128

3.6 对襟大袖衫版型及裁剪图

盛唐以后，女服的样式日趋宽大；到了中晚唐时期，这种特点更加明显，一般妇女服装的袖宽往往在四尺以上。其特点是长衣大袖且袖口不收祛，衣身宽松，有交领式和对襟式，对襟大袖衫领敞开且不系带。图 3-129 所示为对襟大袖衫的正背面款式图。

正面

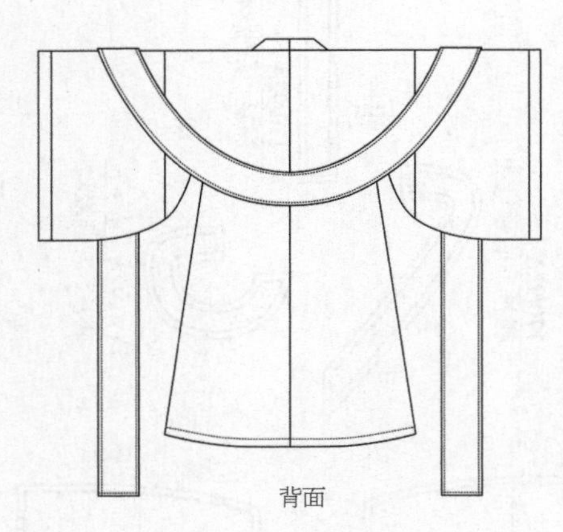
背面

图 3-129

一、对襟大袖衫规格尺寸表

对襟大袖衫规格尺寸表如表 3-8 所示。图 3-130 所示为对襟大袖衫各部位尺寸对照图。

表3-8 对襟大袖衫规格尺寸表 单位：cm

号型	160/84A
胸围	100
领缘宽	3.5
衣长	128
袖口围	140
通袖长	180
披帛长	300
披帛宽	45

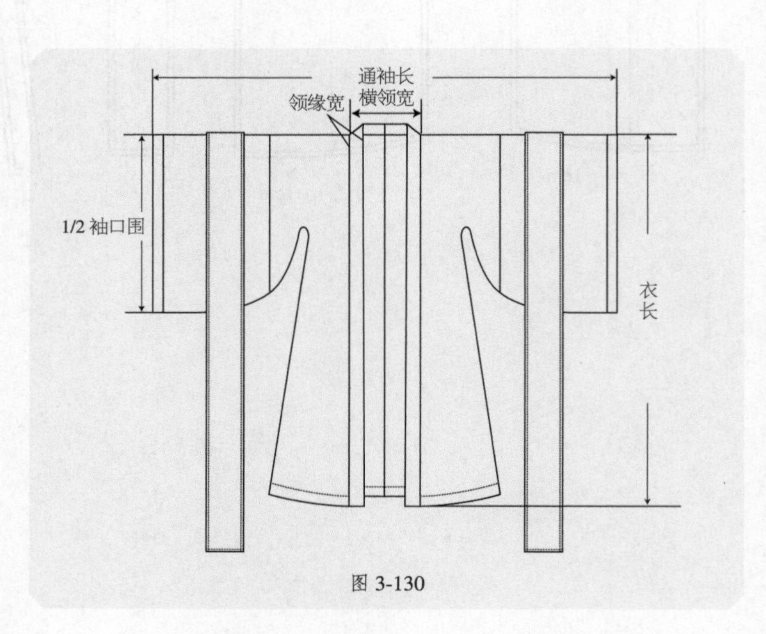

图 3-130

二、对襟大袖衫结构图

对襟大袖衫结构图如图 3-131 所示（单位：cm）。

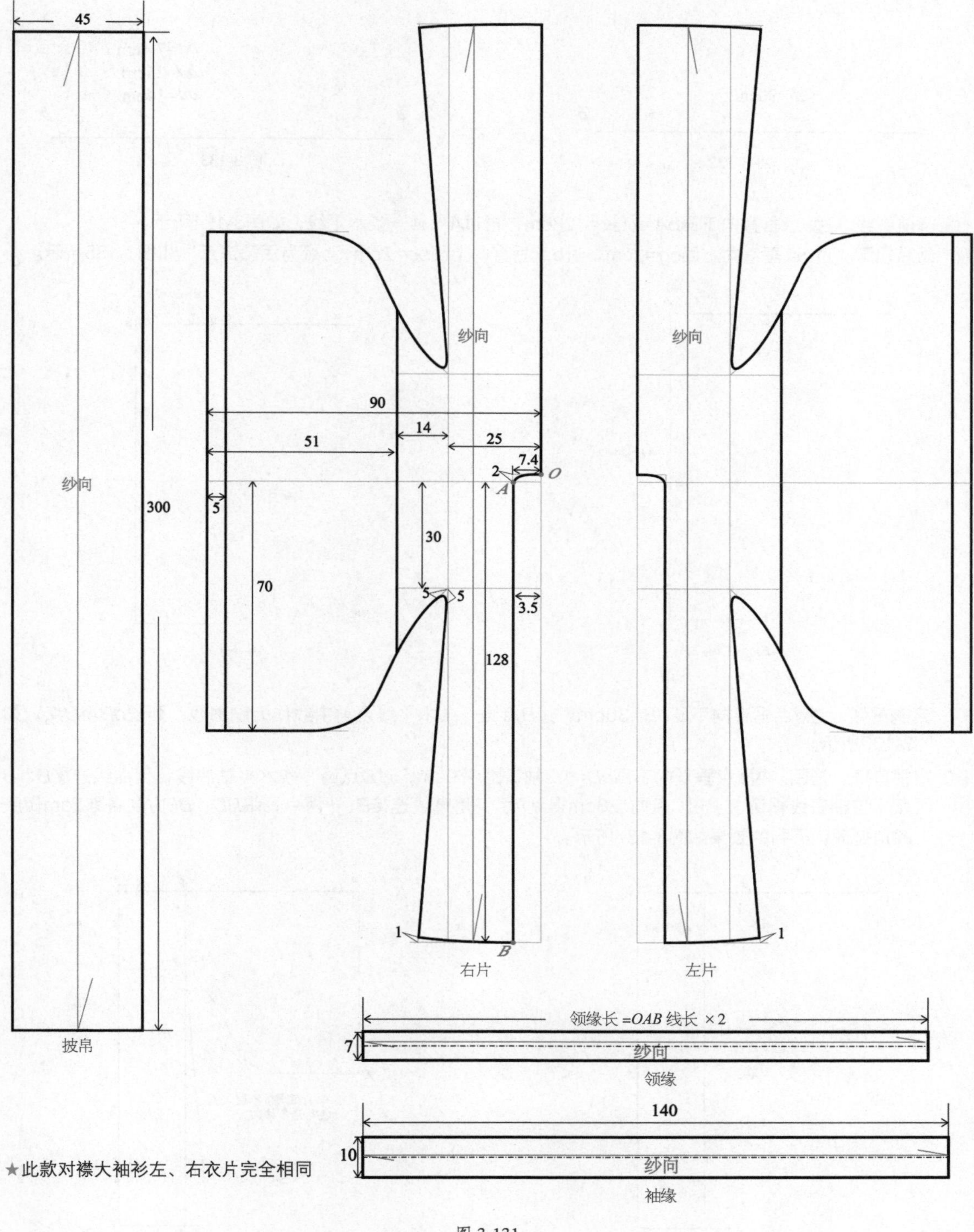

图 3-131

三、制图步骤

01 画肩线。由左至右画水平线ab，ab=1/2通袖长=90cm，如图3-132所示。

02 定领宽、肩点、袖分割点。由右至左，bc=1/2横领宽=7.4cm，bd=1/4胸围=25cm，de=14cm，如图3-133所示。

图 3-132　　图 3-133

03 画前中线。过b点垂直向下画bA=衣长=128cm，再过A点画一条水平线，如图3-134所示。

04 画后领深。过c点垂直向上画cg=2cm，过b点垂直向上画bo=2cm，o点为后领深点，如图3-135所示。

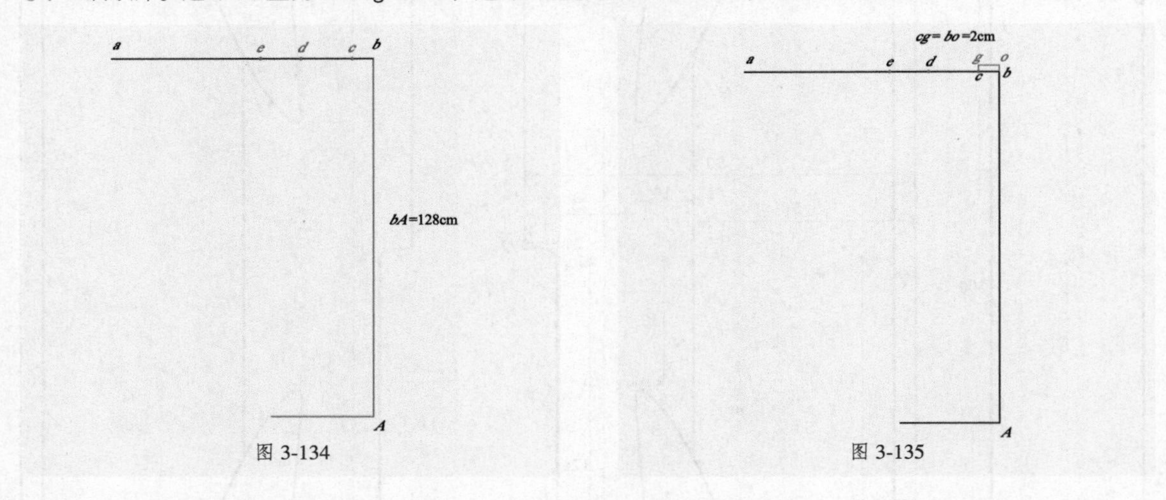

图 3-134　　图 3-135

05 定胸围线。过d点垂直向下画dB=30cm，过B点画一条水平线至前中线作为胸围线；延长dB至C点，如图3-136所示。

06 定袖口宽、摆围。过a点垂直向下画aD=1/2袖口围=70cm，过D点画一条水平袖底线，用曲线连接D、B两点（与袖底线相切）。过C点向左8cm得到F点，用直线连接B、F两点，沿BD、BF方向各取5cm做腋下圆角处理，得到的效果如图3-137所示。

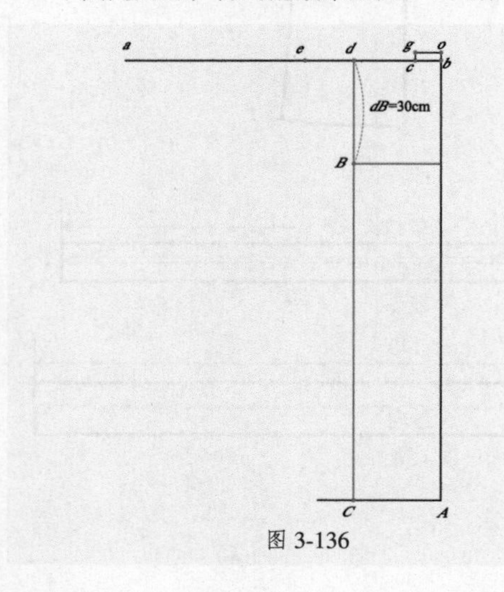

图 3-136

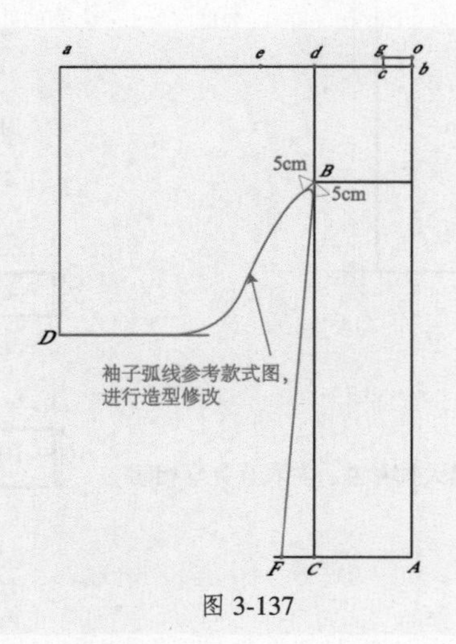

图 3-137

07 定袖缘及袖子分割线。过e点向下画垂直线，与DB相交于E点，eE为袖子分割线。画距离aD5cm的平行线，作为袖缘分割线，如图3-138所示。

08 对称画出后片。以ab为对称轴，对称画出后片，如图3-139所示。

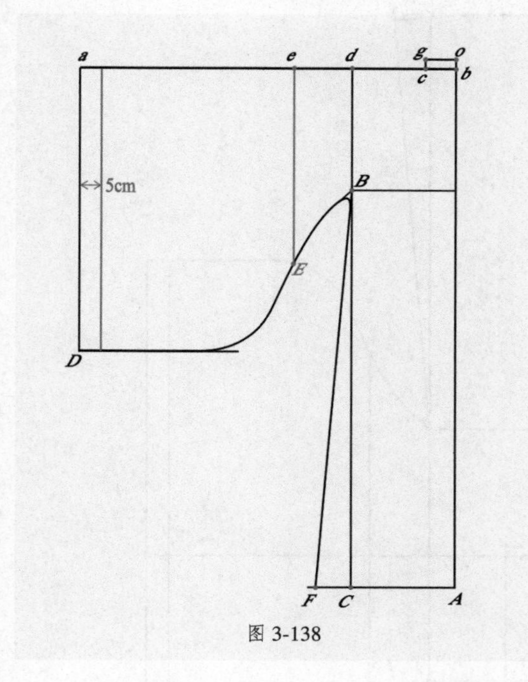

图 3-138

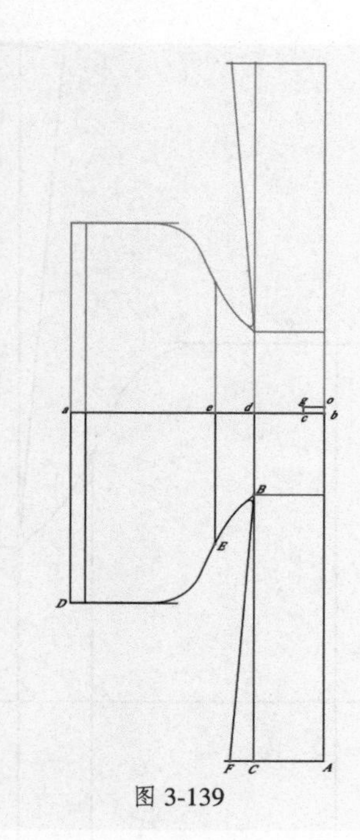
图 3-139

09 画领圈。过c点垂直向下画线，与AC相交于E'点，过o、c、E'点画出领弧，如图3-140所示。

10 修下摆。底边起翘1cm做直角辅助线，如图3-141所示。

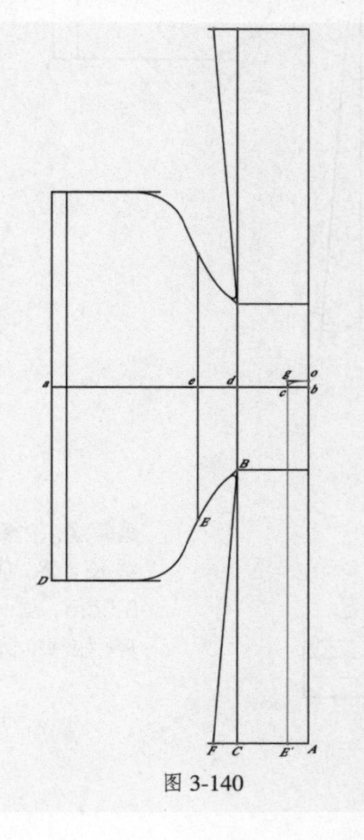
图 3-140

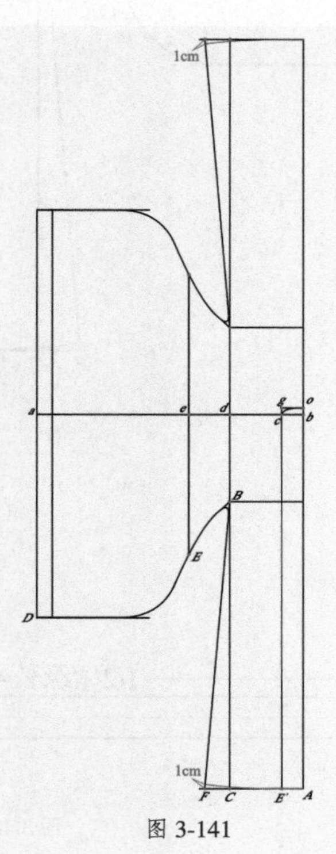

图 3-141

11 对称画出左片。此款对襟大袖衫左、右衣片完全相同，对称画出左片，如图3-142所示。

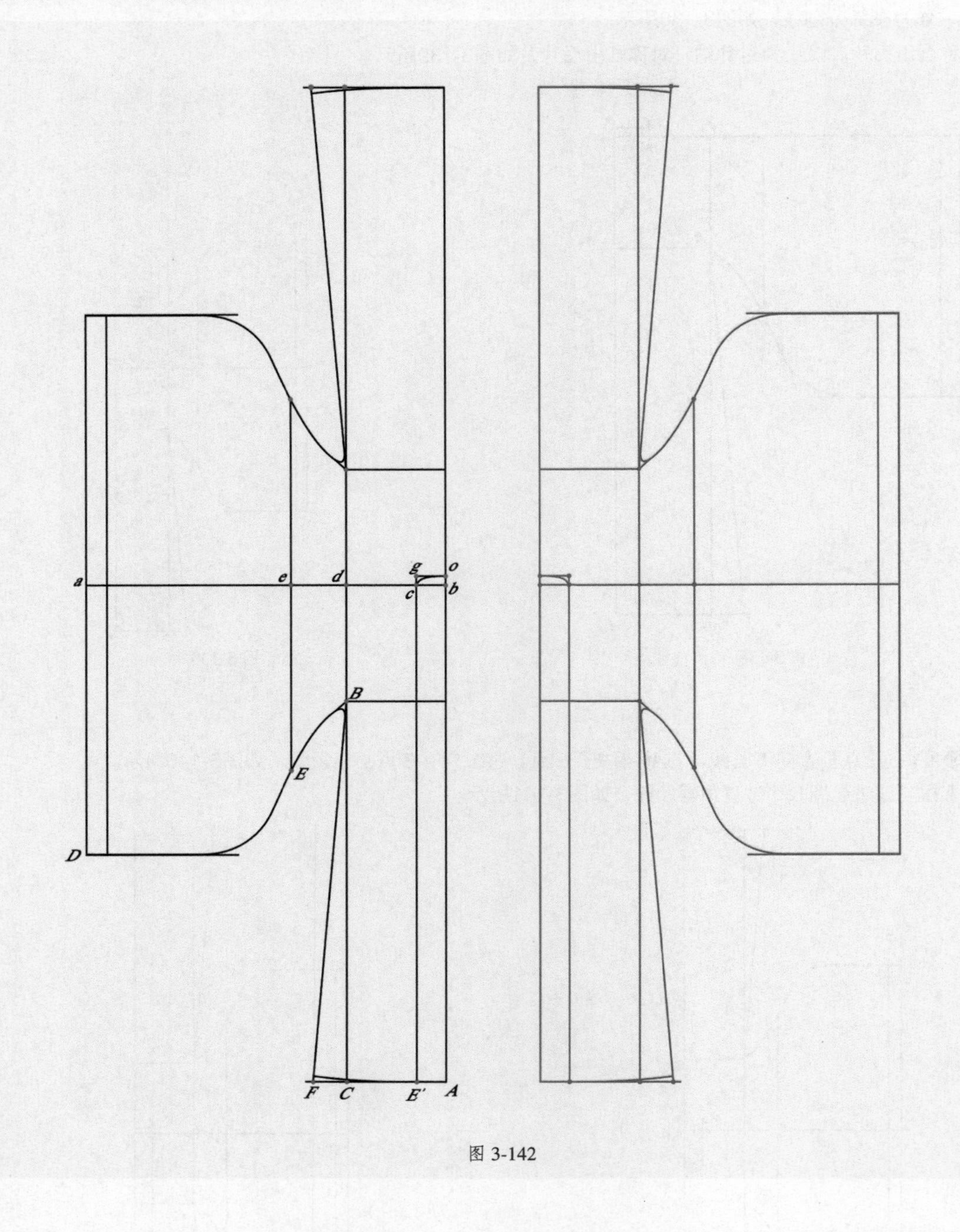

图 3-142

12 画领缘。领缘长=ocE'线长×2，领缘宽=3.5cm，画一个长方形，如图3-143所示。

1/2领缘长= ocE′线长

7

图 3-143

13 画披帛。披帛长度=300cm，宽度=45cm，画一个长方形，如图3-144所示。

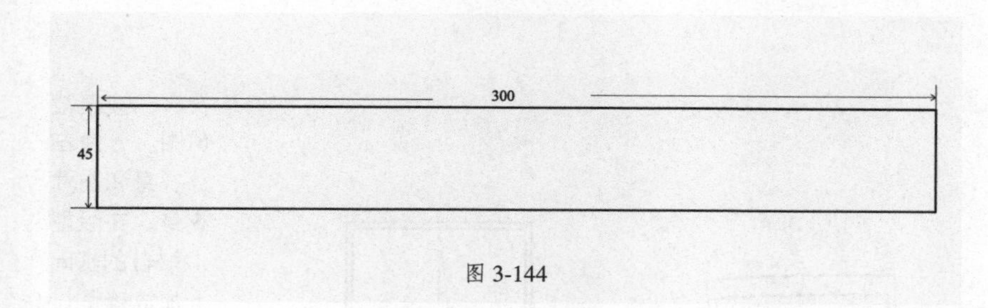

图 3-144

14 把对襟大袖衫的版型轮廓线加粗，标注出纱向线，整体效果如图3-145所示。

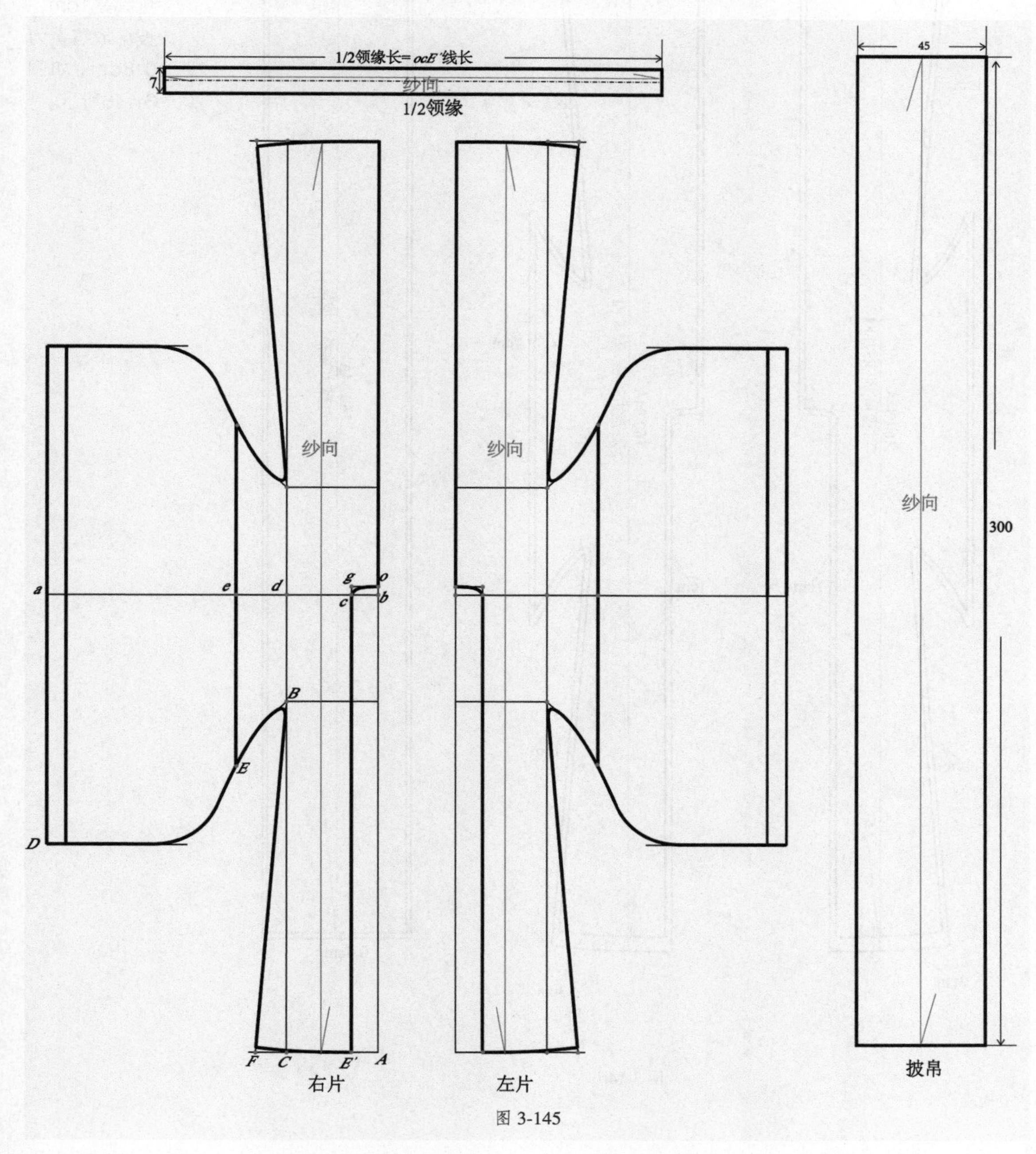

图 3-145

四、对襟大袖衫裁剪图

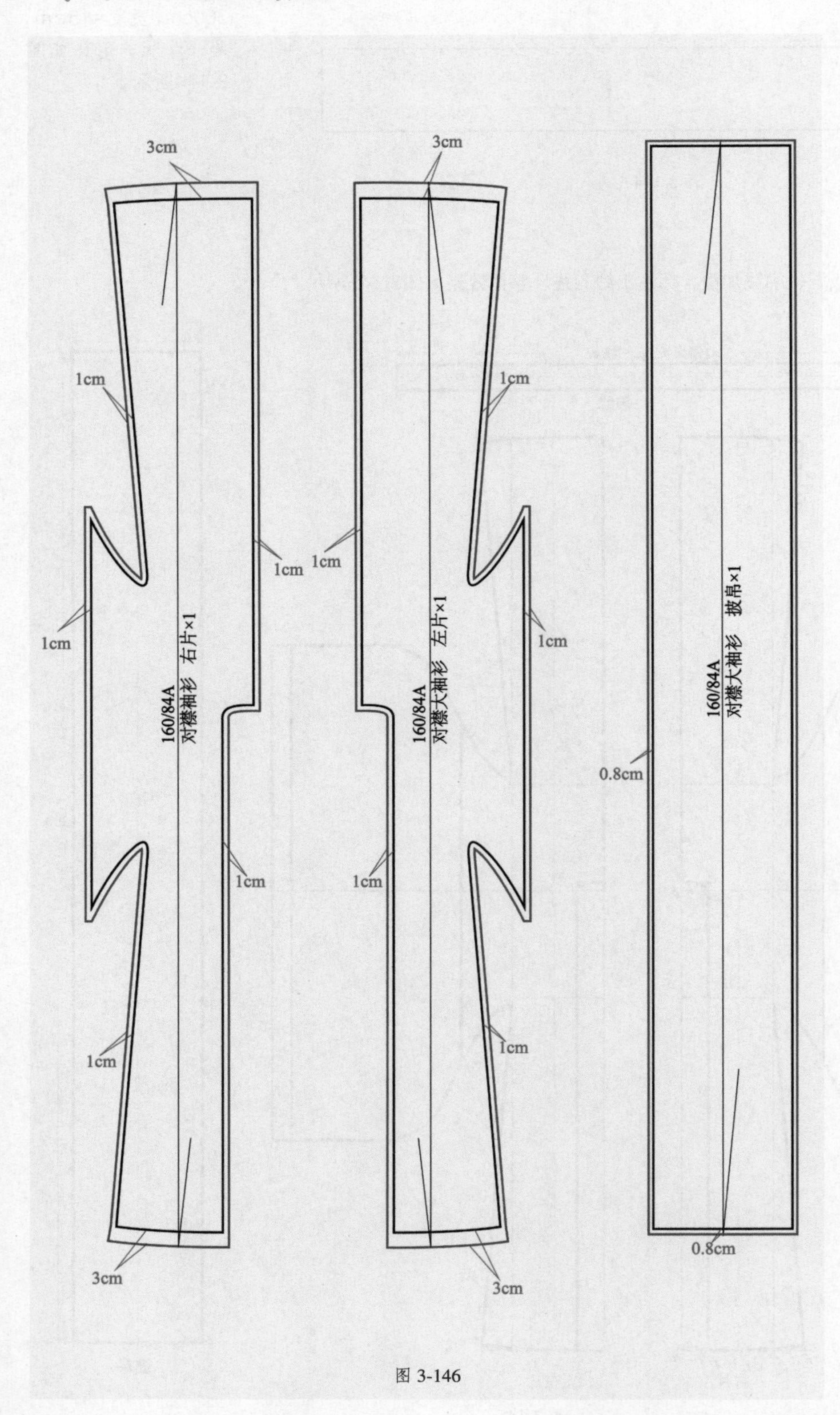

图 3-146

01 衣身、披帛裁剪图。分为左片衣身和右片衣身，在版型（净样）的基础上加放缝量，下摆放缝量为3cm，其余放缝量都是1cm，披帛放缝量为0.8cm，如图3-146所示。

02 领缘、袖子及袖缘裁剪图。在版型（净样）的基础上加放缝量，放缝量均为1cm，如图3-147所示。

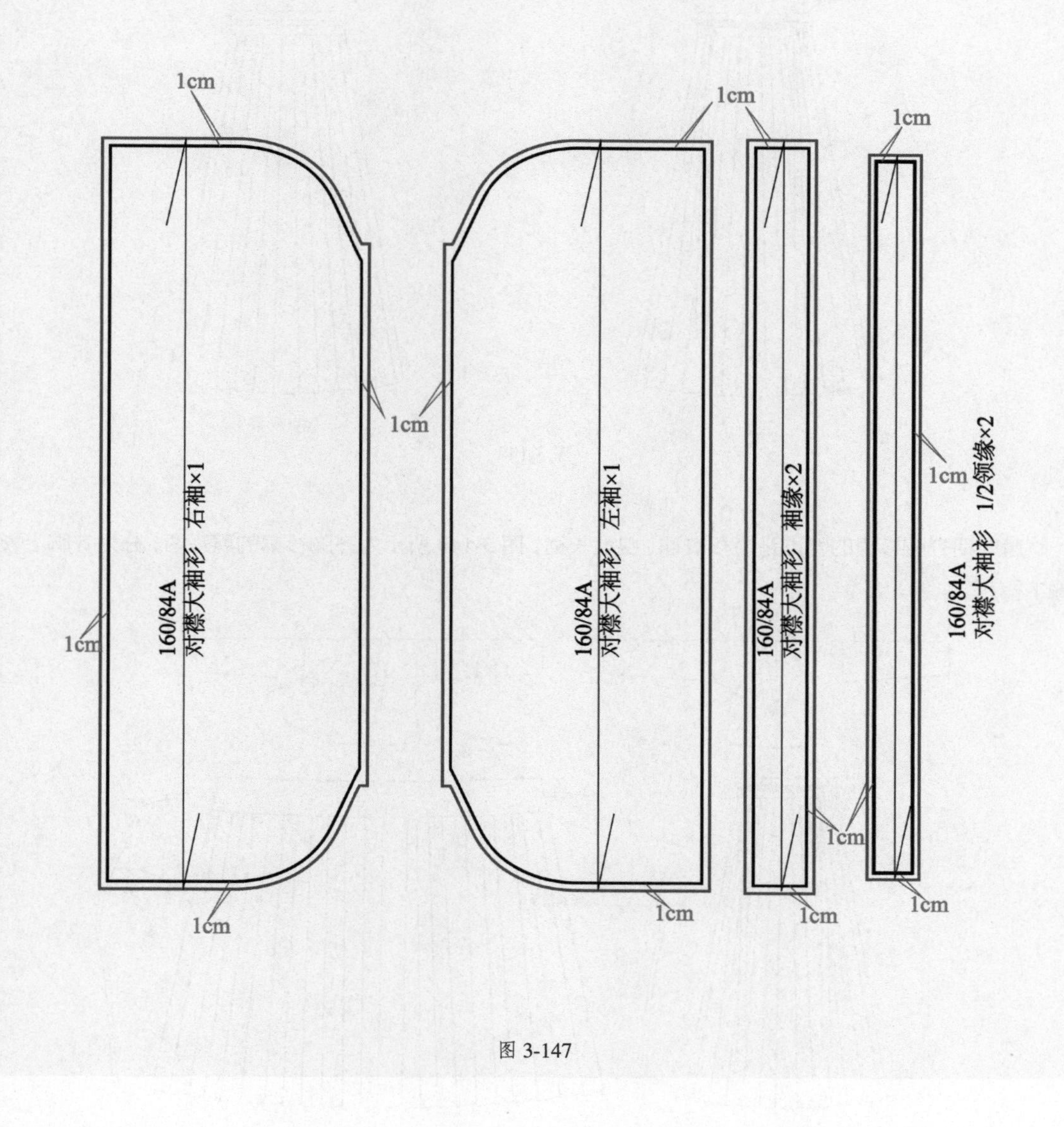

图 3-147

3.7 齐胸衫裙版型及裁剪图

齐胸衫裙根据裙头的位置而得名，与高腰衫裙相区分，高腰衫裙的裙头系于胸部以下腰部以上，齐腰衫裙的裙头系于腰间，齐胸衫裙系于腋下。图 3-148 所示为齐胸衫裙的正背面款式图。

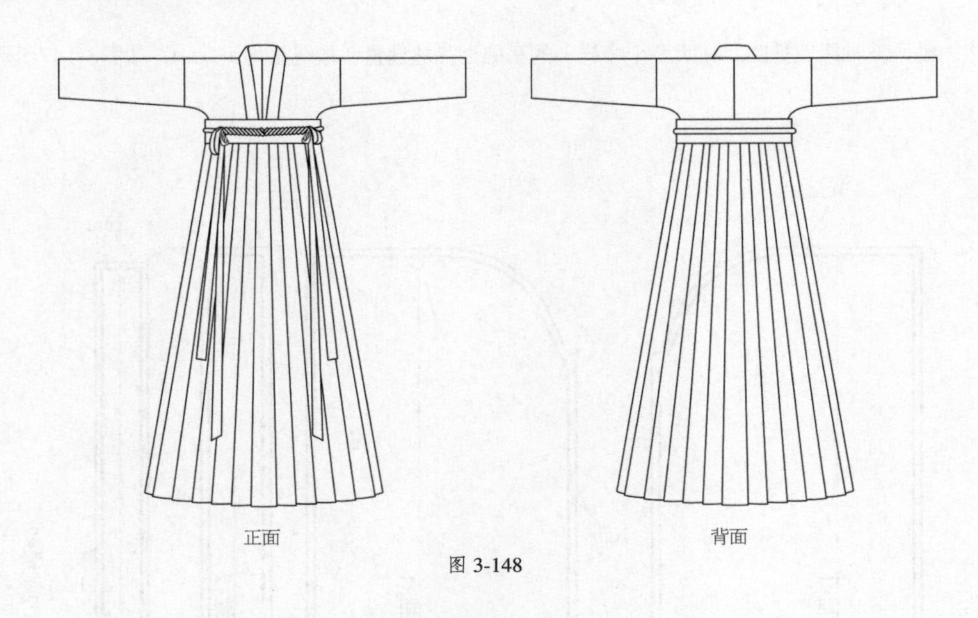

图 3-148

隋唐时期齐胸衫裙的特点是短衫窄袖、曳地长裙，图 3-149 所示为齐胸衫裙的展开图，分为齐胸上衫和齐胸下裙。

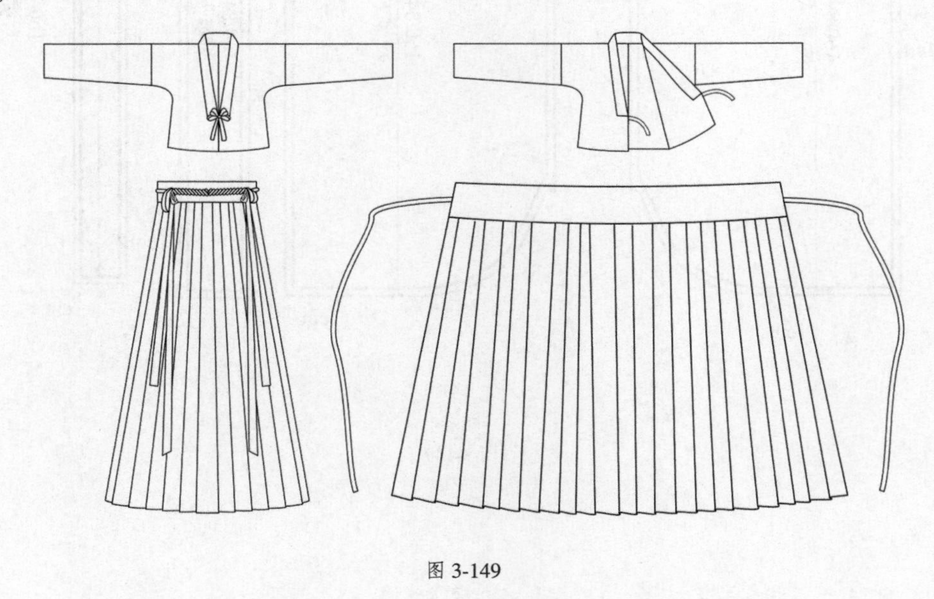

图 3-149

一、齐胸衫裙规格尺寸表

齐胸衫裙规格尺寸表分别如表 3-9、表 3-10 所示。图 3-150 所示为齐胸衫裙各部位尺寸对照图。

表3-9　齐胸上衫规格尺寸表　　单位：cm

号型	胸围	领缘宽	衣长	袖口围	通袖长
160/84A	90	5.5	50	26	164

表3-10　齐胸下裙规格尺寸表　　　单位：cm

号型	裙长	裙头宽	裙头长	裙围	系带长	褶间距
160/68A	118	8	118	648	180	2

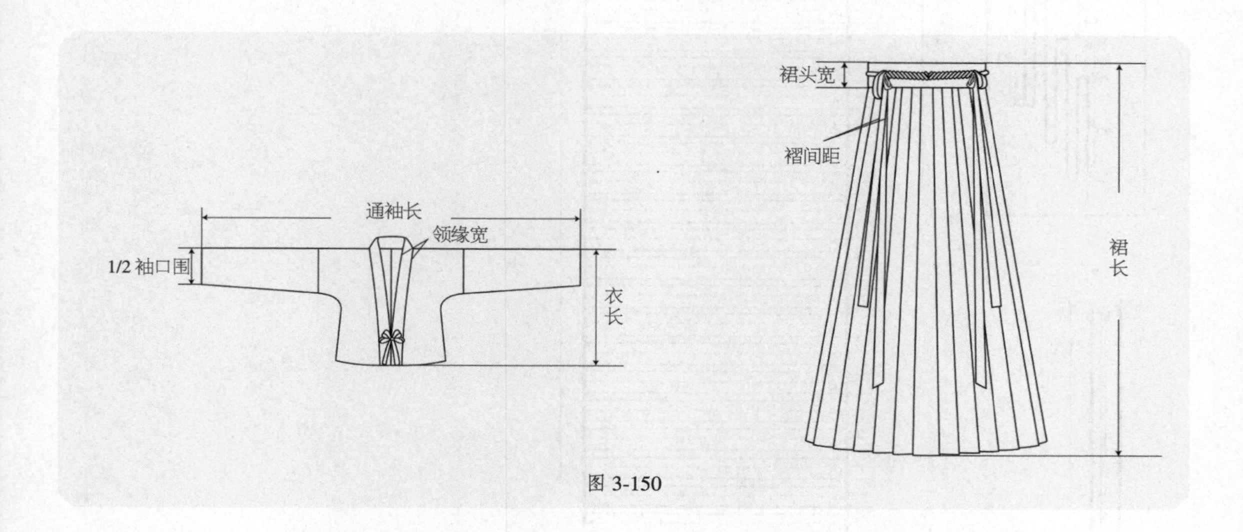

图 3-150

二、齐胸衫裙结构图

齐胸上衫结构图如图 3-151 所示，下裙结构图如图 3-152 所示（单位：cm）。

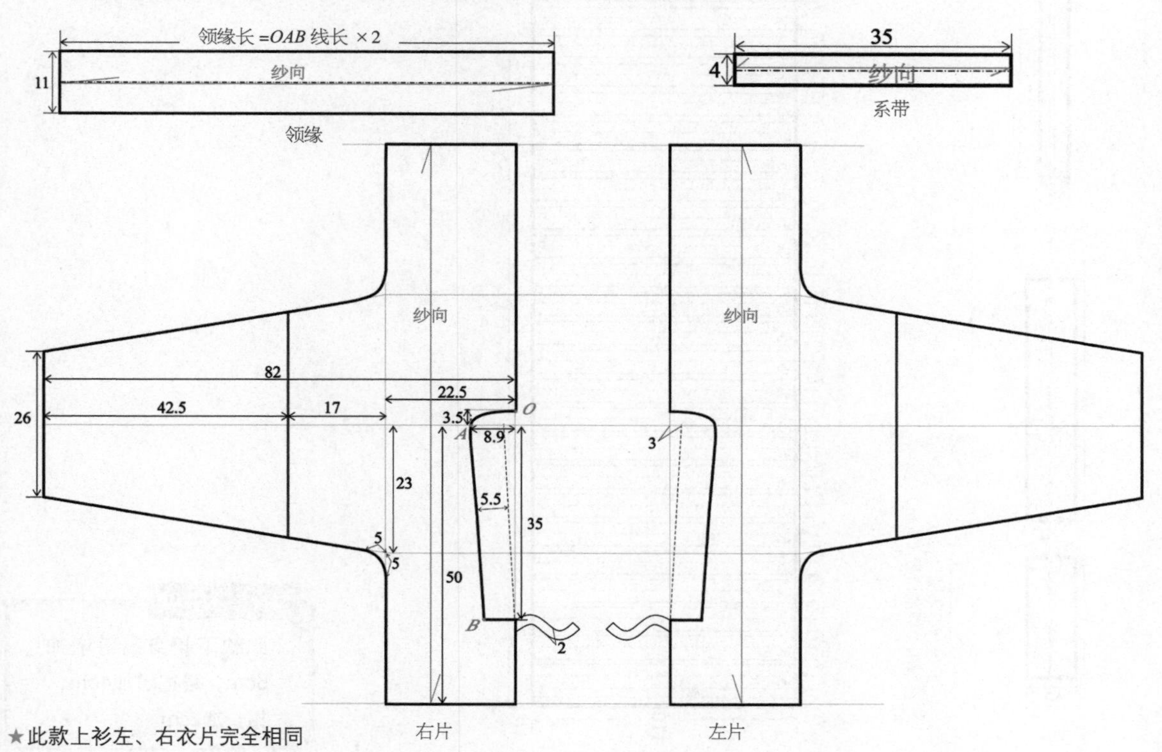

图 3-151

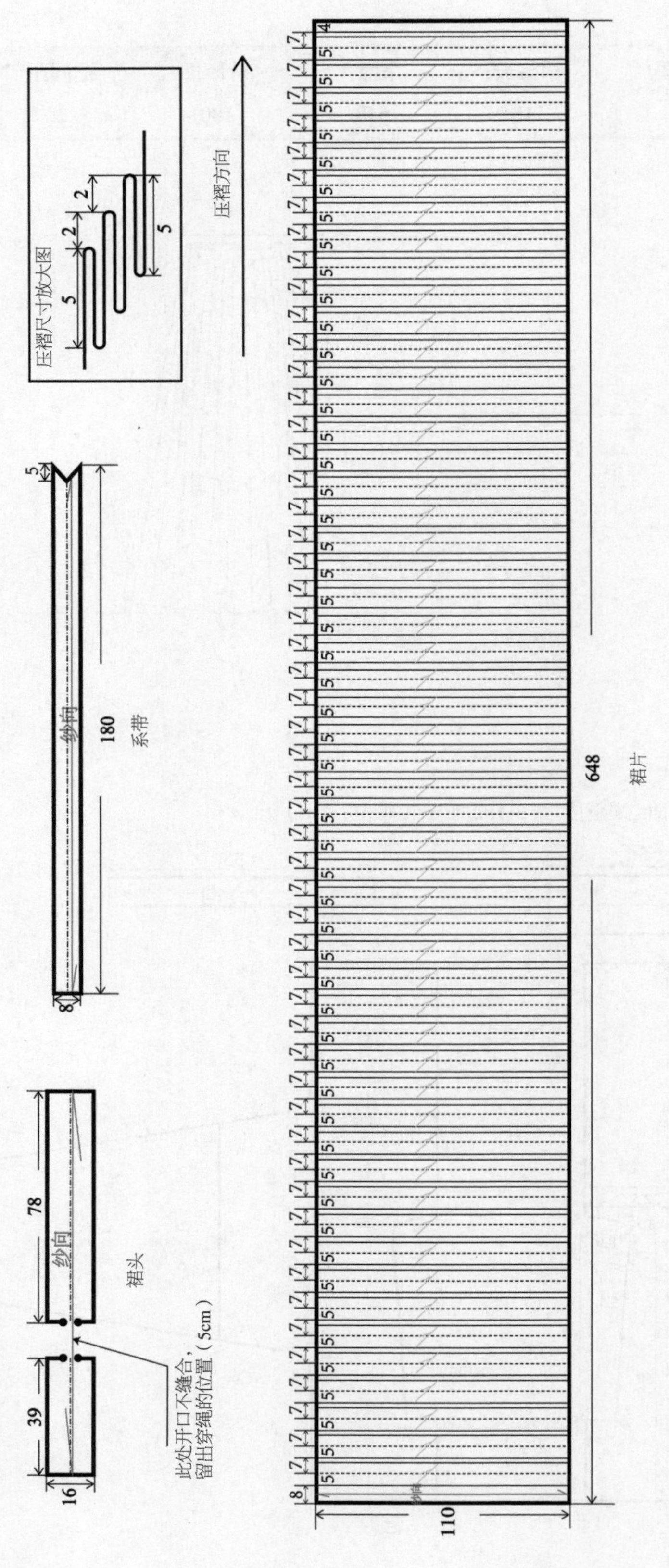

图 3-152

注意事项

此款下裙身高每增加5cm，裙宽增加4cm，裙长加2cm。

三、制图步骤

略，可参考中衣及马面裙的制图步骤。

四、齐胸衫裙裁剪图

01 齐胸上衫裁剪图。在版型（净样）的基础上加放缝量，下摆放缝量为3cm，门襟放缝量为3cm，袖口放缝量为2cm，其余放缝量为1cm，如图3-153所示。

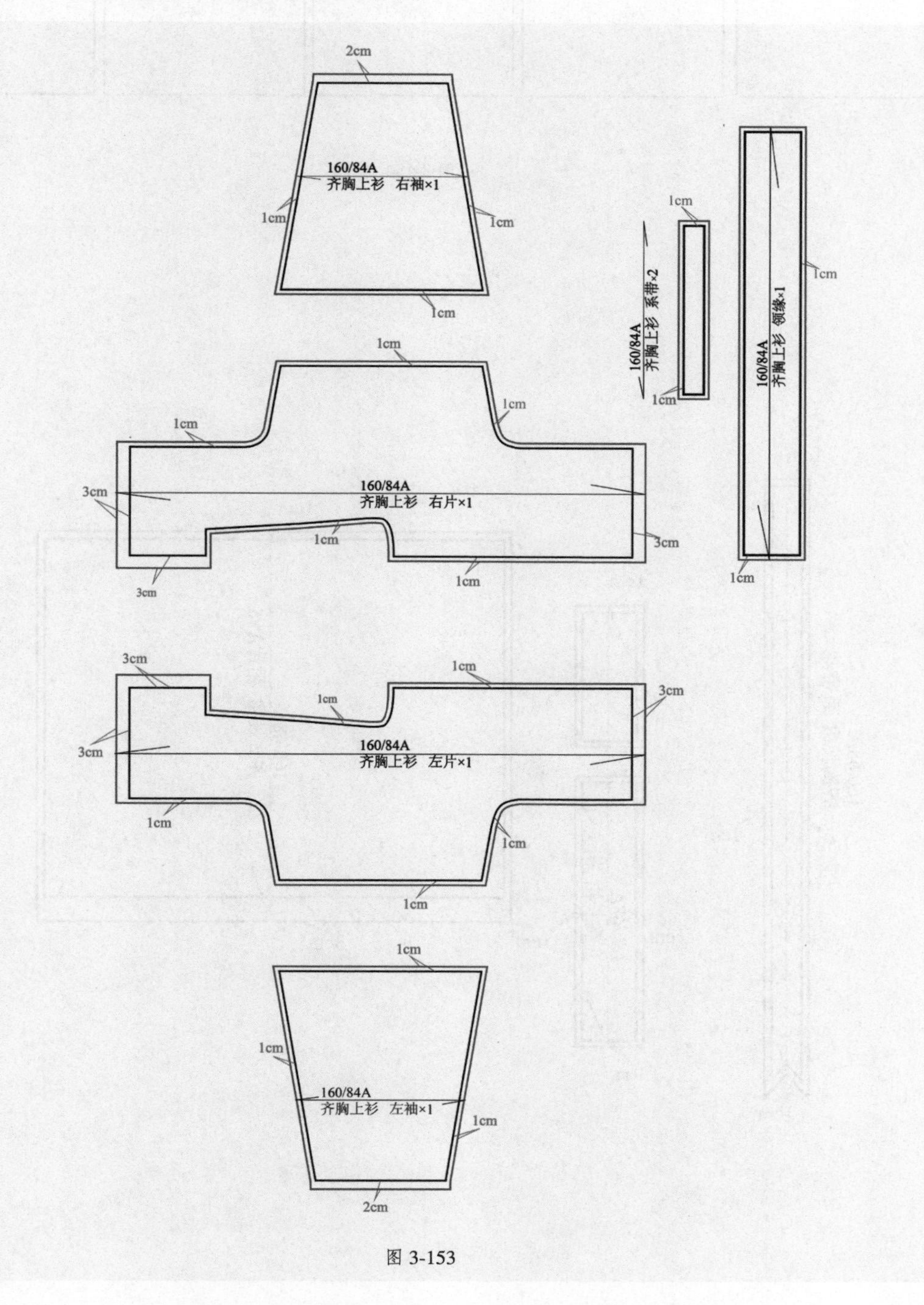

图 3-153

02 下裙裁剪图。因为一块面料的幅宽一般为150cm，而裙片宽度为648cm，所以此款齐胸长裙的裙片要用5块面料拼接而成，如图3-154所示，裙片A、B、C、D和E的大小完全相等。裙片裁剪图在版型（净样）的基础上加放缝量，下摆放缝量为3cm，其余放缝量都是1cm，如图3-155所示。

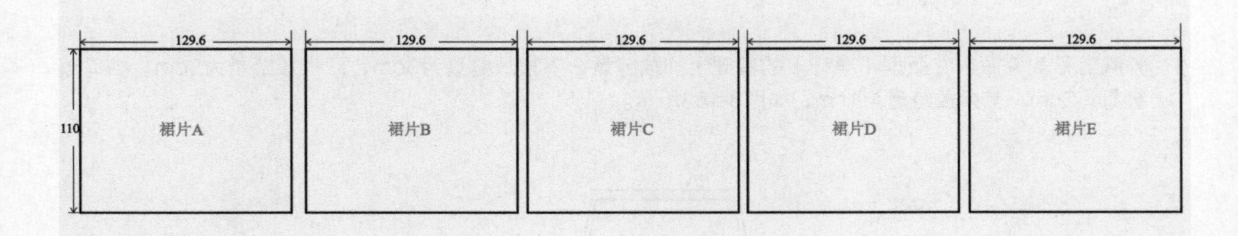

图 3-154

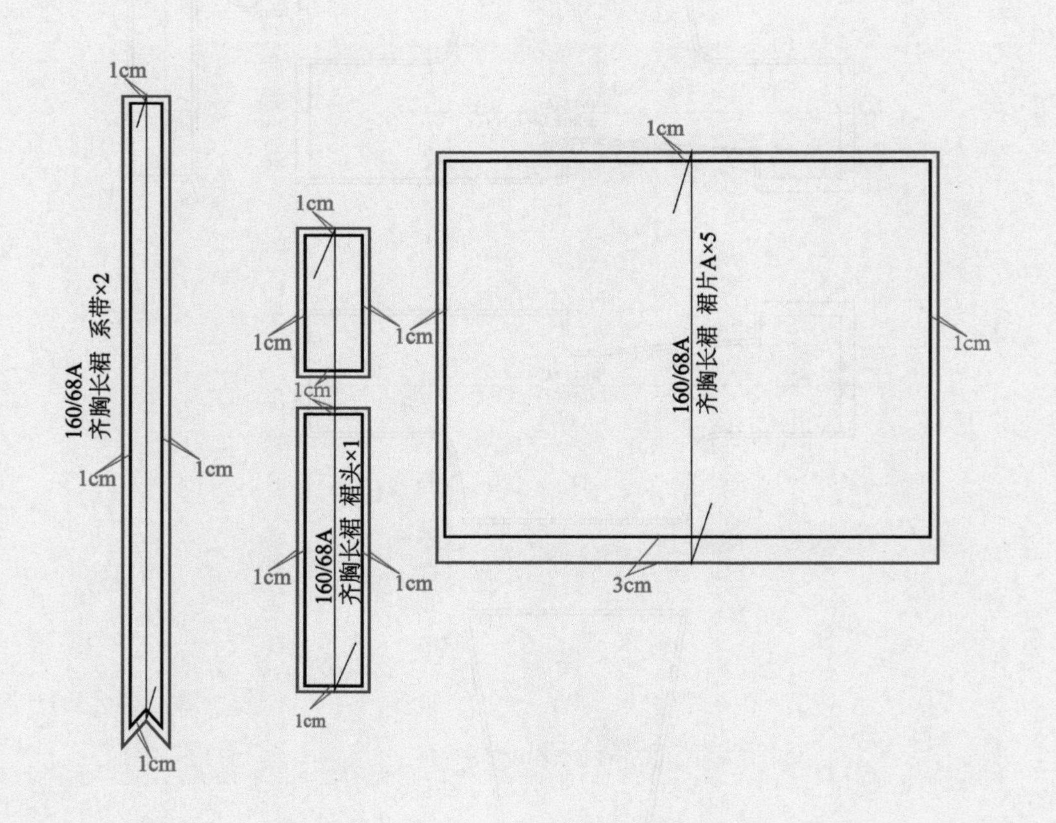

图 3-155

3.8 曳撒版型及裁剪图

曳撒是明代代表服饰之一，也是我国的传统民族服饰。其读法源自蒙古语，为“一色”变音，蒙古语为“质孙”，本意是蒙古袍。明朝后期曳撒的使用范围逐渐扩大，款式也不断变化，并且和传统汉服融合，最终成为汉民族服饰的一部分，图 3-156 所示为明制曳撒。曳撒的款式特点是前襟上下分裁，腰部以下作马面褶，两侧接摆；后襟不断开，腰部以上与后片相同，腰部以下两边折有细褶，中间不折，形如马面。曳撒的正背面款式图如图 3-157 所示。

图 3-156

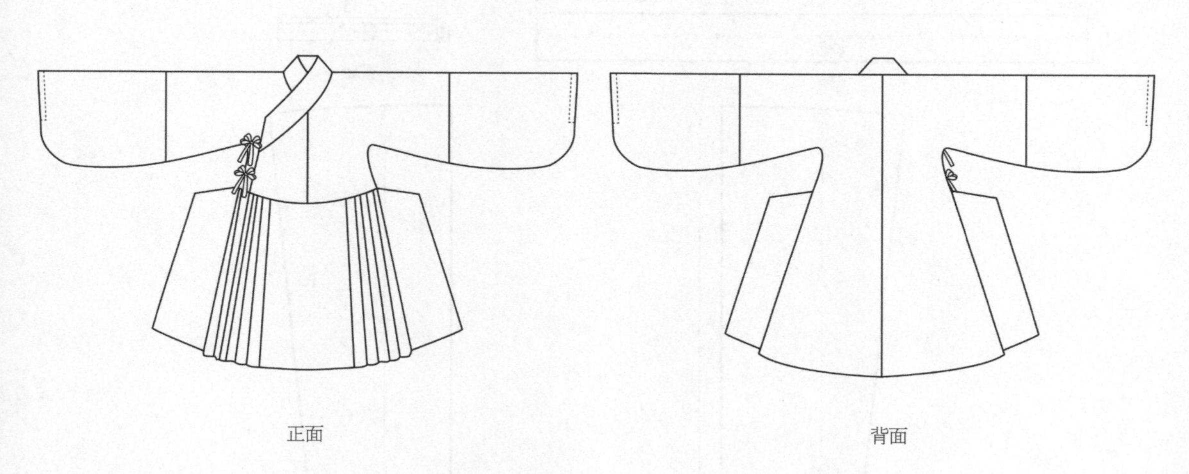

图 3-157

一、曳撒（男装）规格尺寸表

曳撒（男装）规格尺寸表如表 3-11 所示。图 3-158 所示为曳撒各部位尺寸对照图。

表3-11　曳撒（男装）规格尺寸表　　单位：cm

号型	胸围	领缘宽	衣长	袖口围	通袖长
170/92A	120	5.5	130	74	180

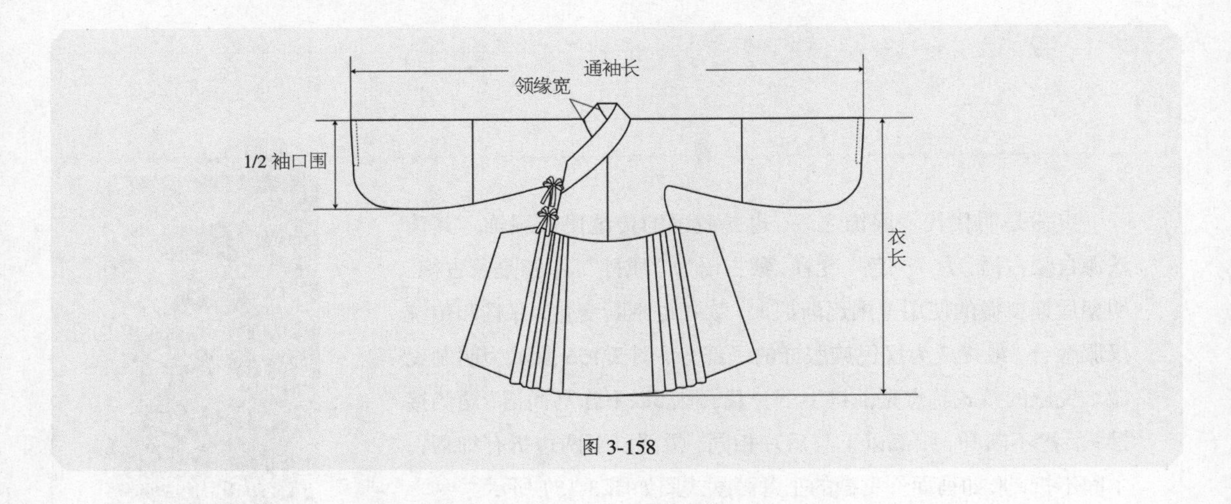

图 3-158

二、曳撒结构图

曳撒结构图如图 3-159、图 3-160 所示（单位：cm）。

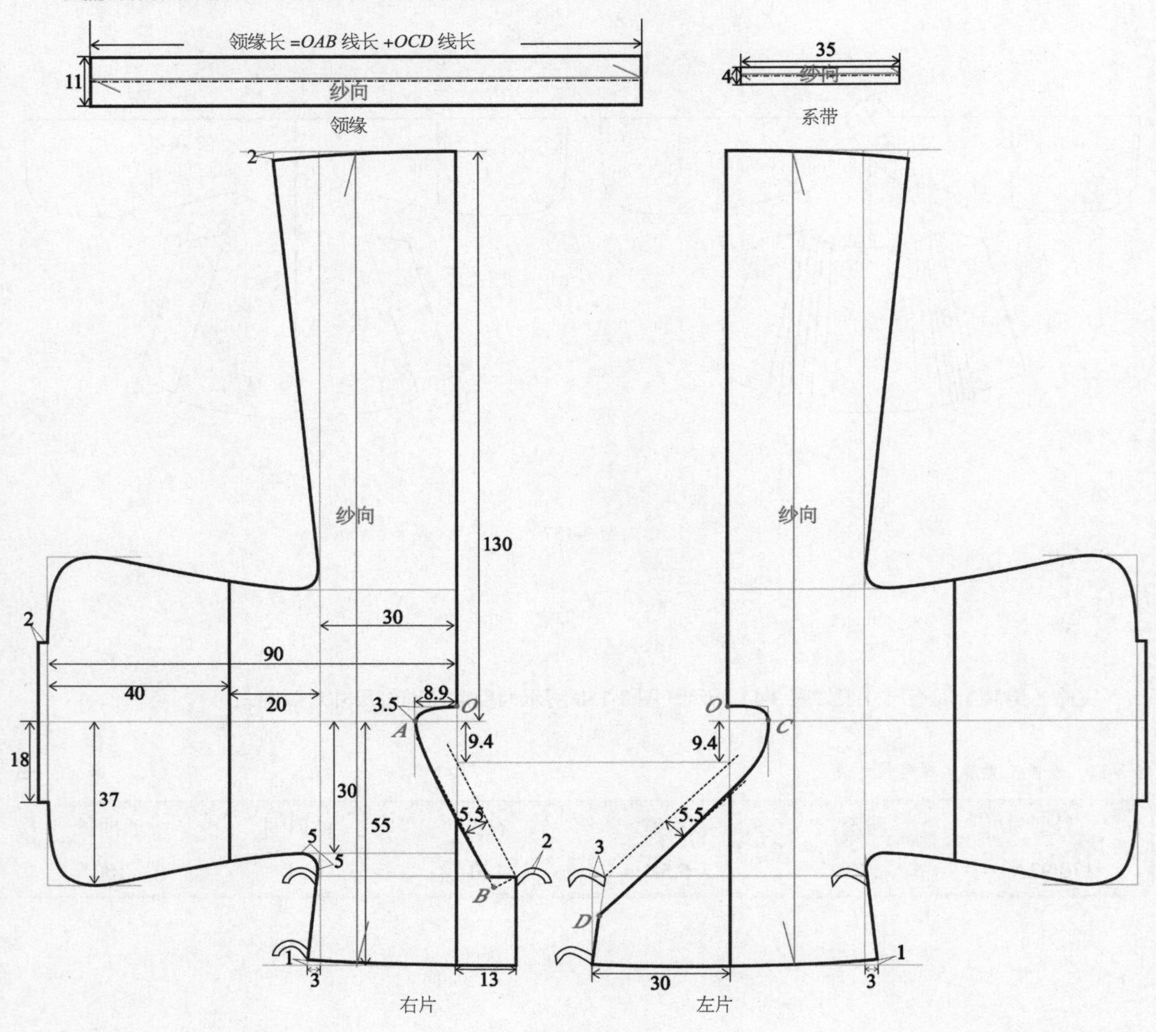

图 3-159

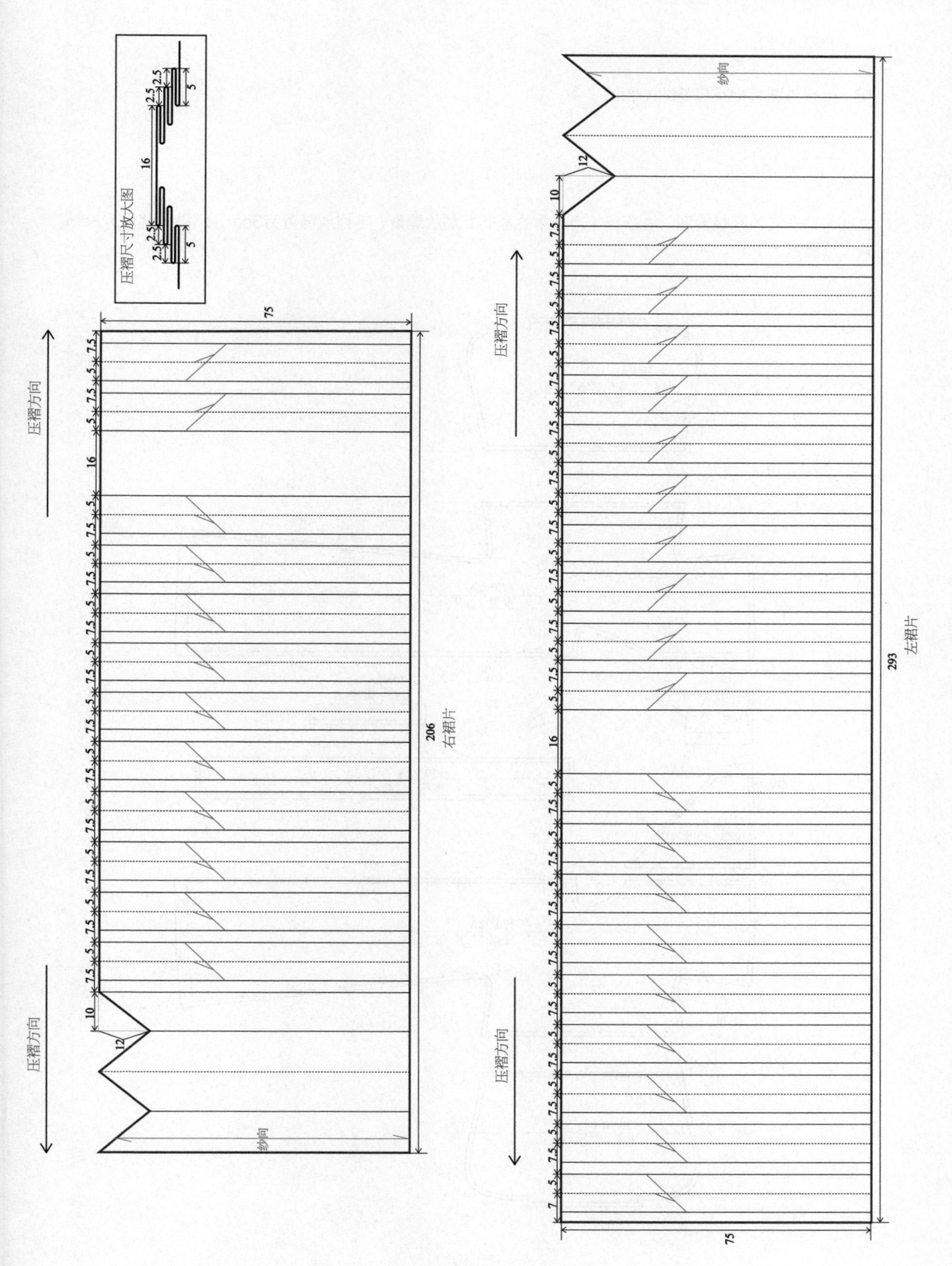
压褶尺寸放大图
2.5
2.5
5
16
2.5
2.5
5
75
压褶方向
16
10
12
纱向
206
右裙片
12
10
压褶方向
左裙片
293
75

图 3-160

三、制图步骤

略，可参考圆领袍及马面裙的制图步骤。

四、曳撒裁剪图

01 衣身、袖子及领缘裁剪图。在版型（净样）的基础上加放缝量，下摆放缝量为3cm，门襟放缝量为3cm，其余放缝量为1cm，如图3-161所示。

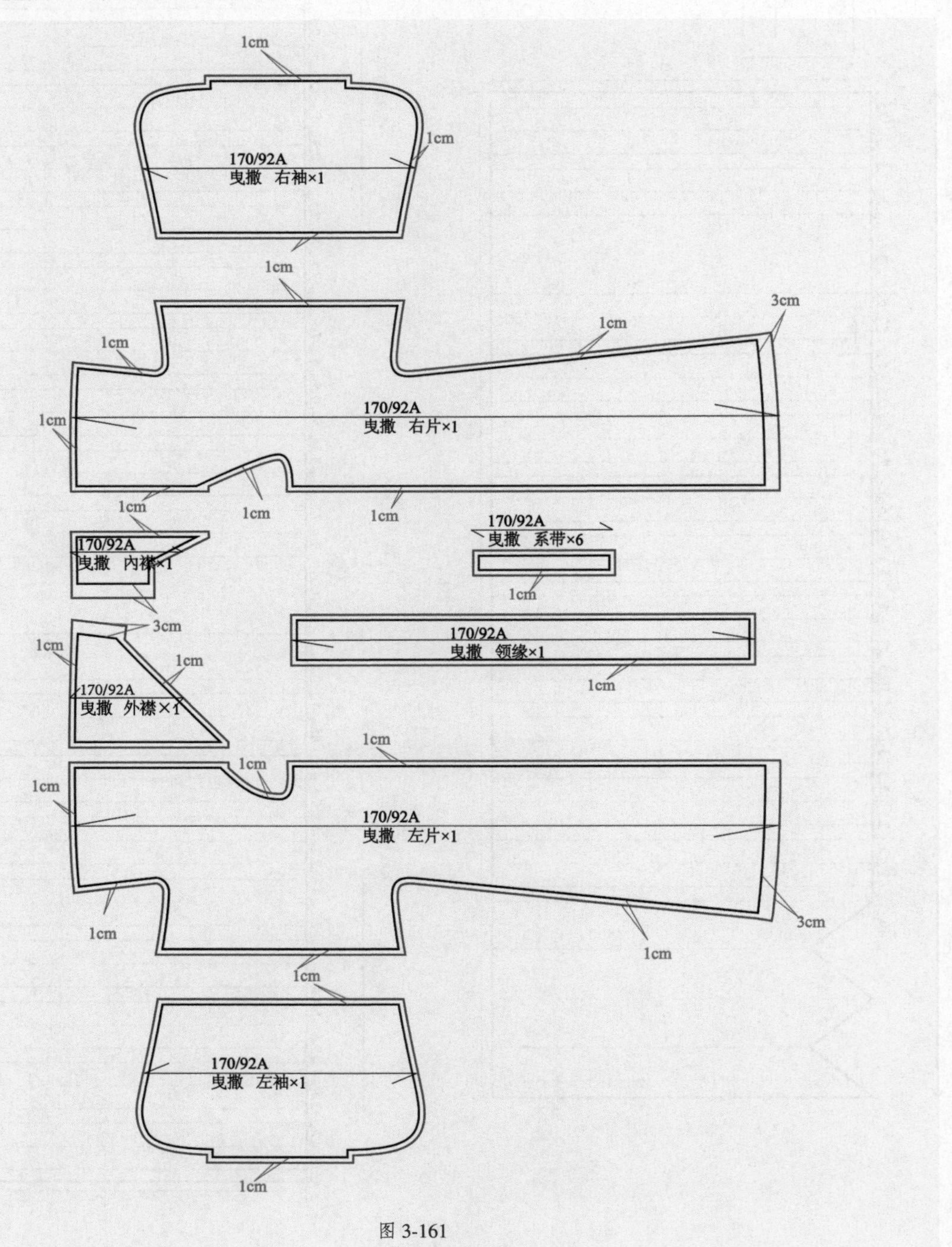

图 3-161

02 下裙裁剪图。因为一块面料的幅宽一般为150cm，而曳撒右裙片宽度为206cm，左裙片宽度为293cm，所以左、右裙片可以分别用两块面料拼接而成，图3-162所示为右裙片A、右裙片B、左裙片A和左裙片B。裙片裁剪图在版型（净样）的基础上加放缝量，下摆和一侧边放缝量为3cm，其余放缝量都是1cm，如图3-163所示。

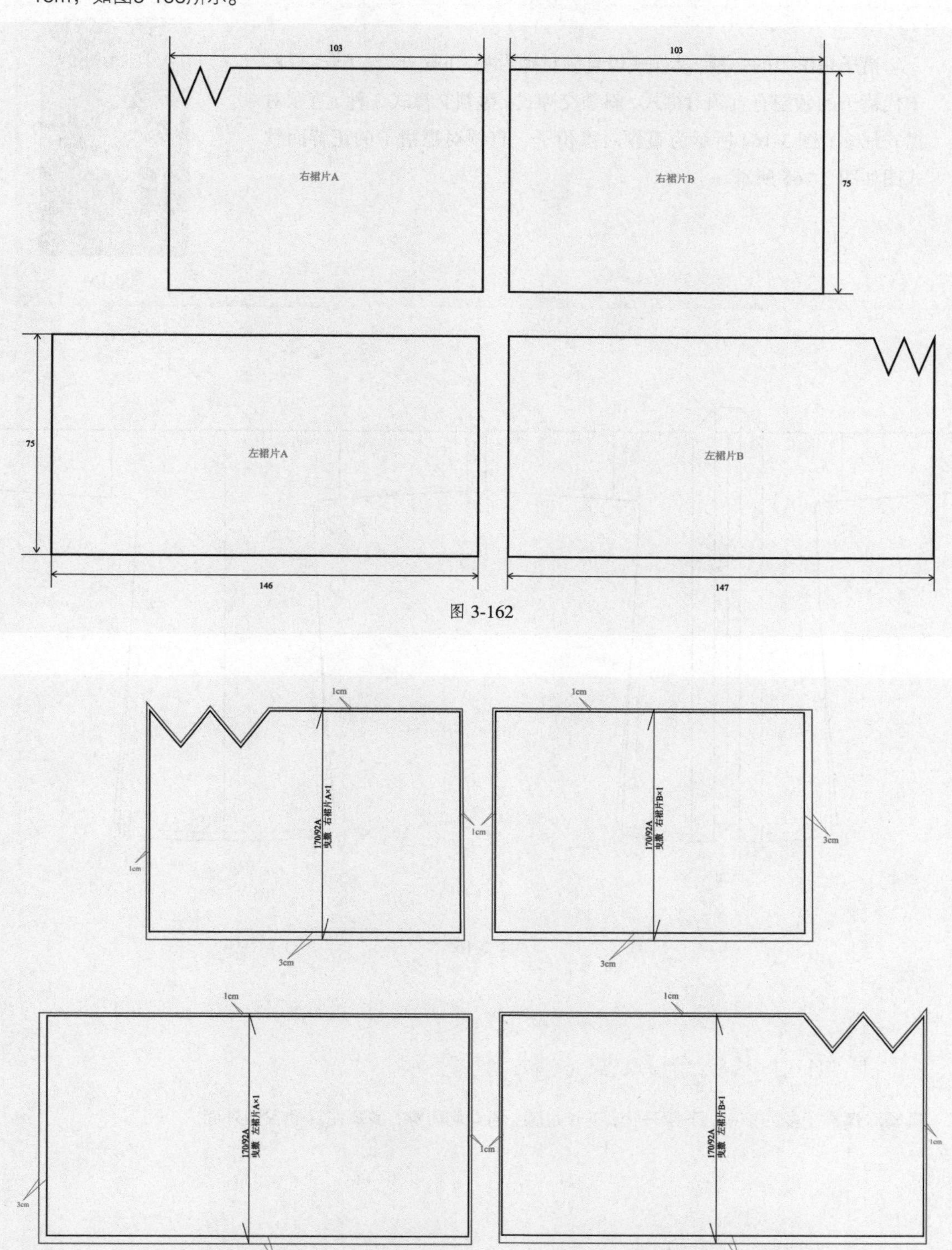

图 3-162

图 3-163

3.9 褙子版型及裁剪图

褙子是汉服的一种。其样式以直领对襟为主，下摆开胯，下长过膝。宋代褙子的领型有直领对襟式、斜领交襟式、盘领交襟式 3 种，直领对襟式居多，图 3-164 所示为直领对襟褙子。直领对襟褙子的正背面款式图如图 3-165 所示。

图 3-164

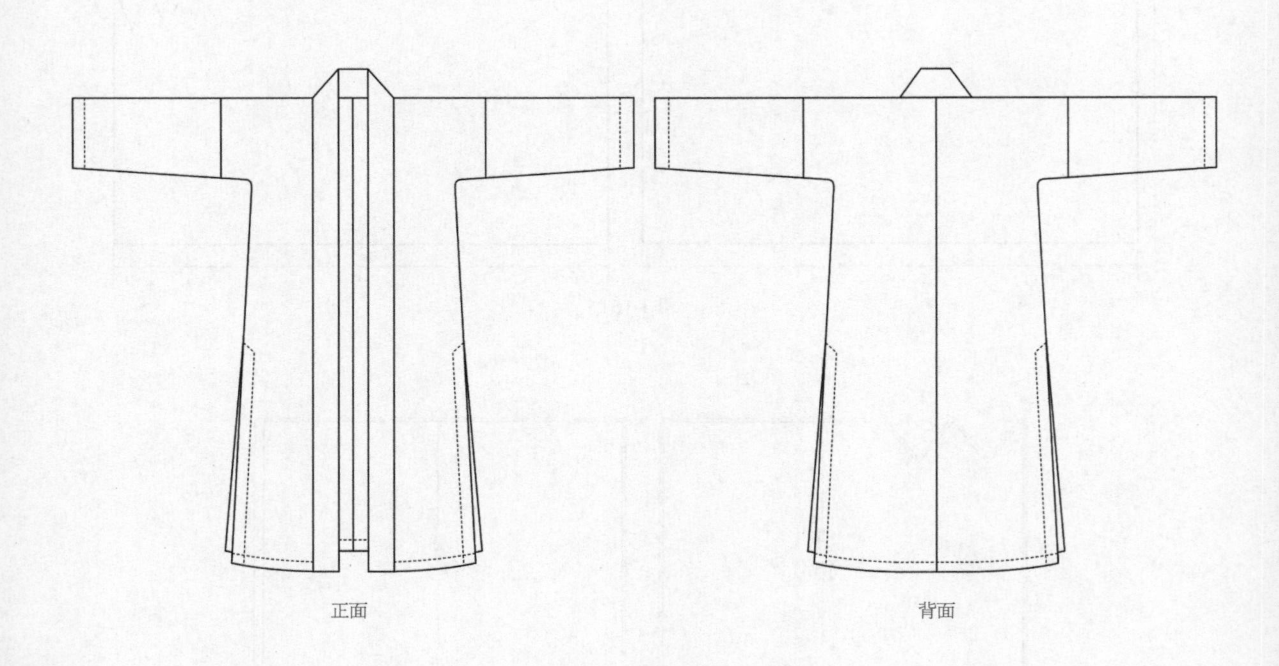

图 3-165

3.9.1 直领对襟褙子版型及裁剪图

直领对襟褙子多为窄袖，下摆开胯，下长过膝，男女均可穿，多罩在其他衣服外面。

一、直领对襟褙子规格尺寸表

直领对襟褙子规格尺寸表如表 3-12 所示。图 3-166 所示为直领对襟褙子各部位尺寸对照图。

表3-12　直领对襟褙子规格尺寸表　　单位：cm

号型	胸围	领缘宽	衣长	袖口围	通袖长
160/84A	100	5.5	114	32	176

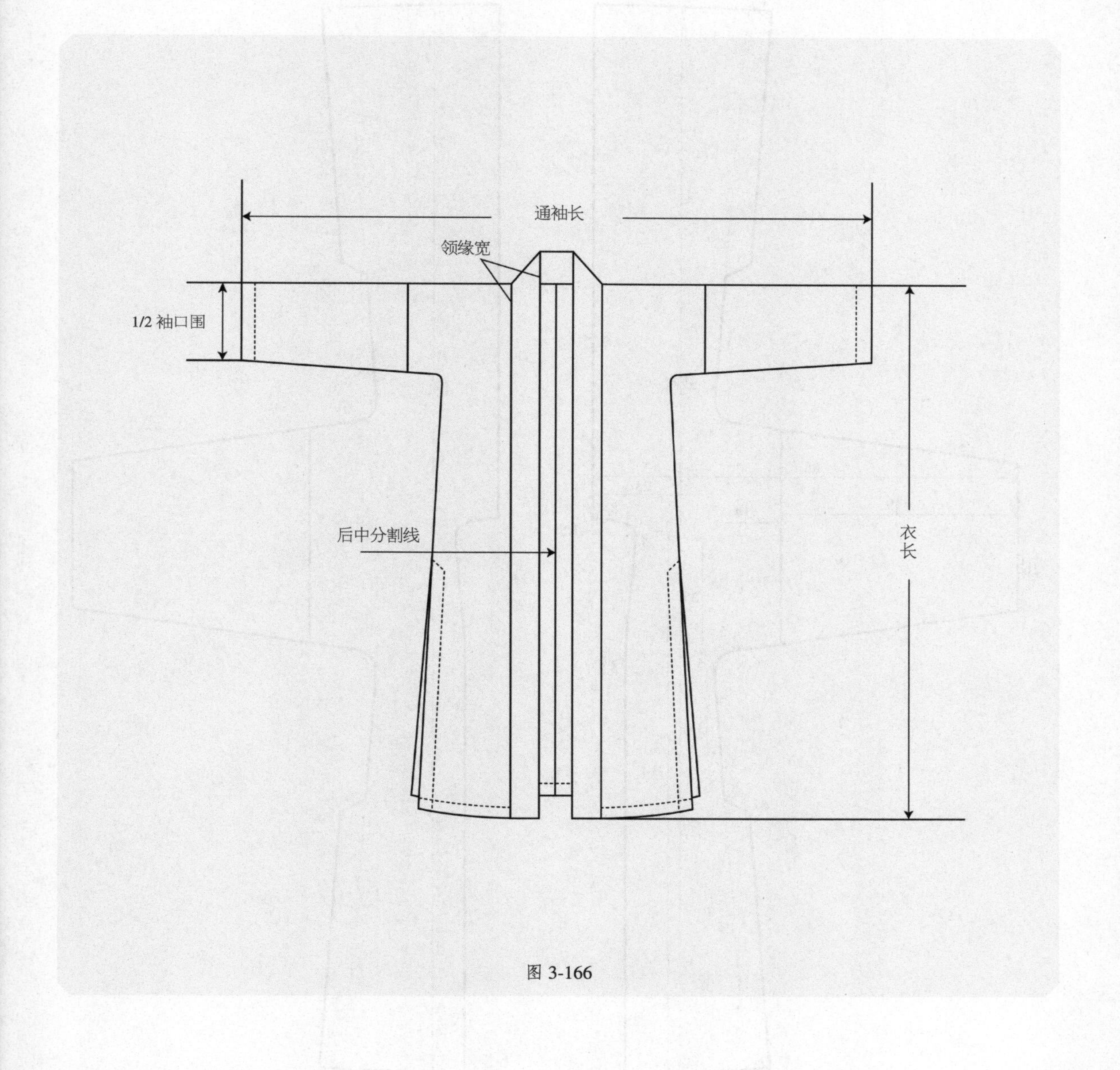

图 3-166

二、直领对襟褙子结构图

直领对襟褙子结构图如图 3-167 所示（单位：cm）。

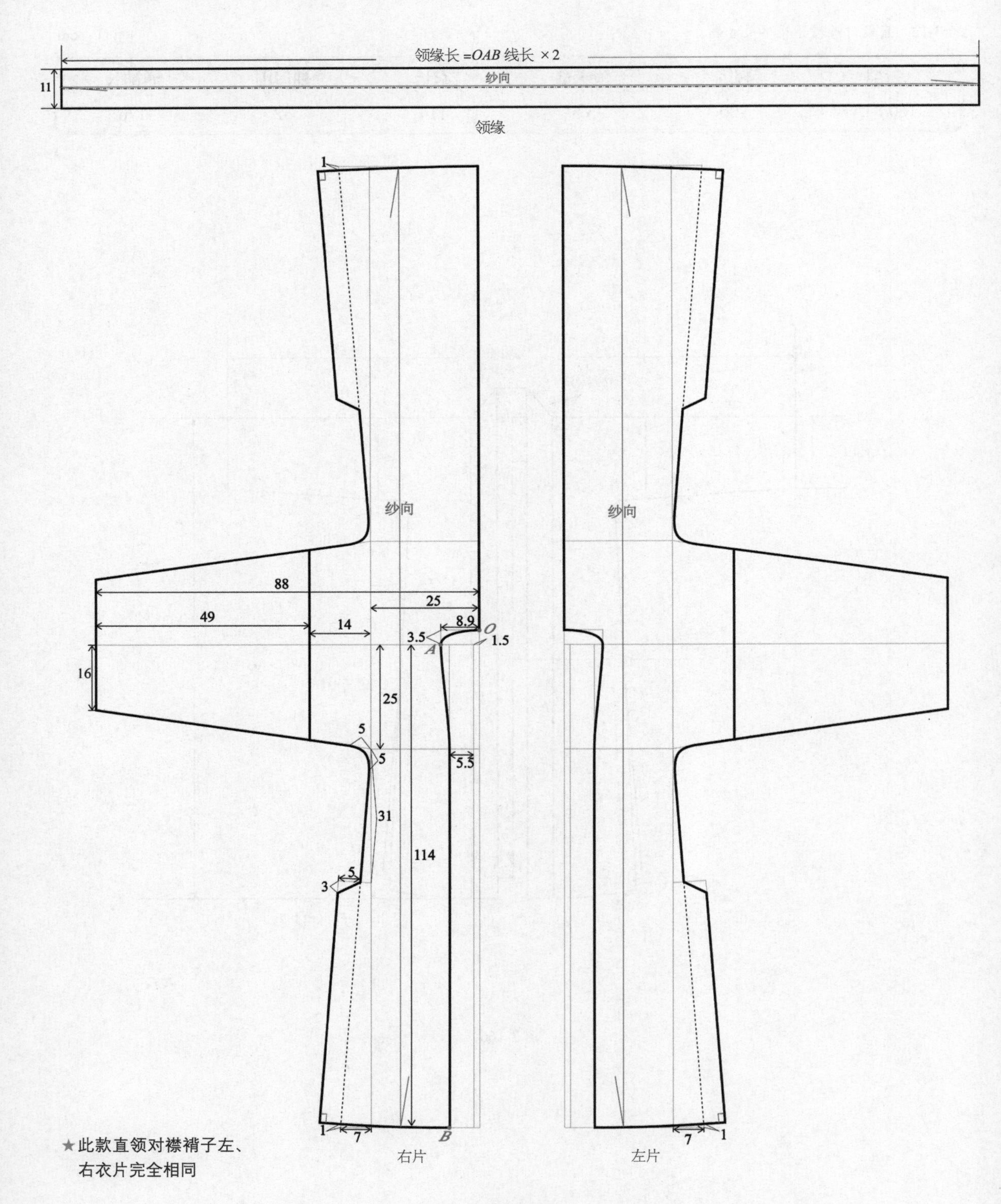

图 3-167

三、制图步骤

略，可参考大袖衫的制图步骤。

四、直领对襟褙子裁剪图

衣身、袖子及领缘裁剪图。在版型（净样）的基础上加放缝量，下摆放缝量为3cm，袖口放缝量为3cm，其余放缝量为1cm，如图3-168所示。

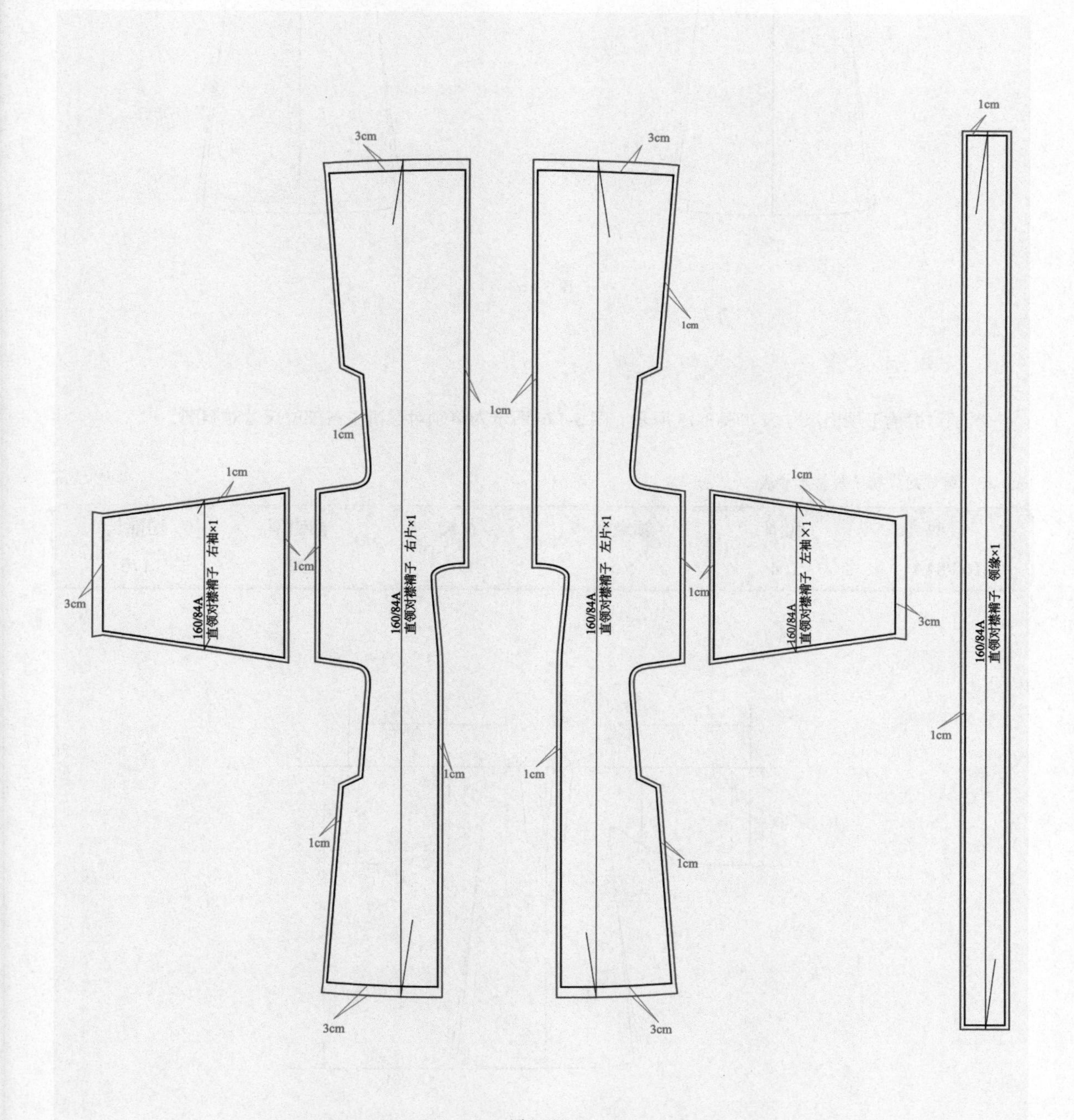

图 3-168

3.9.2 斜领对襟褙子版型及裁剪图

斜领对襟褙子袖口宽大，两侧开衩，胸前用系带固定，如图 3-169 所示。

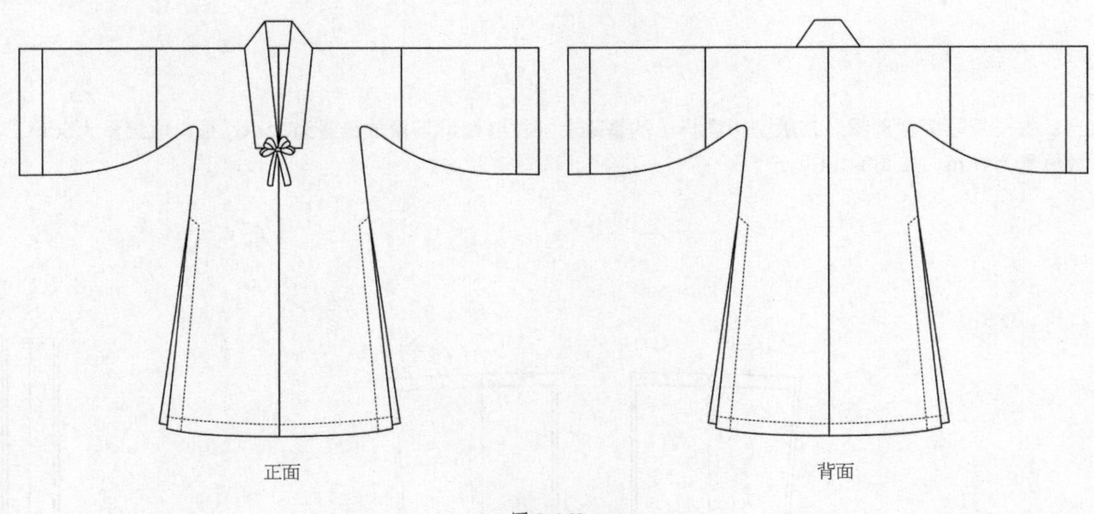

图 3-169

一、斜领对襟褙子规格尺寸表

斜领对襟褙子规格尺寸表如表 3-13 所示。图 3-170 所示为斜领对襟褙子各部位尺寸对照图。

表3-13　斜领对襟褙子规格尺寸表　　单位：cm

号型	胸围	领缘宽	衣长	袖口围	通袖长
160/84A	104	5.5	110	90	176

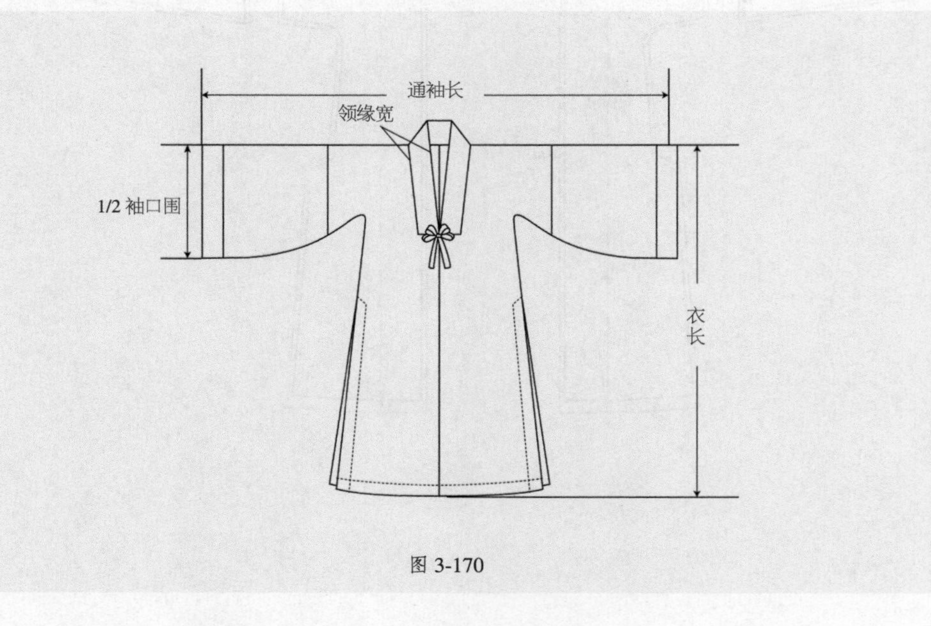

图 3-170

二、斜领对襟褙子结构图

斜领对襟褙子结构图如图 3-171 所示（单位：cm）。

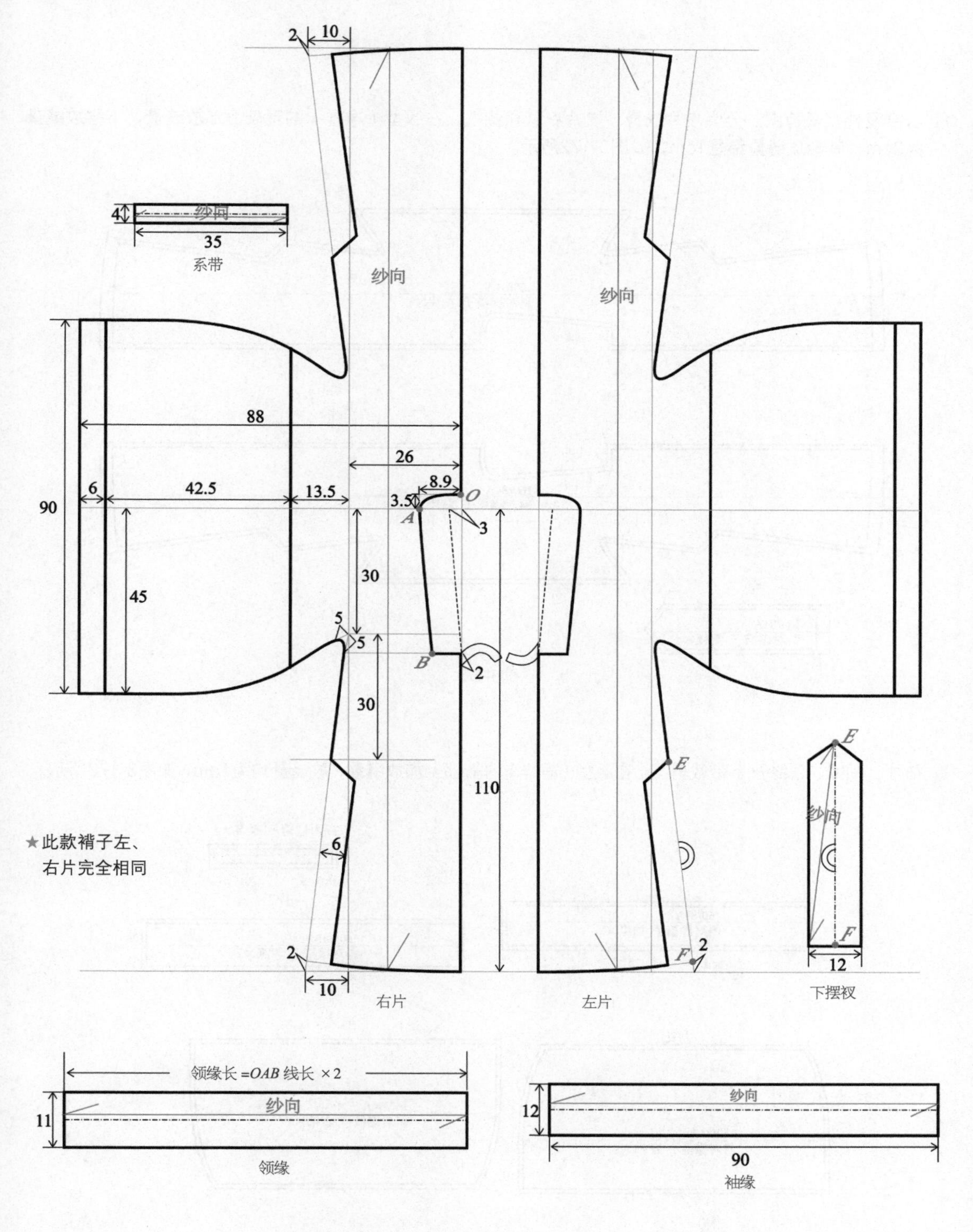

图 3-171

三、制图步骤

略，可参考大袖衫的制图步骤。

四、斜对襟褙子裁剪图

01 衣身及侧衩裁剪图。分为左片衣身、右片衣身和侧衩，在版型（净样）的基础上加放缝量，下摆放缝量为3cm，其余放缝量都是1cm，如图3-172所示。

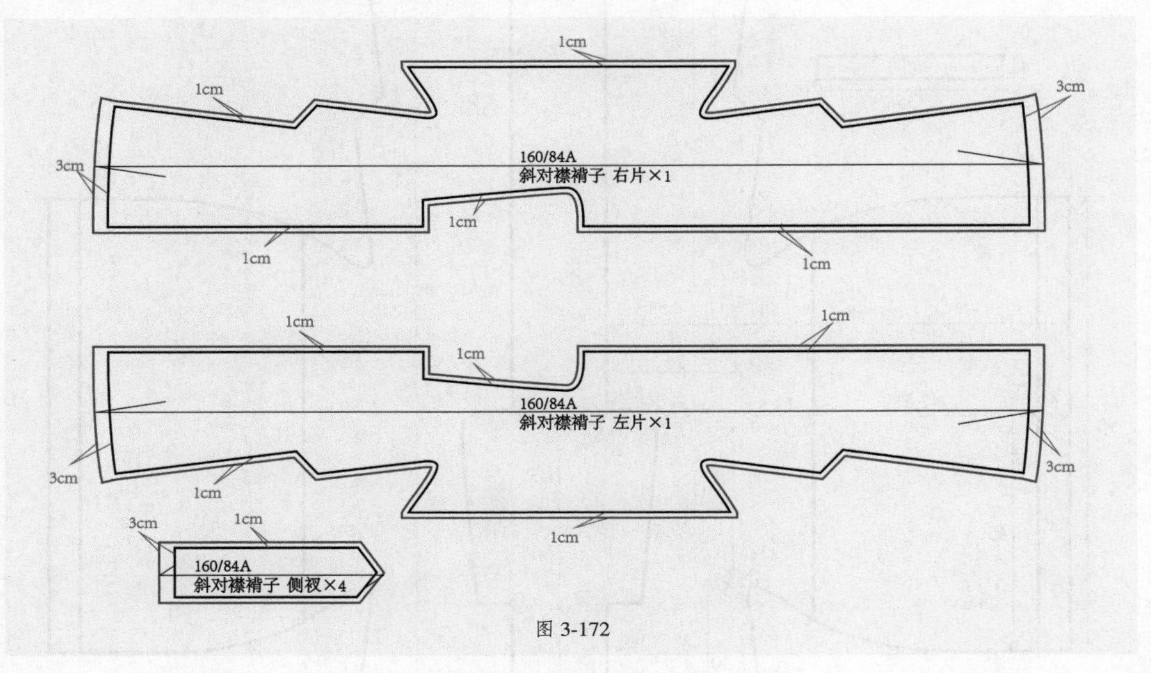

图 3-172

02 袖片、袖缘、领缘及系带裁剪图。在版型（净样）的基础上加放缝量，放缝量均为1cm，如图3-173所示。

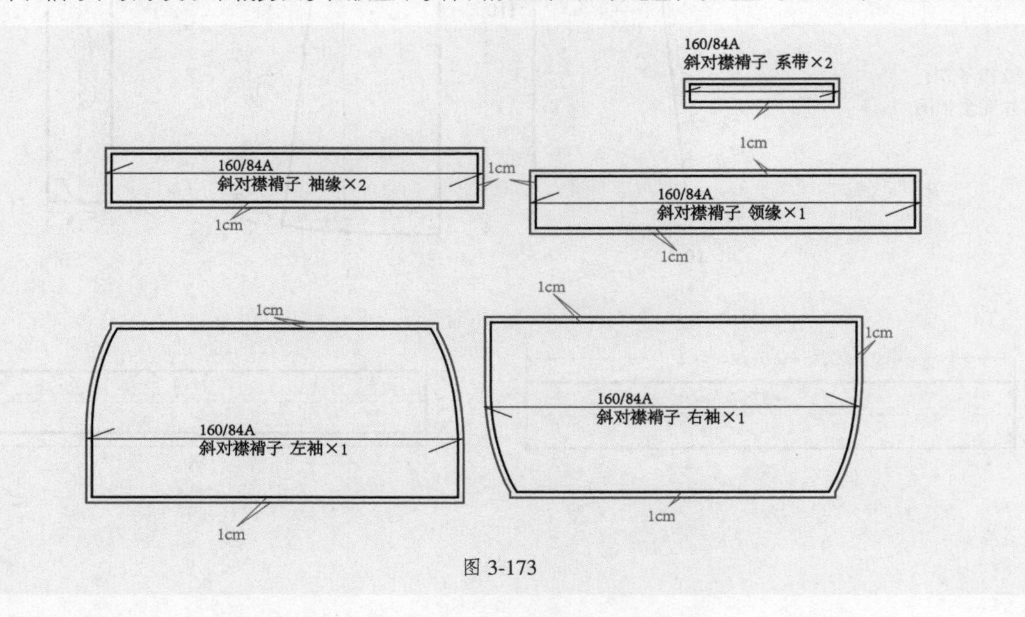

图 3-173

3.10 深衣版型及裁剪图

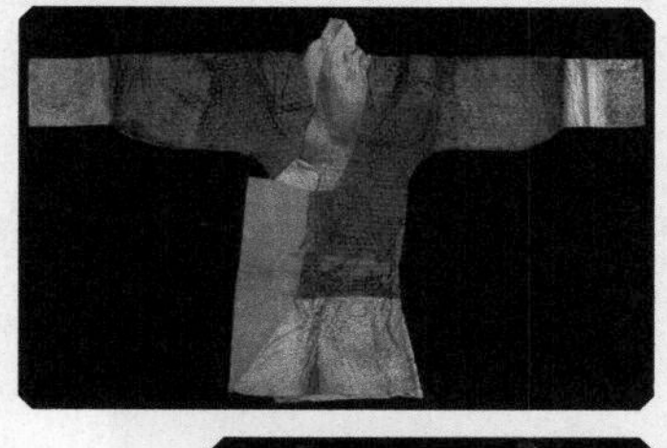

深衣是指我国古代上衣和下裳缀连在一起的服装，《礼记》记载："所以称深衣者，以余服则，上衣下裳不相连，此深衣衣裳相连，被体深邃，敝涓之深衣"。深衣是诸侯、大夫、士阶层的家居便服。"续衽钩边""上下连属""被体深邃"等都是它的典型形制特点，而这些特点则很好地体现了深衣背后的文化内涵。"深衣"作为一种服饰制度，在礼法等级森严的社会产生了广泛而持久的影响。

深衣把衣、裳连在一起包住身子，分开裁但是上下缝合，通俗地说，就是把上衣和下裳缝在一起，用不同颜色的布料作为边缘（称为"衣缘"或者"纯"）。深衣根据衣裾绕襟与否可分为曲裾深衣和直裾深衣，它流行于不同的朝代。图 3-174 所示为汉代直裾深衣和曲裾深衣。

图 3-174

3.10.1 曲裾深衣版型及裁剪图

曲裾深衣后片衣襟加长，加长后的衣襟形成三角衽片，经过背后再绕至前襟，在腰部缚以大带，可遮住三角衽片的末梢。曲裾深衣的特点是"续衽钩边"，"衽"是衣襟，"续衽"就是将衣襟加长，"钩边"是形容绕襟的样式。图 3-175 所示为曲裾深衣的正背面款式图。

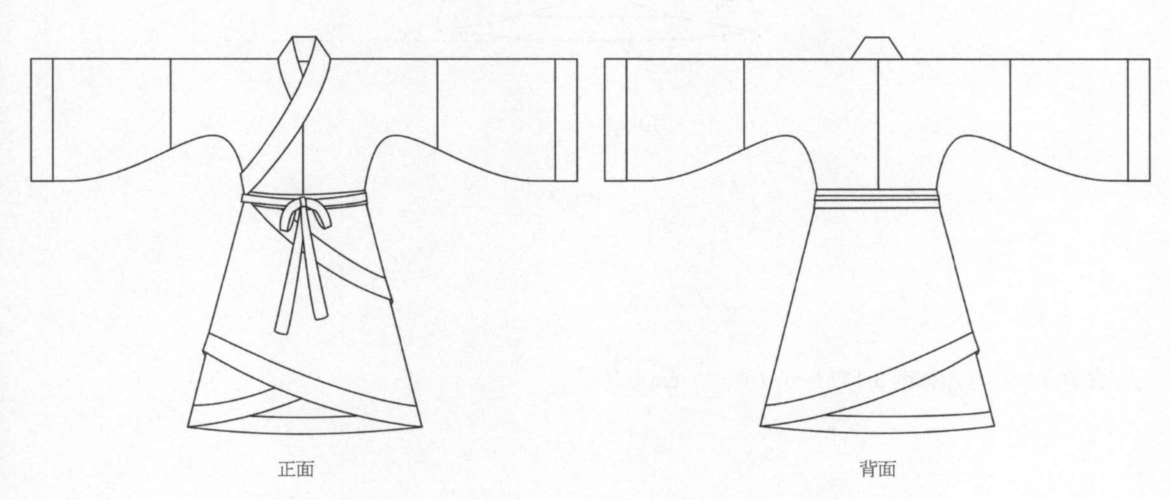

图 3-175

一、曲裾深衣规格尺寸表

曲裾深衣规格尺寸表如表 3-14 所示。图 3-176 所示为曲裾深衣各部位尺寸对照图。

表3-14　曲裾深衣规格尺寸表　　单位：cm

号型	胸围	领缘宽	衣长	袖口围	通袖长
160/84A	98	6.5	110	76	172

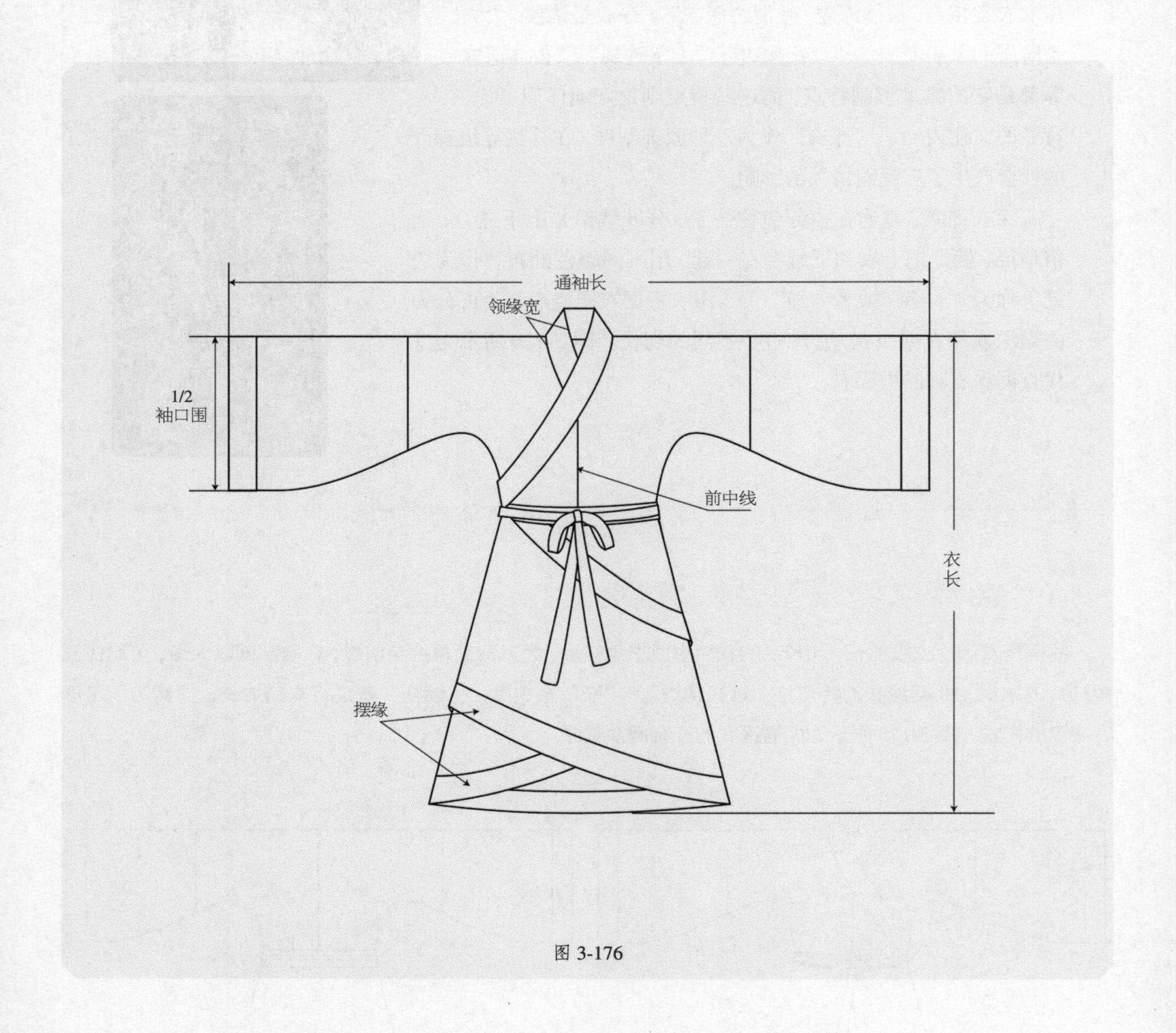

图 3-176

二、曲裾深衣结构图

曲裾深衣结构图如图 3-177 所示（单位：cm）。

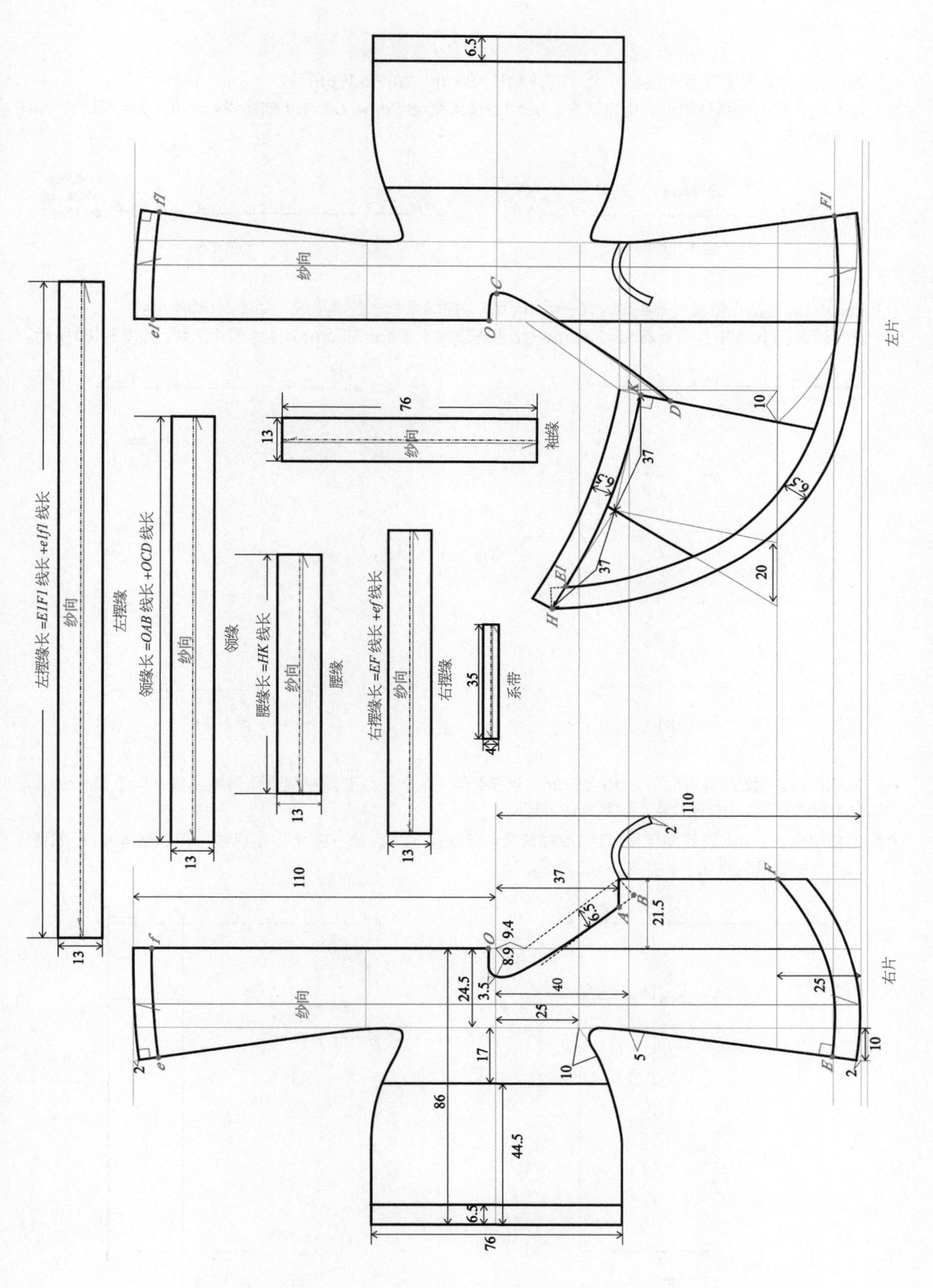
左摆缘长 =E1F1 线长 +e1f1 线长
左摆缘
领缘长 =OAB 线长 +OCD 线长
领缘
腰缘长 =HK 线长
腰缘
右摆缘长 =EF 线长 +ef 线长
右摆缘
系带
袖缘
纱向
左片
右片
110
76
86
44.5
6.5
37
21.5
24.5
25
40
17
13
35
20
10

图 3-177

三、制图步骤

01 画肩线。由左至右画水平线*ab*，*ab*=1/2通袖长=86cm，如图3-178所示。

02 定领宽、肩点、袖分割点。由右至左，*bc*=1/2横领宽=8.9cm，*bd*=1/4胸围=24.5cm，*de*=17cm，如图3-179所示。

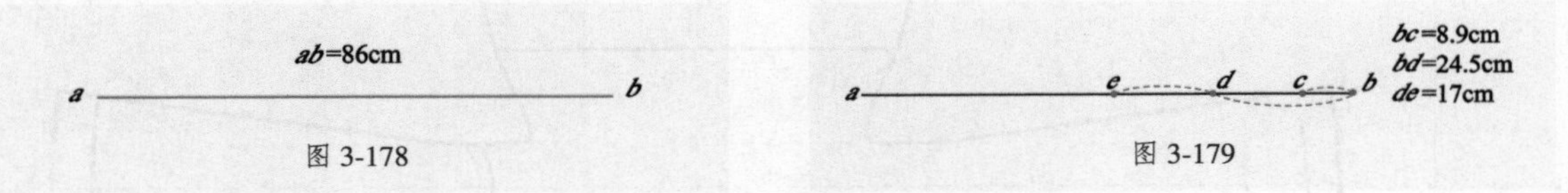

图 3-178　　图 3-179

03 画前中线。过*b*点垂直向下画*bA*=衣长=110cm，再过*A*点画一条水平线，如图3-180所示。

04 画后领深。过*c*点垂直向上画*cg*=3.5cm，过*b*点垂直向上画*bo*=3.5cm，*o*点为后领深点，如图3-181所示。

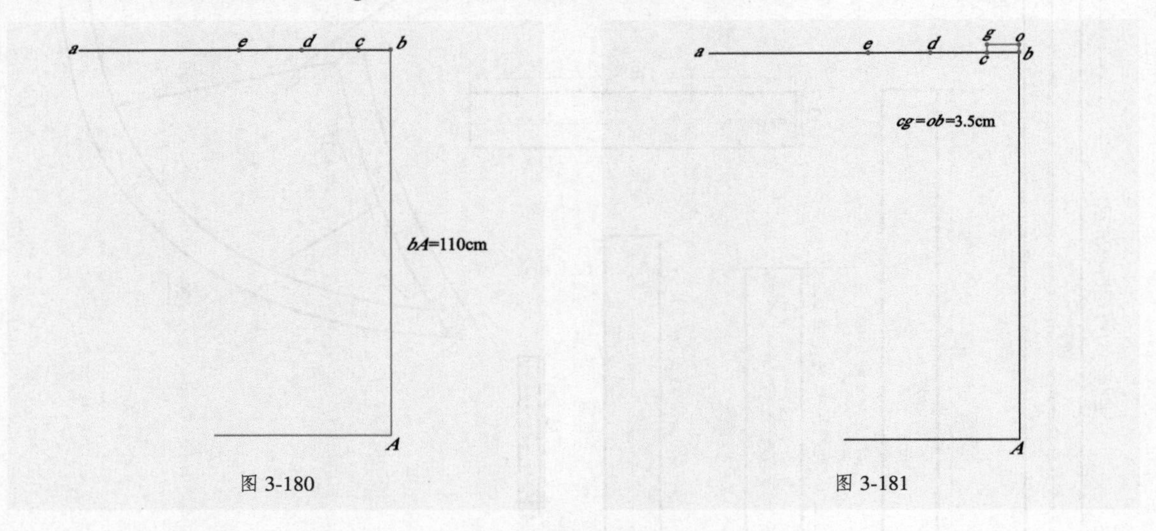

图 3-180　　图 3-181

05 定胸围线。过*d*点垂直向下画*dB*=25cm，过*B*点画一条水平线至前中线，作为胸围线；向下延长*dB*，与过*A*点的水平线相交于*C*点，如图3-182所示。

06 定袖口宽。过*a*点垂直向下画*aD*=1/2袖口围=38cm，过*D*点画一条水平袖底线，用曲线连接*D*、*B*两点（与水平袖底线相切），如图3-183所示。

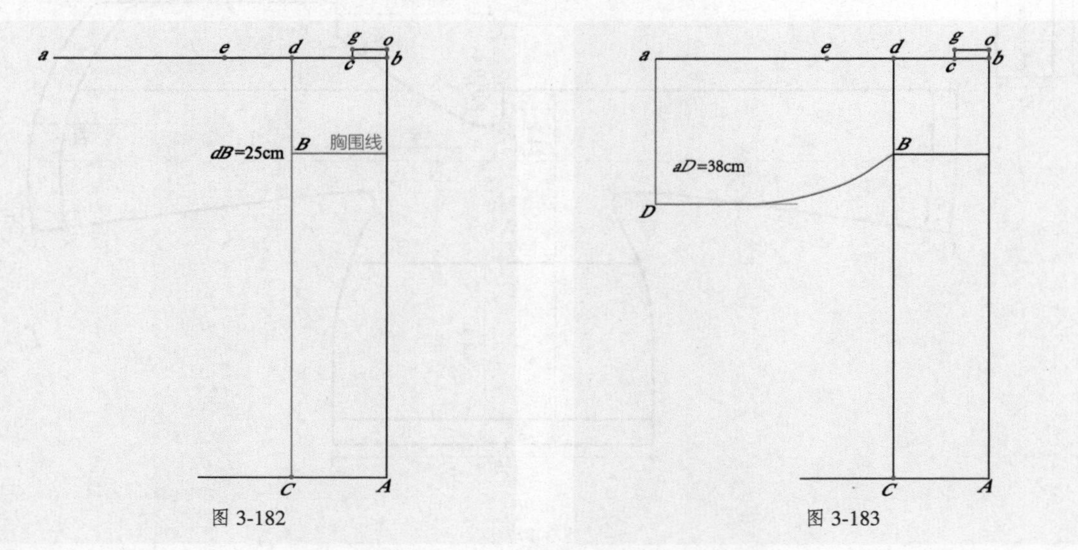

图 3-182　　图 3-183

07 定摆围。下摆放摆量*Cf*=10cm，用直线连接*B*、*f*两点，过*e*点画垂直线，与*DB*相交于*E*点，*eE*为袖子分割线，如图3-184所示。

08 腋下圆角处理。沿*BE*方向、*Bf*方向各取10cm，用曲线连接*D*'、*f*'点（画圆角），如图3-185所示。

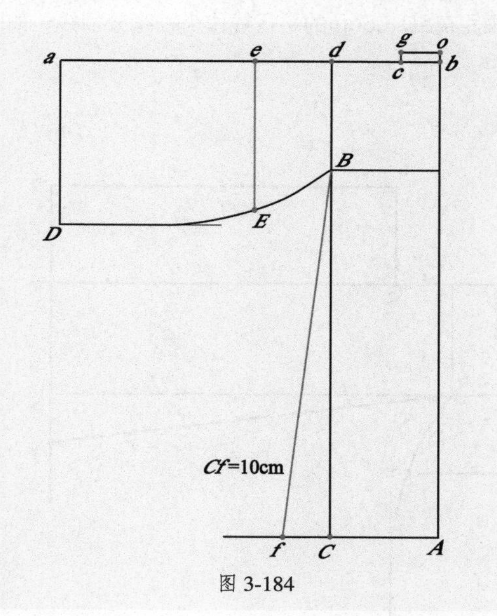

图 3-184

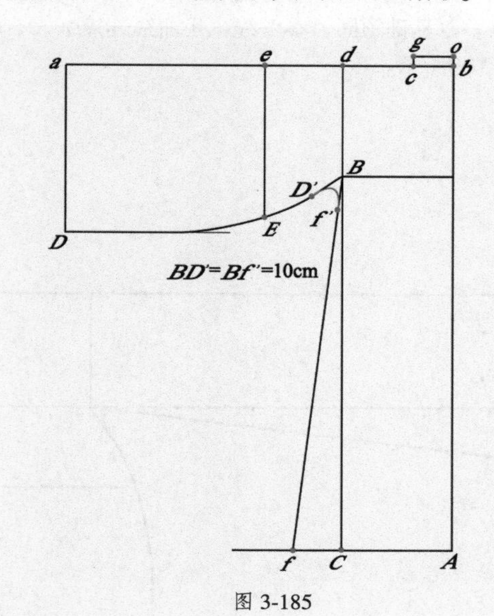

图 3-185

09 对称画出后片。以*ab*为对称轴，对称画出后片，如图3-186所示。

10 画内襟。过*b*点向下取*f1*点，*bf1*=37cm。过*f1*点画水平线，延长*fA*至*h*点，*Ah*=21.5cm，过h点向上画垂直线，与过*f1*点所在的水平线相交于*F*点，如图3-187所示。

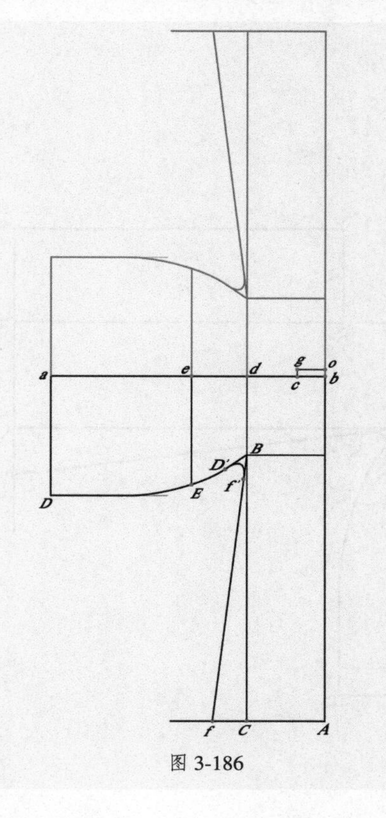

图 3-186

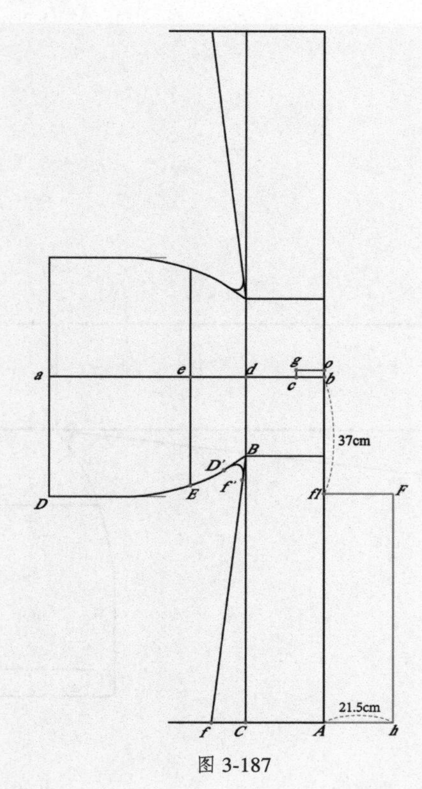

图 3-187

11 画基础领圈。沿b点向下取b1点，bb1=9.4cm，过b1点往左画水平线，b1c1=8.9cm，用曲线连接o、c、b1这3点（分别与og、gc1、c1b1这3条直线相切），如图3-188所示。

12 画领缘、袖缘。用虚线连接b1、F两点，画距离b1F 6.5cm的平行线，其分别与bA、f1F相交于G、H两点。以基础领圈为参考线，用曲线连接o、c、H三点。画距离aD 6.5cm的平行线作为袖缘分割线，如图3-189所示。

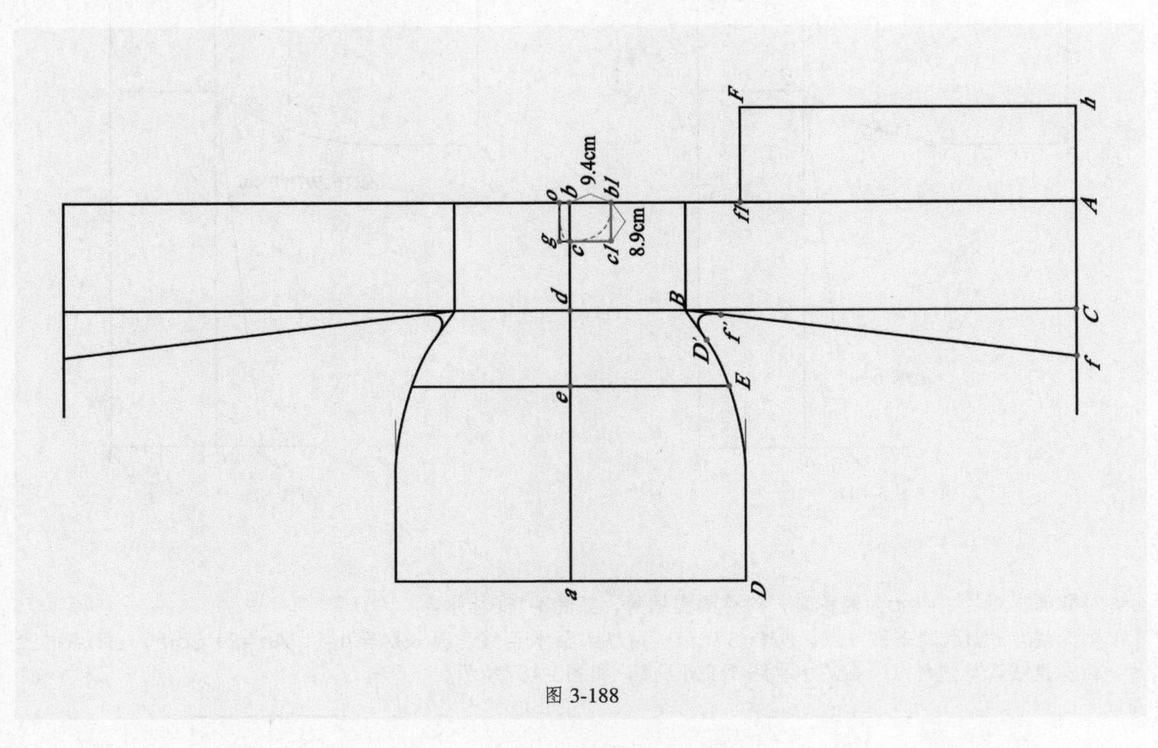

图 3-188

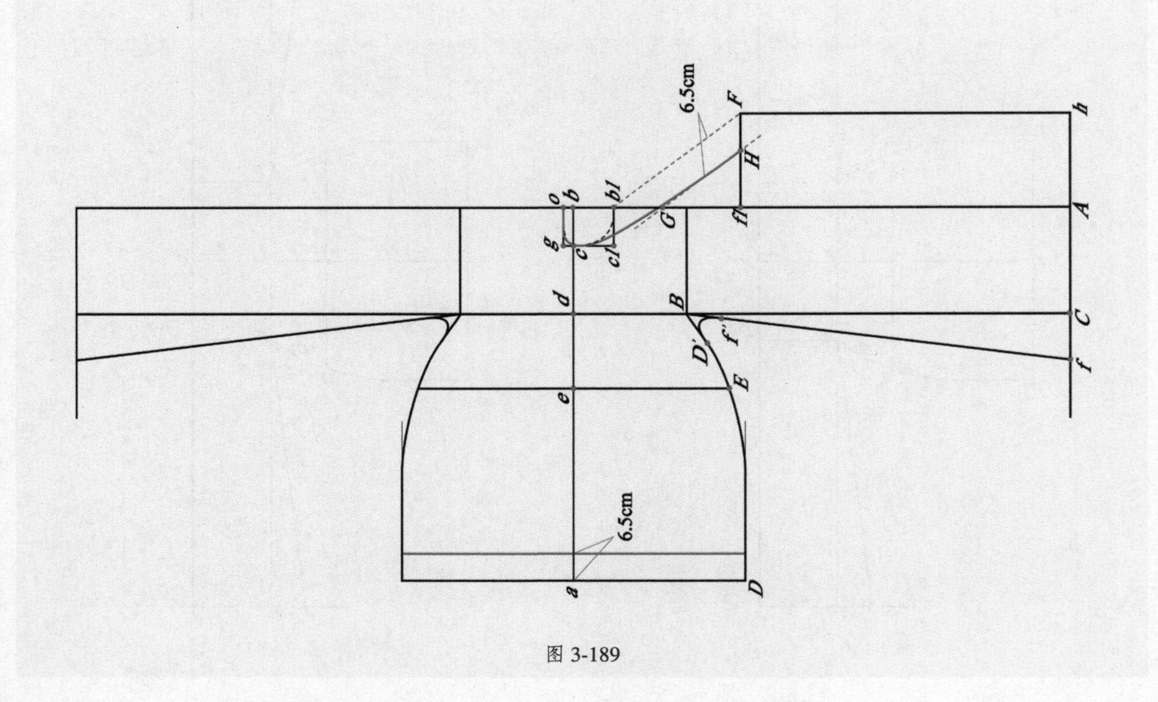

图 3-189

13 画摆缘。画前摆缘，*f*点向上在8.5cm处得到*k*点，*h*点垂直向上25cm得到*k*'点，用曲线连接*k*、*k*'两点（过*k*点处与*ff*'垂直），*kk*'曲线向下平移6.5cm得前摆缘；底边起翘2cm；以相同原理画后摆缘，如图3-190所示。

14 画左片。采用步骤1~9的方法画出左片，标注出关键点*o*、*b*'、*c*'、*A*'，如图3-191所示。

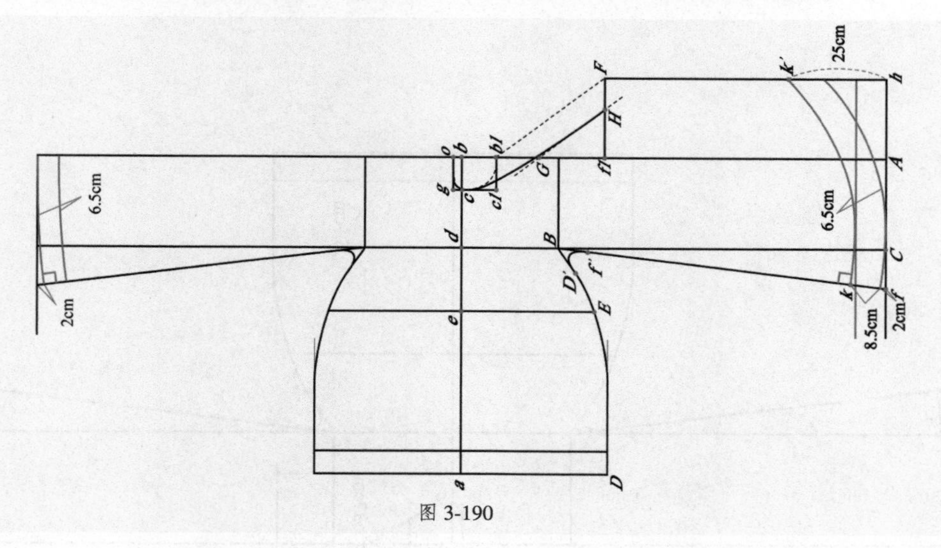

图 3-190

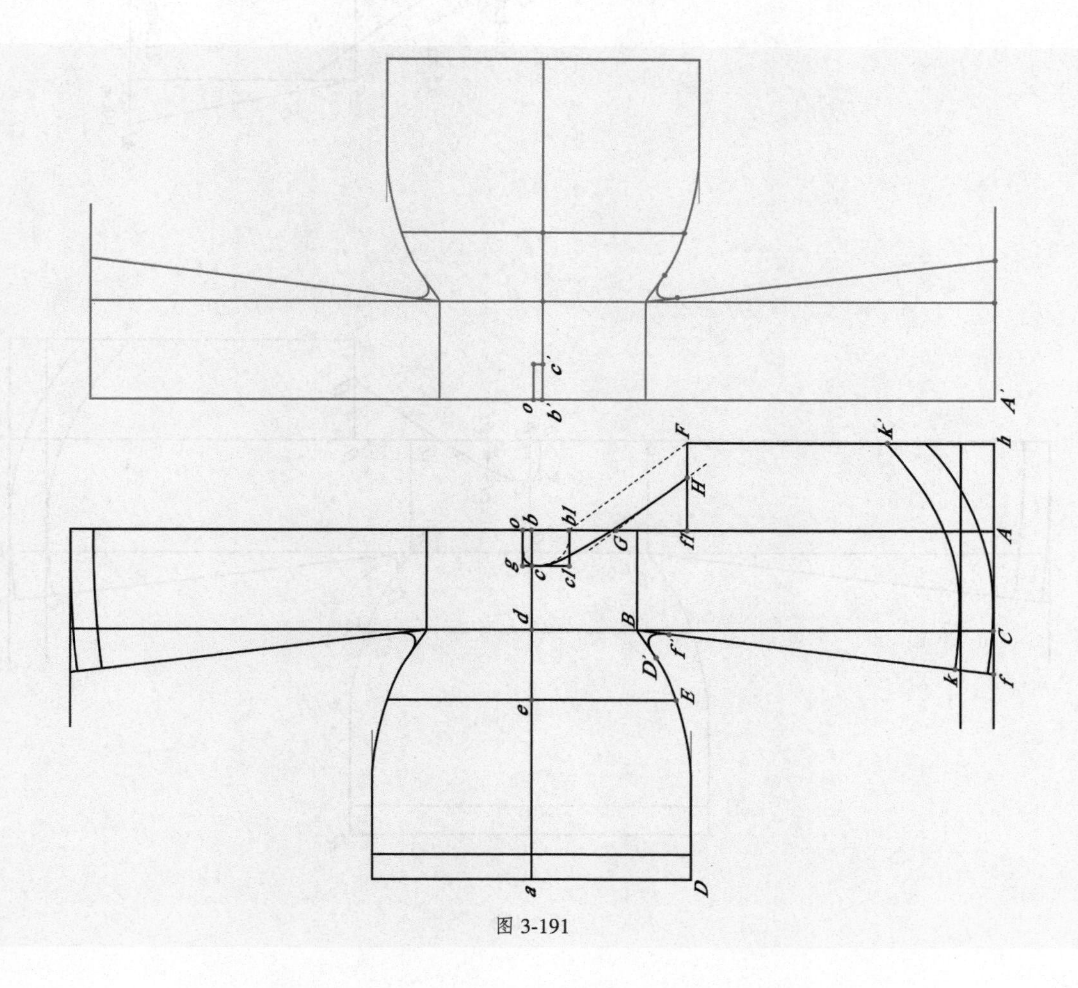

图 3-191

15 画左领缘、外襟、左袖缘。重复步骤11的操作画出基础领圈，过*b*'点垂直向下37cm，再水平向左21.5cm得到*F*'点，过*A*'点垂直向上25cm，再水平向左31.5cm得到*h1*点，连接*h1*、*F*'两点得到外襟线。过*b*'点垂直向下9.4cm得到*b2*点，用虚线连接*b2*、*F*'两点，画一条距离*b2F*'虚线6.5cm的平行线，该线与*h1F*'相交于*H*'点，用曲线连接*o*、*c*'、*H*'点得到左领缘。重复步骤12的操作画出袖缘分隔线，得到左袖缘，如图3-192所示。

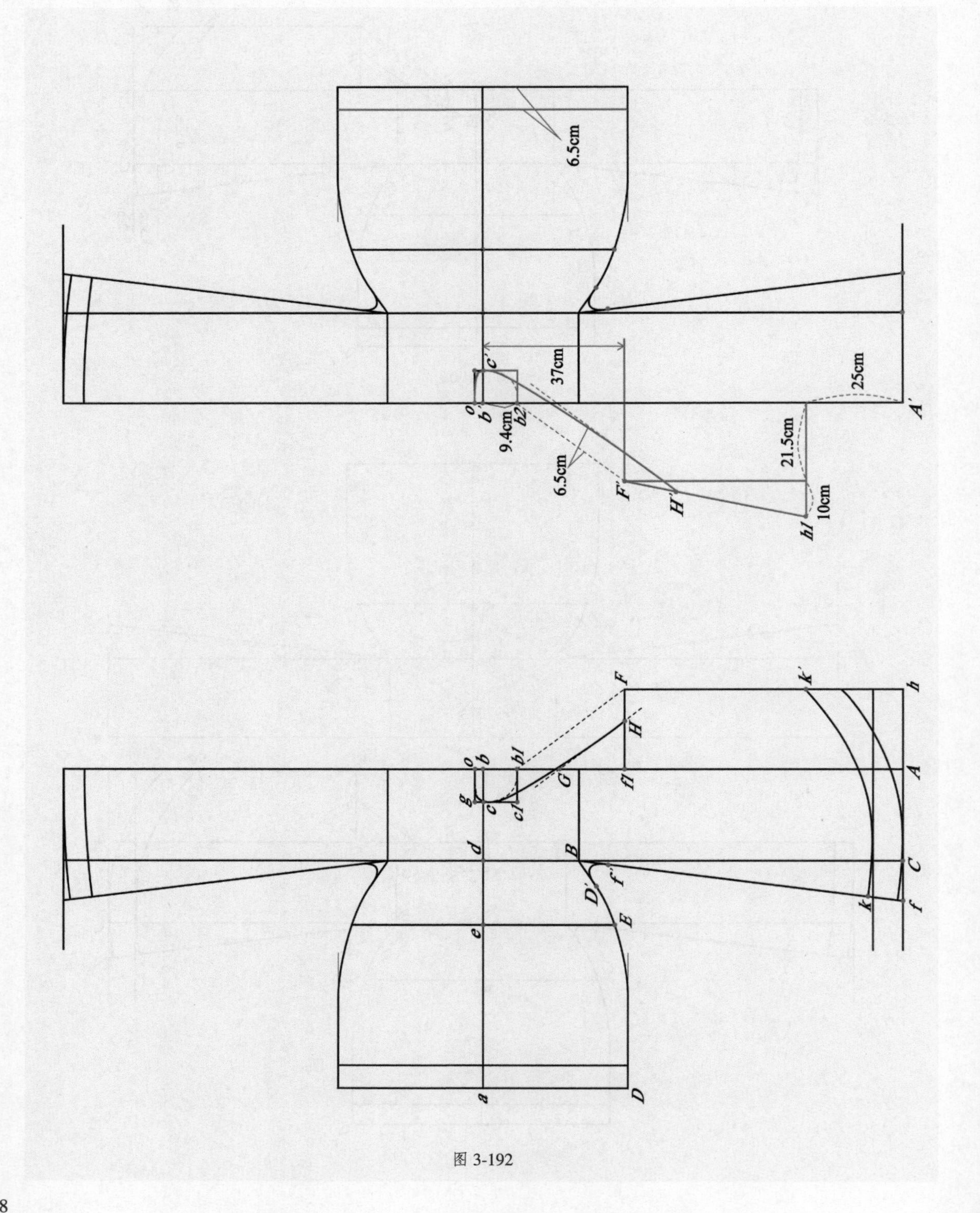

图 3-192

16 画续衽。过F'点做外襟F'H'的垂直线F'H1，F'H1向下平行6.5cm得到下腰缘线F1H2，F1H2=37cm。过H2点作F1H2的垂直线，与过h1点水平延长线相交于P点。连接h1、P点，向左延伸20cm放摆得到P1点。直线连接P1、H2两点，过H2点作H2P1的垂直线H2H3，H2H3=37cm，H3向上平行6.5cm得到H4点，连接H1、H4两点，续衽轮廓绘制完成，如图3-193所示。

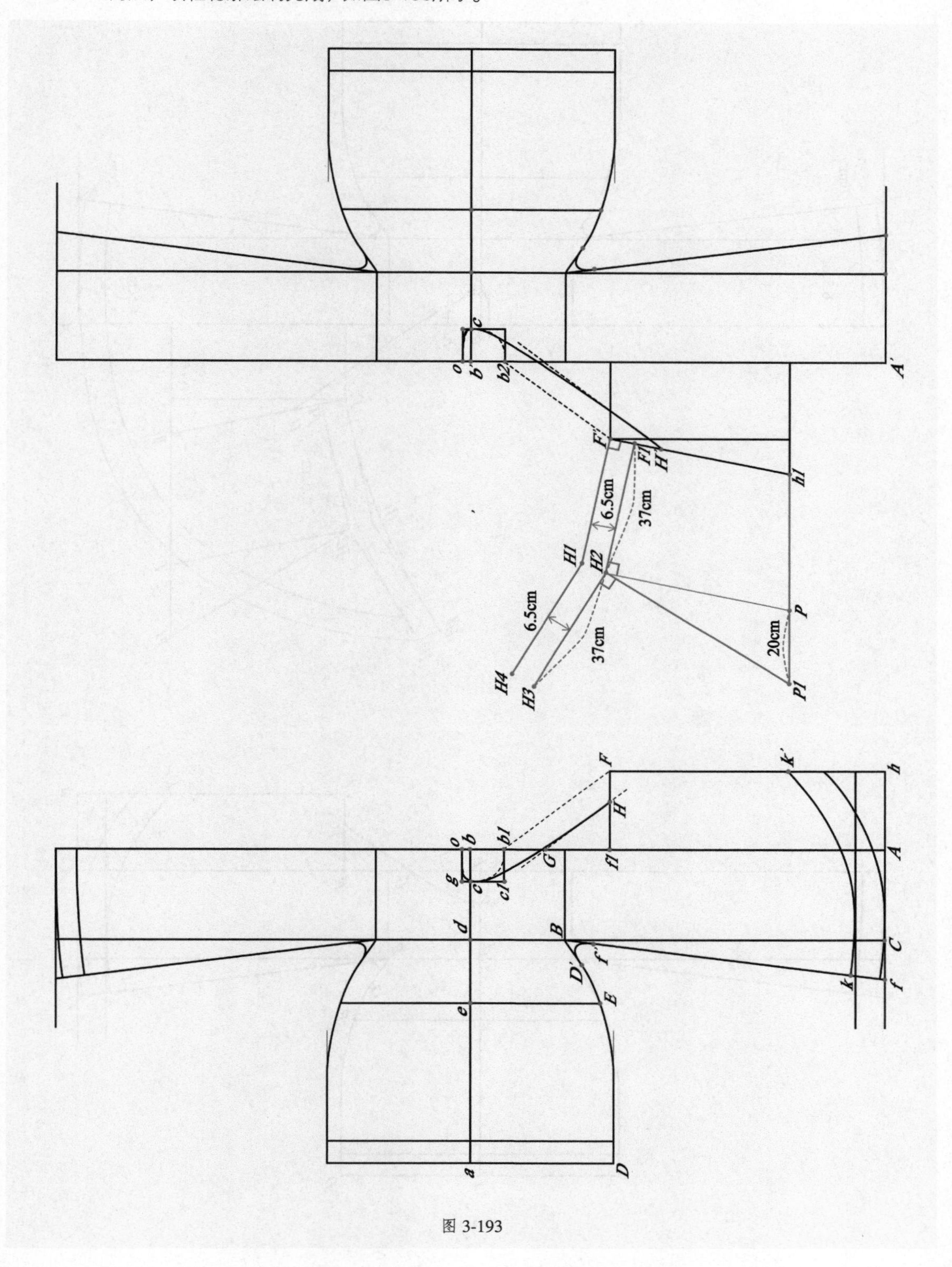

图 3-193

17 画摆缘、腰缘。用曲线连接F'、H4两点，将F'H4线向下平移6.5cm得到腰缘。后侧边起翘2cm画出下摆线，将其向内平移6.5cm得到后摆缘；前侧边起翘2cm并与H3点相连，将其向内平移6.5cm得到前摆缘，如图3-194所示。

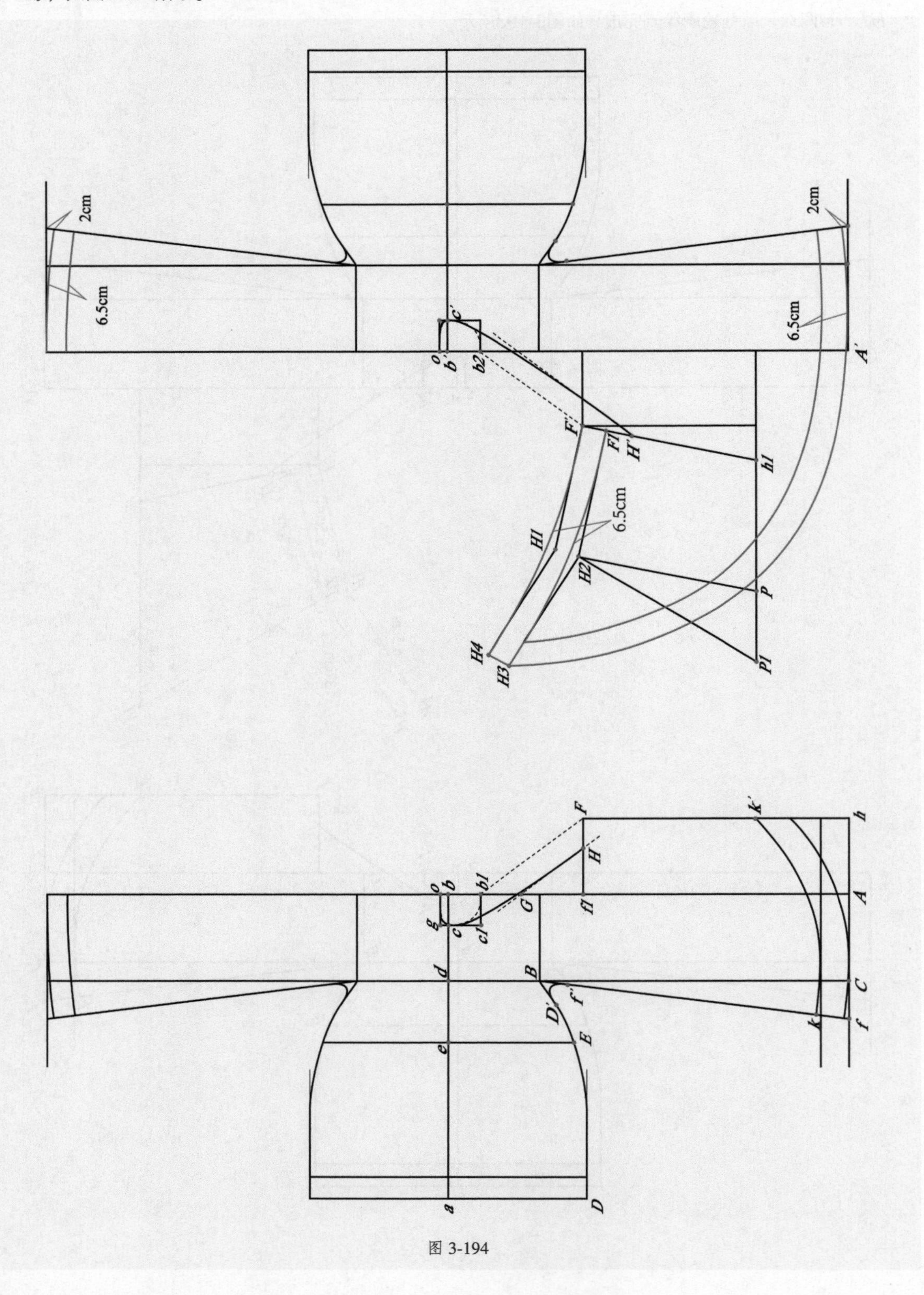

图 3-194

18 确定系带位置。过*F*点画一条水平线至左片侧边，这一水平线上有两条内襟系带，宽度为2cm；将肩线*ba*向下平移40cm，该平行线与右侧边的交点为外襟系带的位置，腰缘中点为另一外襟系带的位置，如图3-195所示。

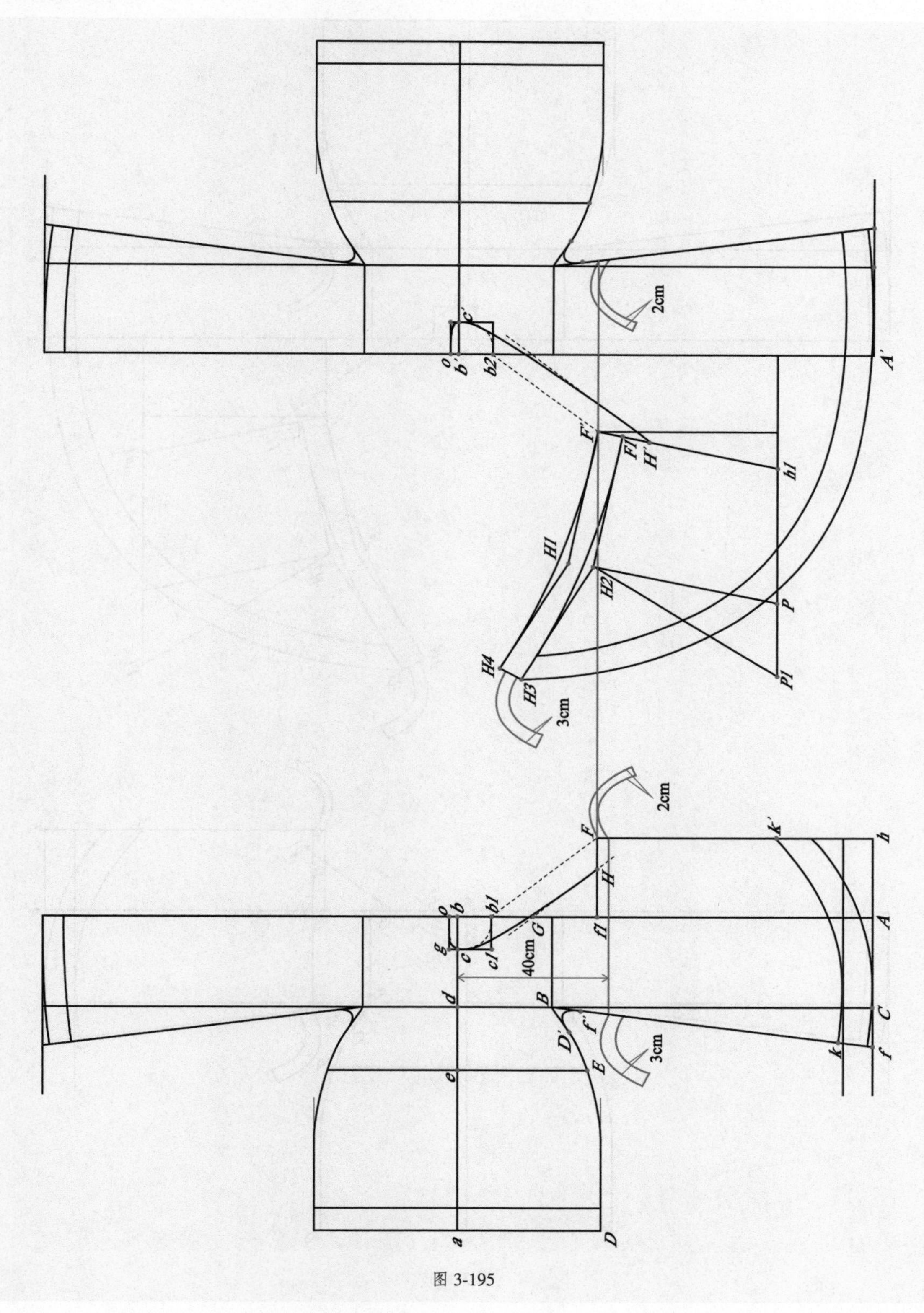

图 3-195

19 计算领缘长度。领缘长=ocHF1线长+oc'H'线长（F1点为直线b1F的垂直线与直线GH延长线的交点），如图3-196所示。

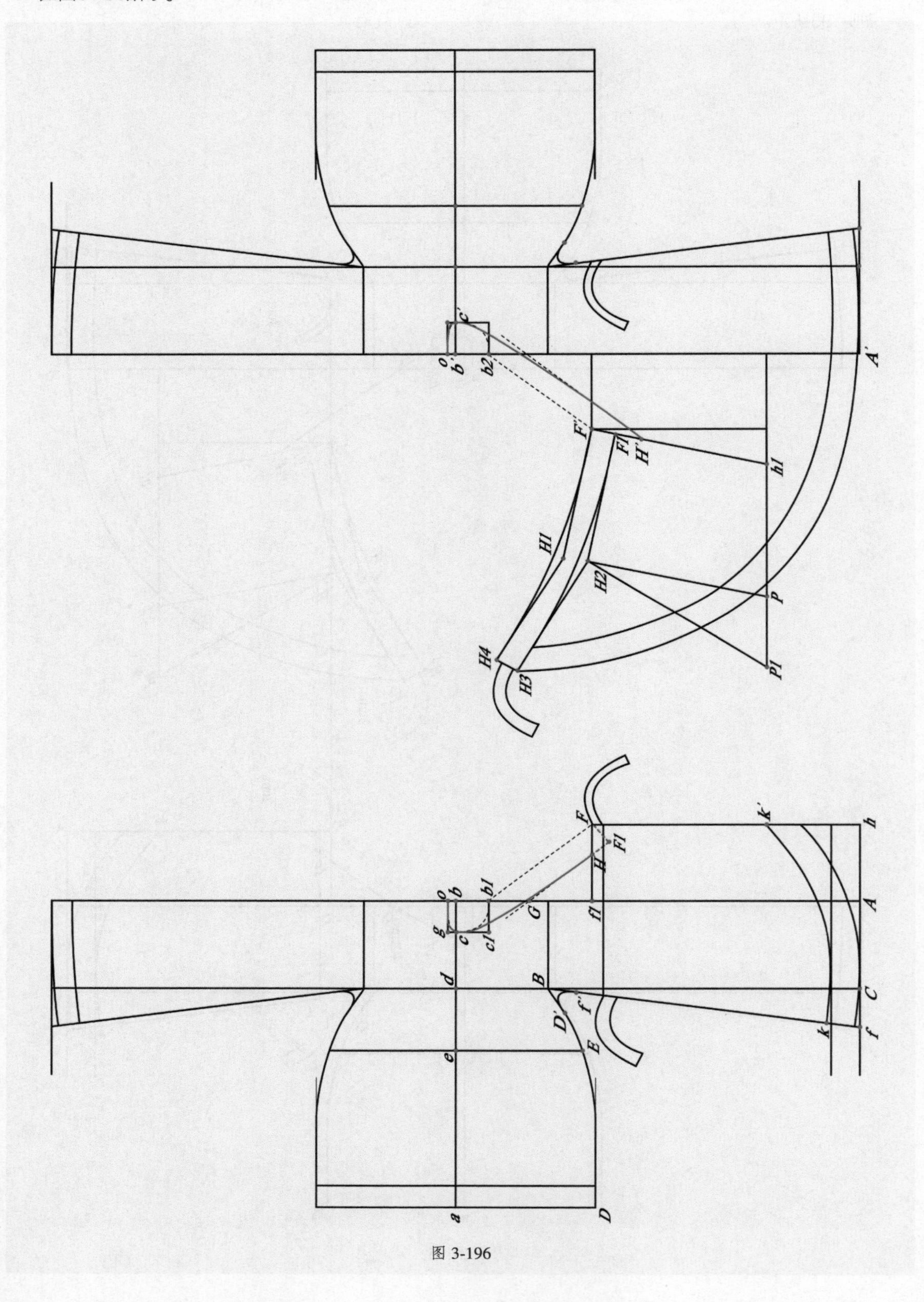

图 3-196

20 画出领缘、摆缘、袖缘、系带等，详细尺寸如图3-197所示。

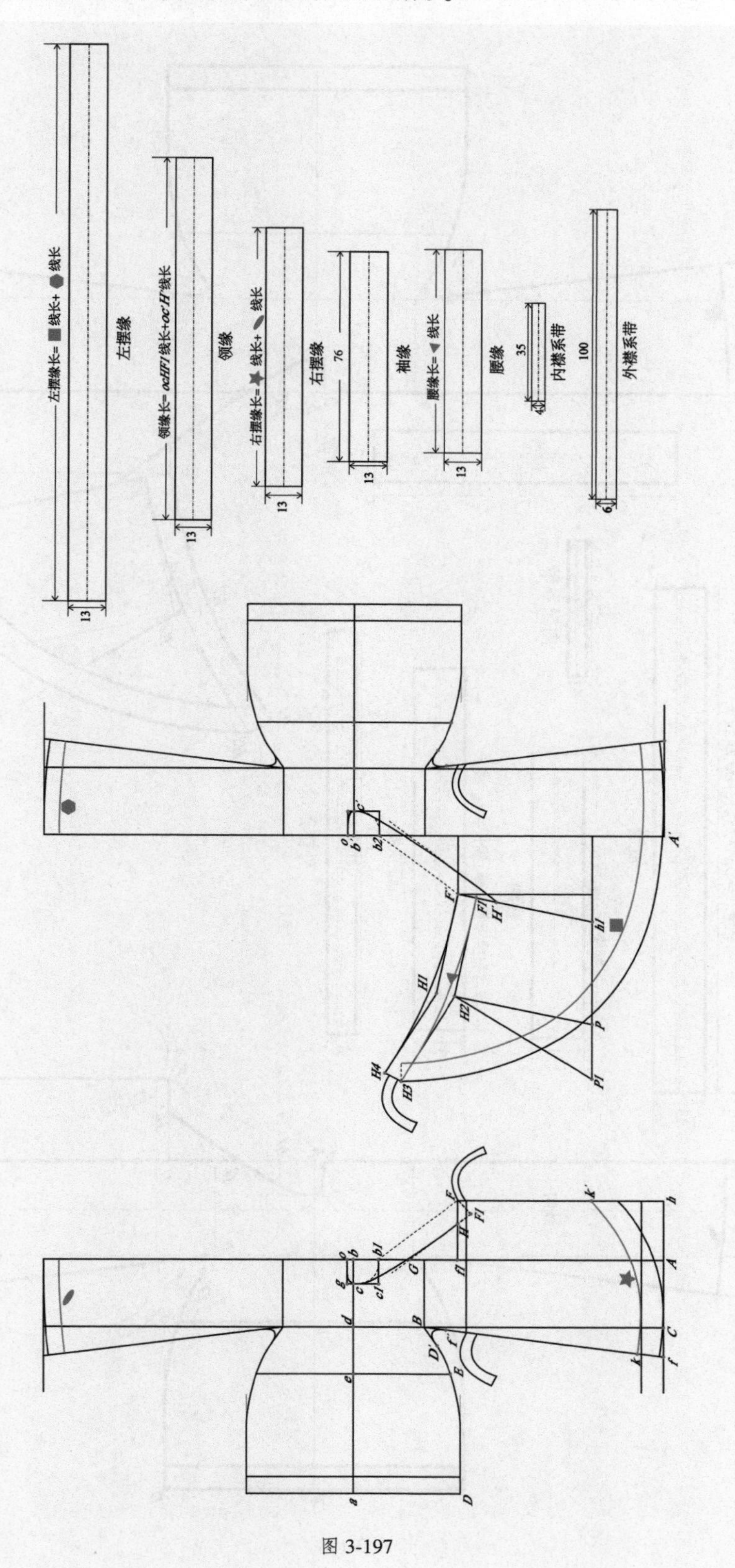

图 3-197

21 把曲裾深衣的版型轮廓线加粗，标注出纱向线，整体效果如图3-198所示。

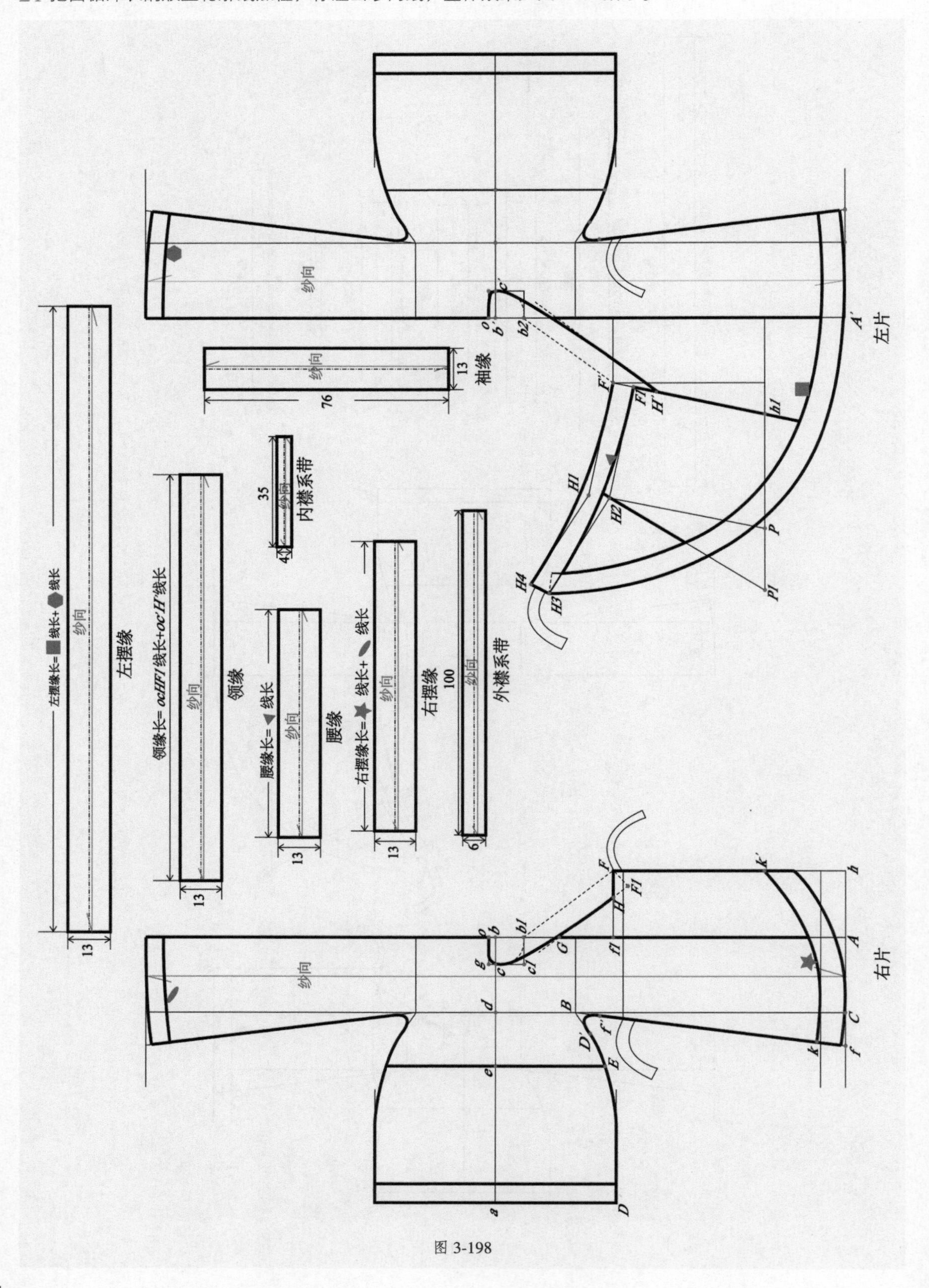

图 3-198

四、曲裾深衣裁剪图

01 衣身裁剪图。分为左片衣身和右片衣身，在版型（净样）的基础上加放缝量，放缝量都是1cm，如图3-199所示。

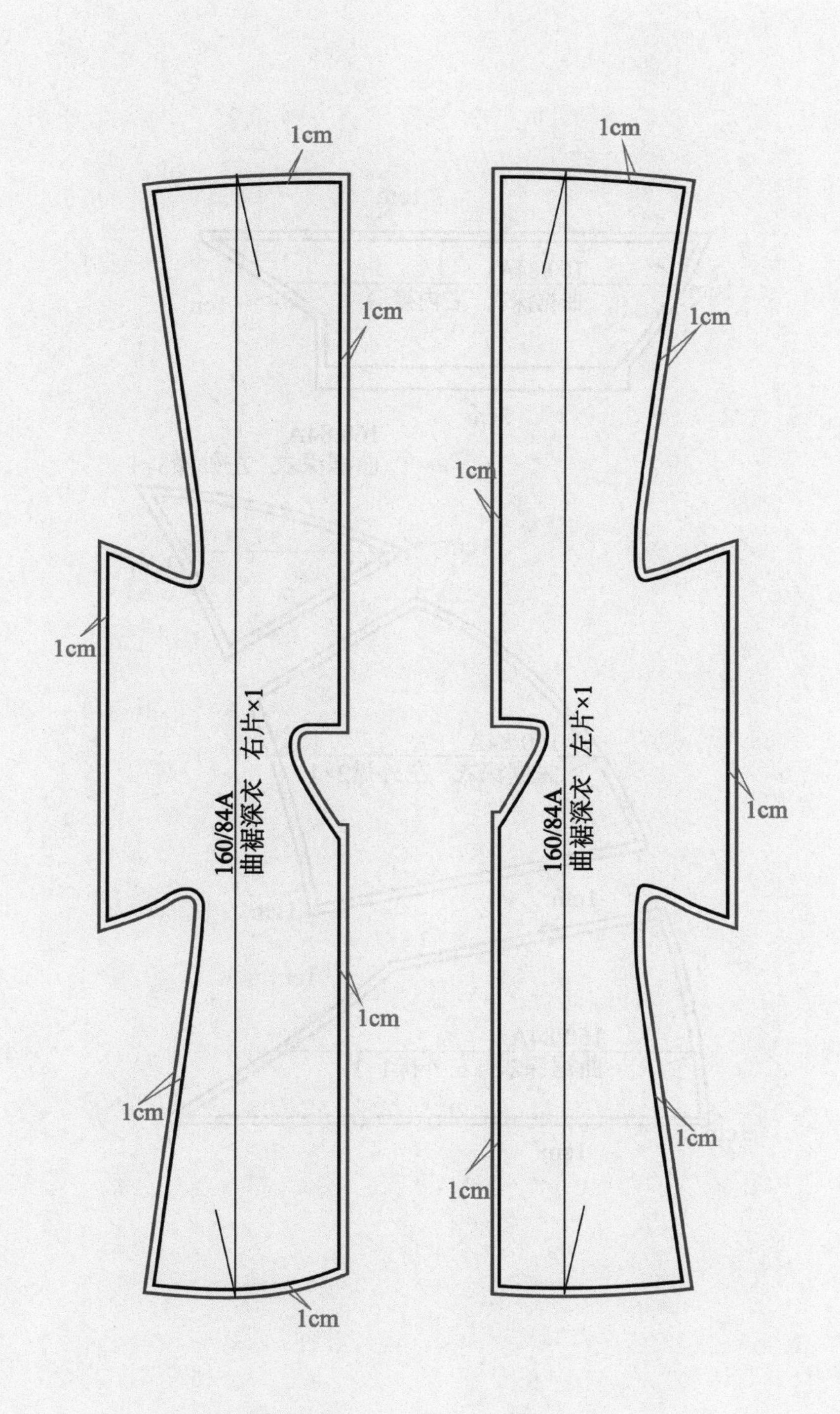

图 3-199

02 内外襟裁剪图。在版型（净样）的基础上加放缝量，除内襟裁片左侧放缝量是3cm外，其余放缝量都是1cm，如图3-200所示。

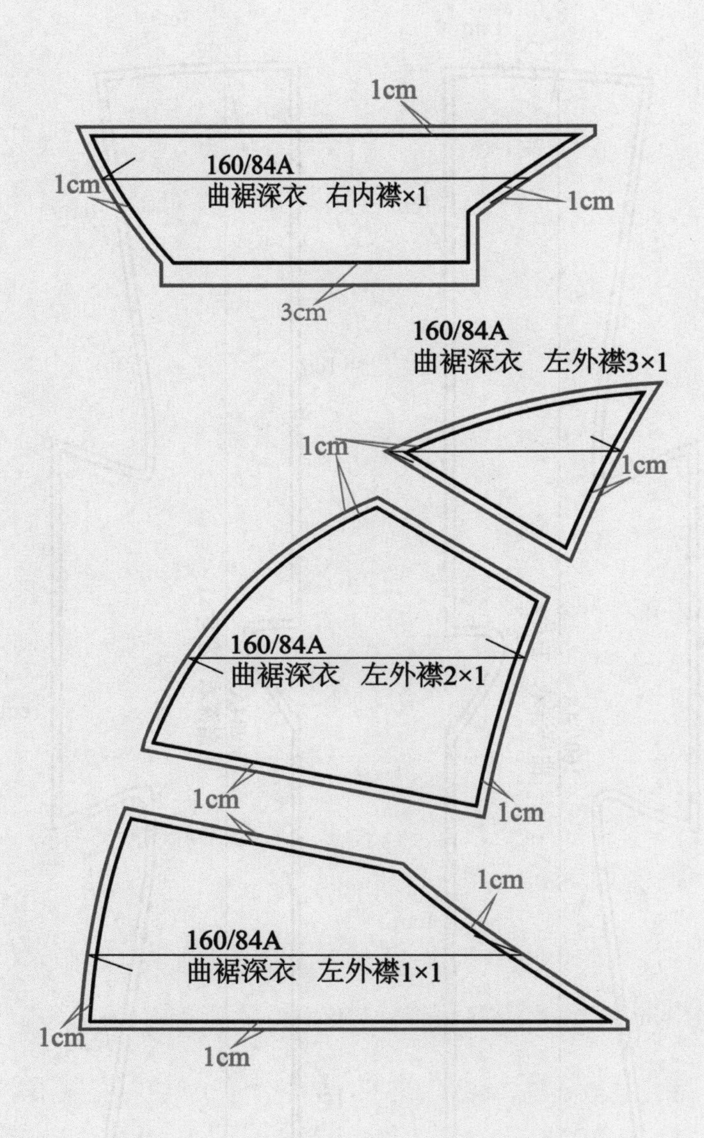

图 3-200

03 袖子、袖缘、领缘、摆缘、腰缘及系带等裁剪图。在版型（净样）的基础上加放缝量，放缝量均为1cm，如图3-201所示。

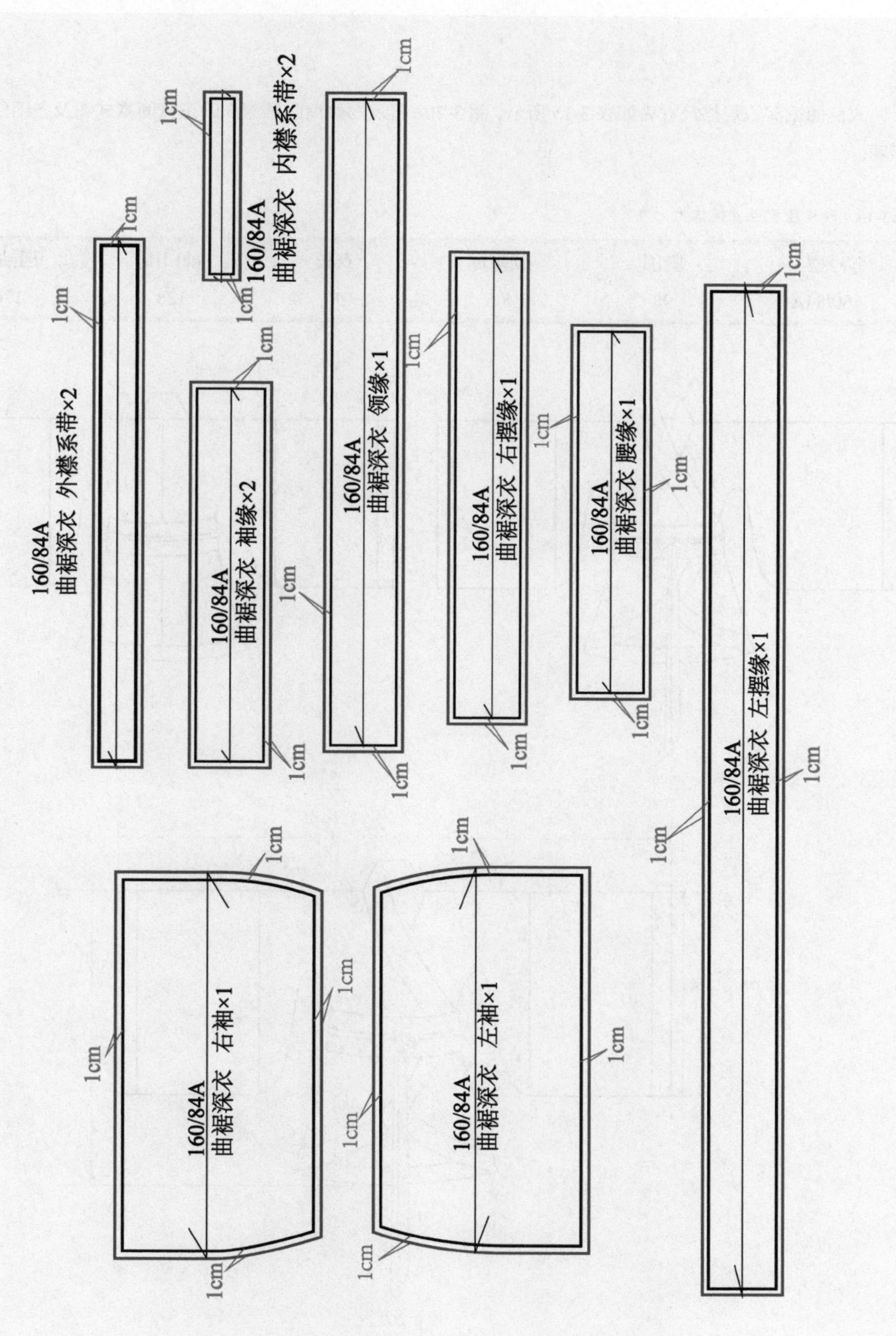

图 3-201

3.10.2 改良曲裾深衣版型及裁剪图

一、改良曲裾深衣规格尺寸表

改良曲裾深衣规格尺寸表如表 3-15 所示，图 3-202 所示为改良曲裾深衣的正背面款式图及各部位尺寸对照图。

表3-15 改良曲裾深衣规格尺寸表 单位：cm

号型	胸围	领缘宽	衣长	袖口围	通袖长
160/84A	98	5.5	90	128	176

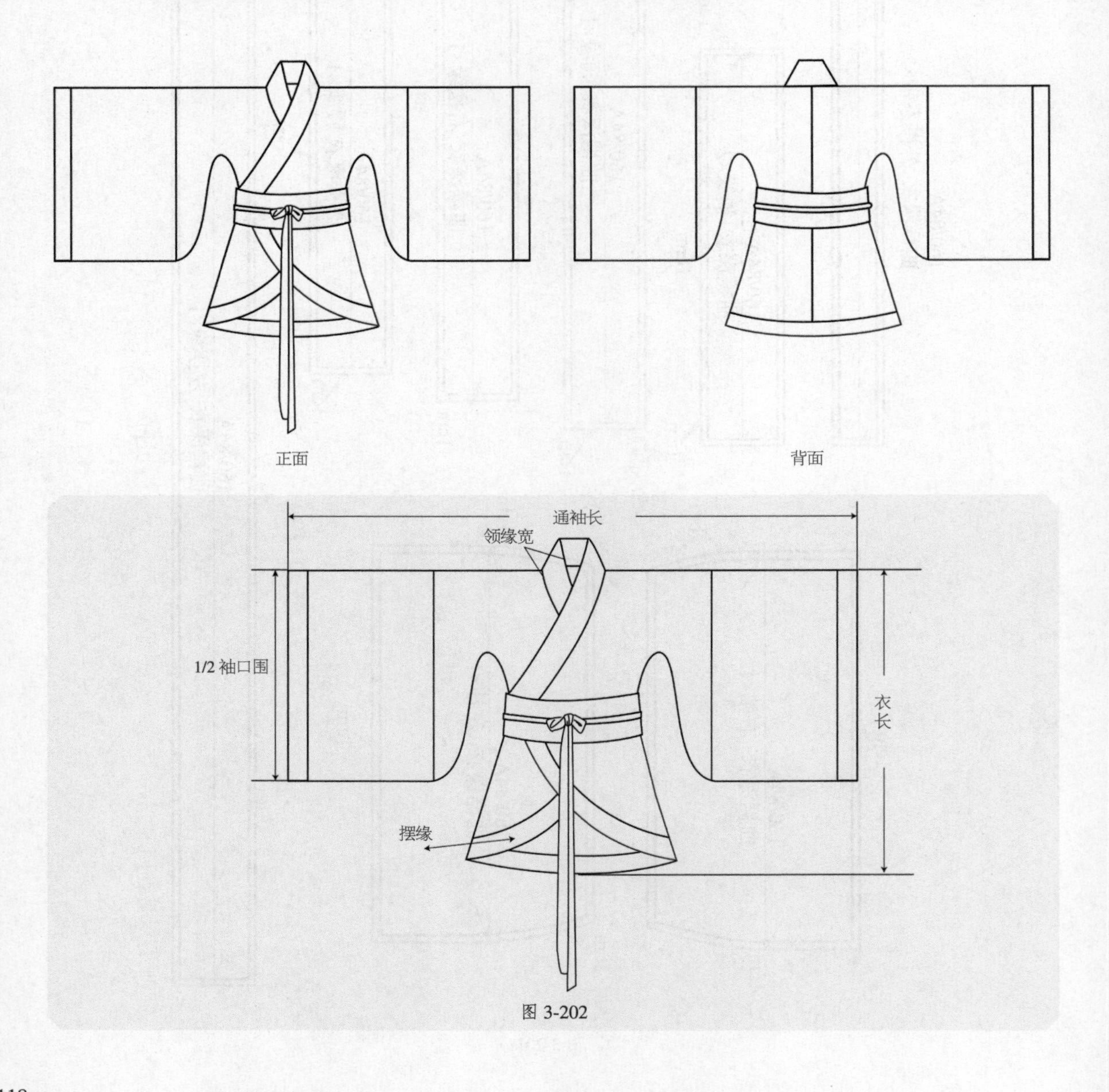

图 3-202

二、改良曲裾深衣结构图

改良曲裾深衣结构图如图 3-203 所示（单位：cm）。

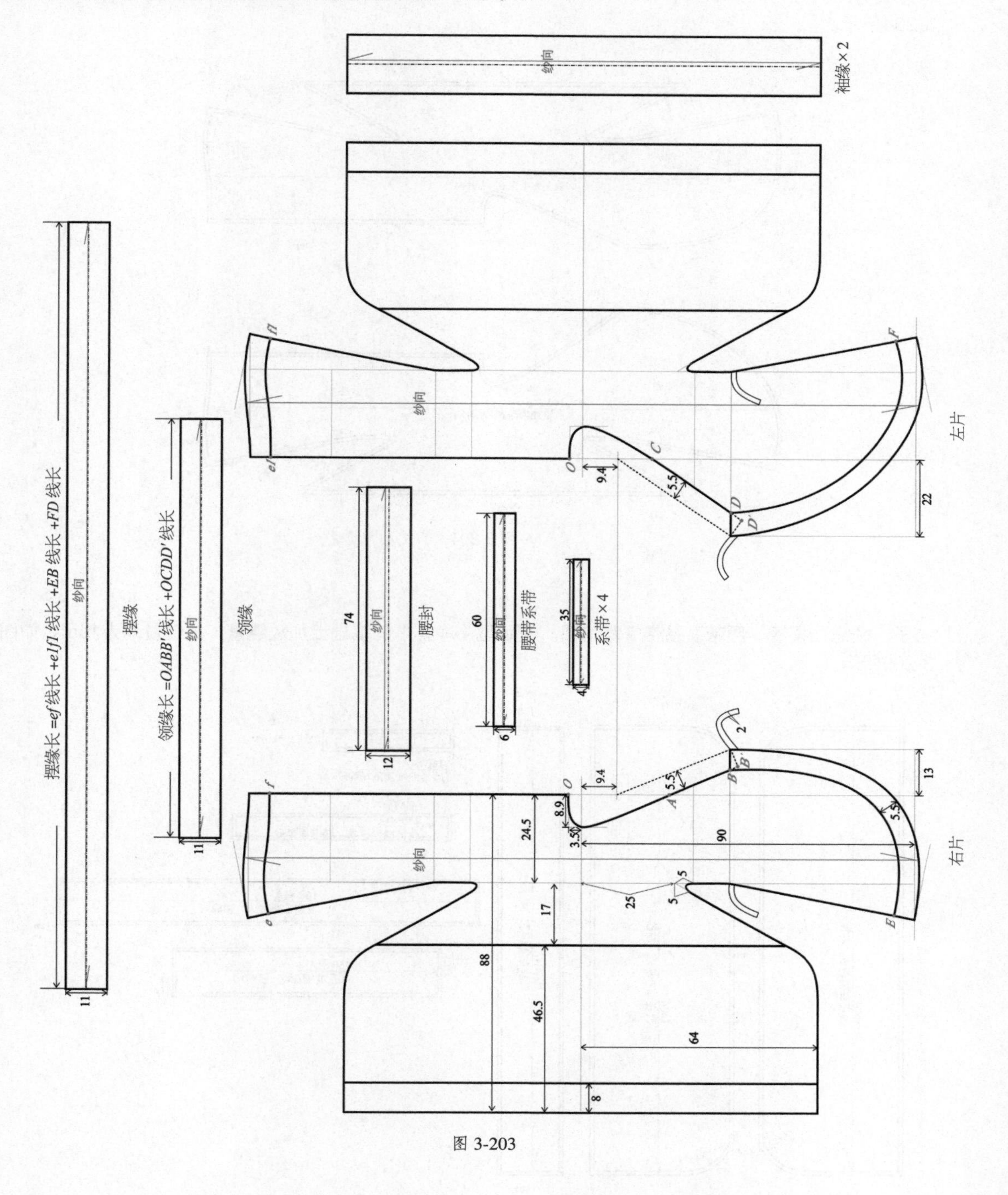

图 3-203

三、制图步骤

略，可参考圆领袍和曲裾深衣的制图步骤。

四、改良曲裾深衣裁剪图

01 衣身裁剪图。分为左片衣身和右片衣身，在版型（净样）的基础上加放缝量，放缝量都是1cm，如图3-204所示。

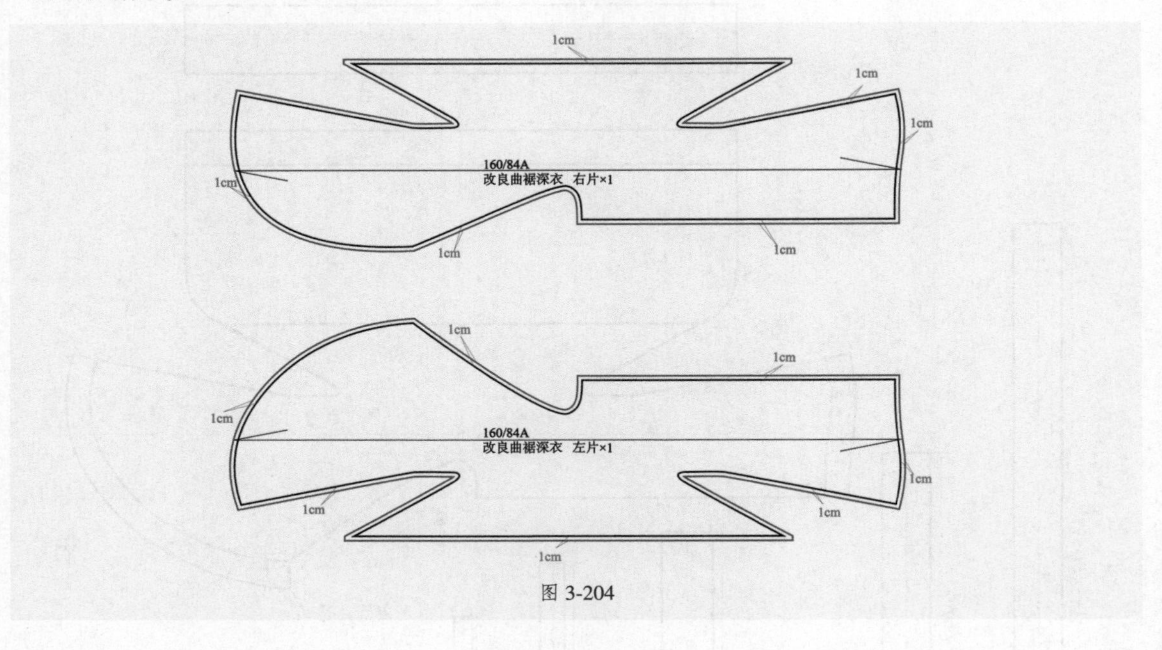

图 3-204

02 袖子、领缘、摆缘、腰带及系带等裁剪图。在版型（净样）的基础上加放缝量，放缝量均为1cm，如图3-205所示。

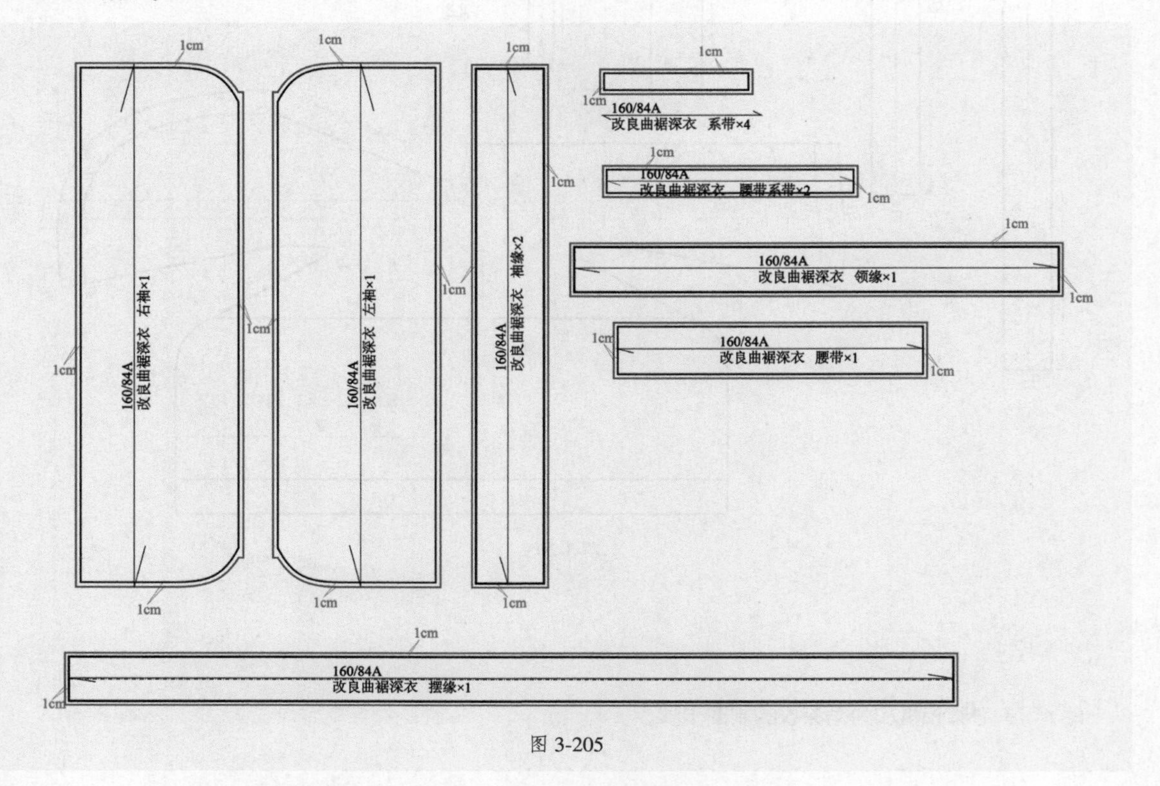

图 3-205

3.11 方领比甲版型及裁剪图

比甲是一种无袖、无领的两侧开衩的衣服款式，长款比甲一般长至臀部或膝部，有些更长，离地不到一尺。这种衣服最初是宋朝的一种衣服款式，叫无袖长罩衫，又叫“背心”。图 3-206 所示为明制方领比甲的正背面款式图。

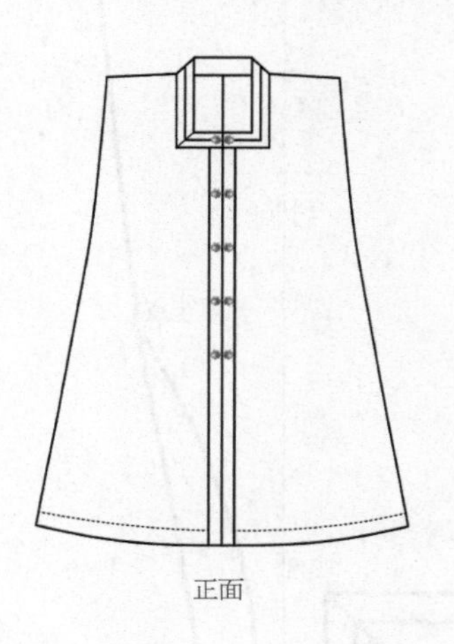

正面

背面

图 3-206

一、方领比甲规格尺寸表

方领比甲规格尺寸表如表 3-16 所示，图 3-207 所示为方领比甲各部位尺寸对照图。

表3-16　方领比甲规格尺寸表　　单位：cm

号型	160/84A
胸围	90
领缘宽	4.5
衣长	66
肩宽	38

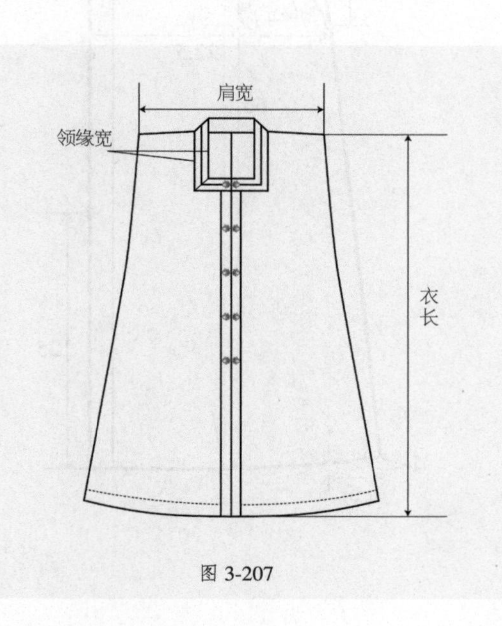

图 3-207

二、方领比甲结构图

方领比甲结构图如图 3-208 所示（单位：cm）。

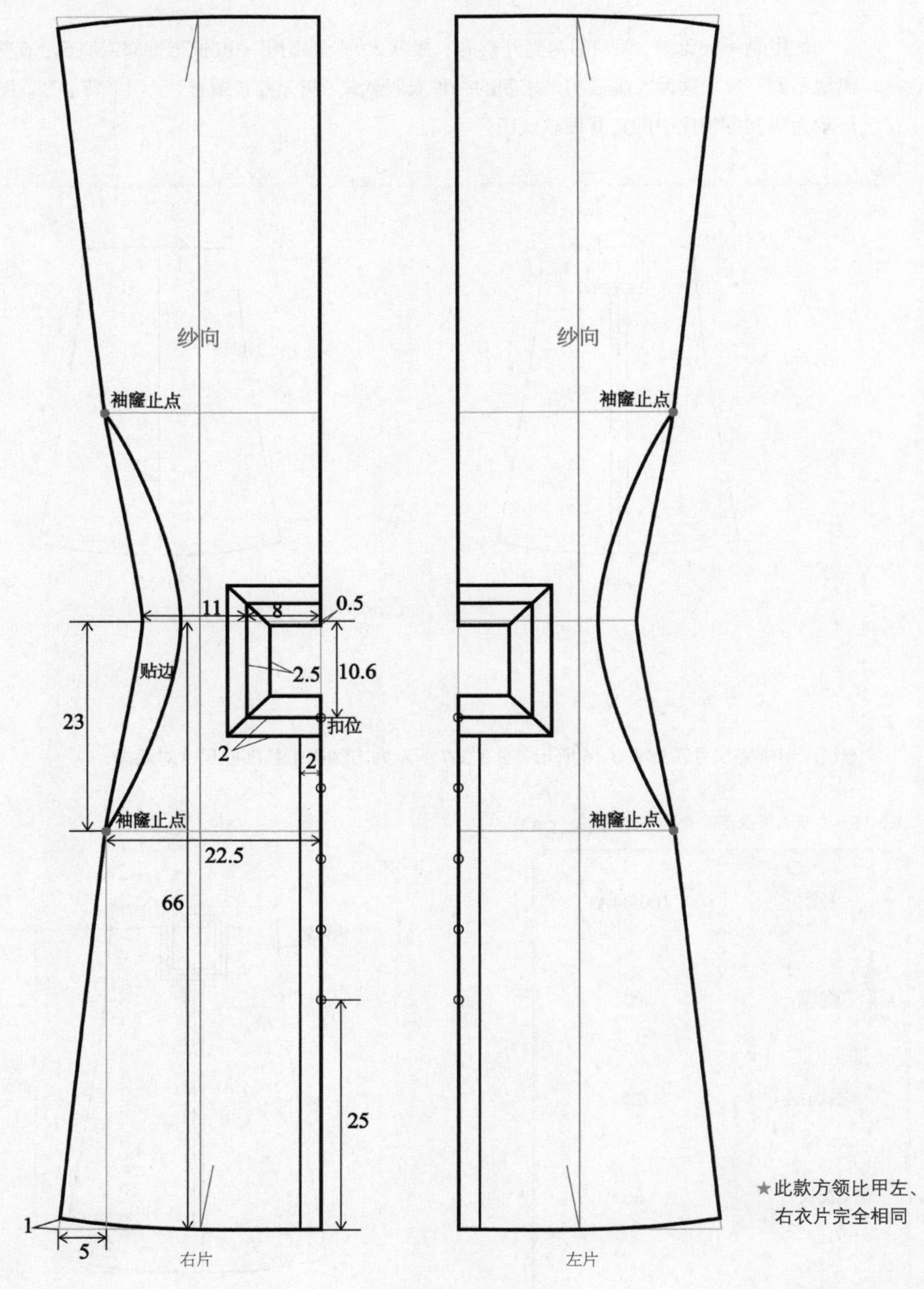

图 3-208

三、制图步骤

略，可参考大袖衫的制图步骤。

四、方领比甲裁剪图

01 衣身裁剪图。分为左片衣身和右片衣身，在版型（净样）的基础上加放缝量，下摆放缝量为4cm，其余放缝量都是1cm，如图3-209所示。

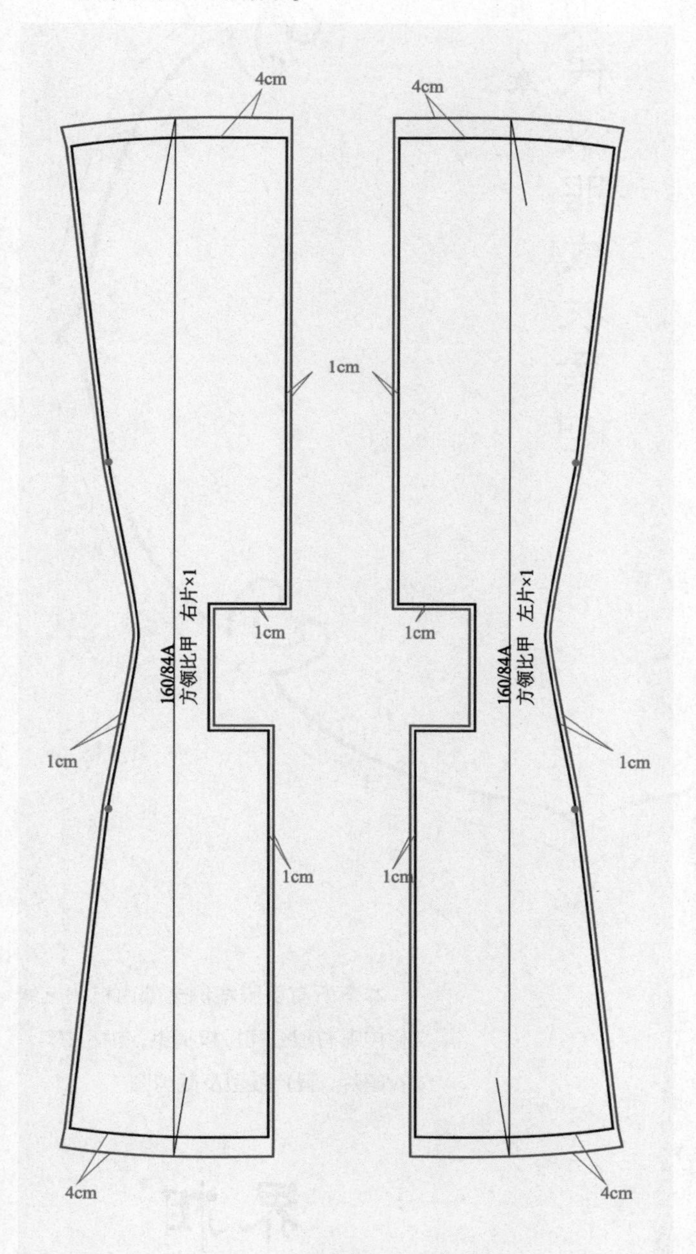

图 3-209

02 领子、门襟及贴边裁剪图。在版型（净样）的基础上加放缝量，门襟下摆放缝量是4cm，其余放缝量都是1cm，如图3-210所示。

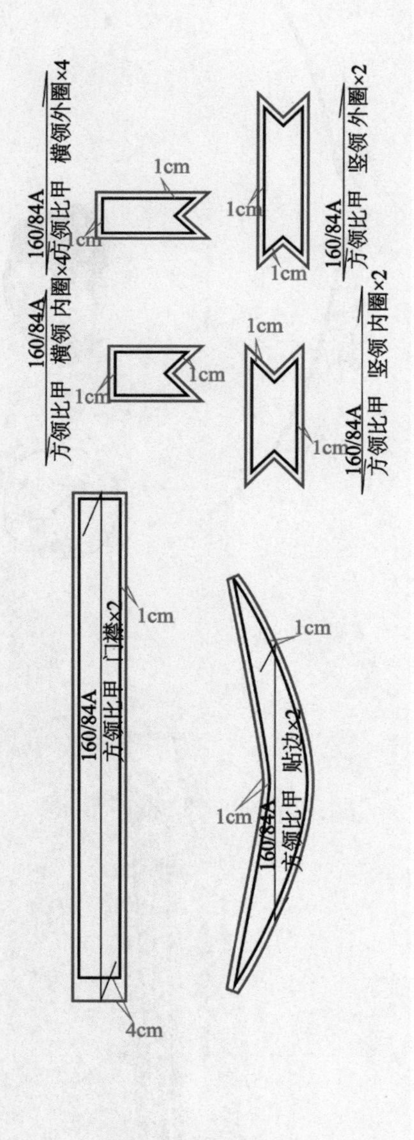

图 3-210

第4章 现代汉服成衣案例

本章所有汉服案例全部由杭州艺缘文化传媒有限公司授权提供，包括文案、成衣照片、服装版型及裁剪图。

雾笼香

外套为改良褙子，内搭为改良吊带，下裙为百迭裙，成衣照片如图 4-1 所示，设计灵感和设计图如图 4-2 所示。

图 4-1

图 4-2

一、改良褙子

1. 款式特点：改良褙子，直领对襟，领缘处有护领，下摆两侧开衩，正背面款式图如图 4-3 所示。

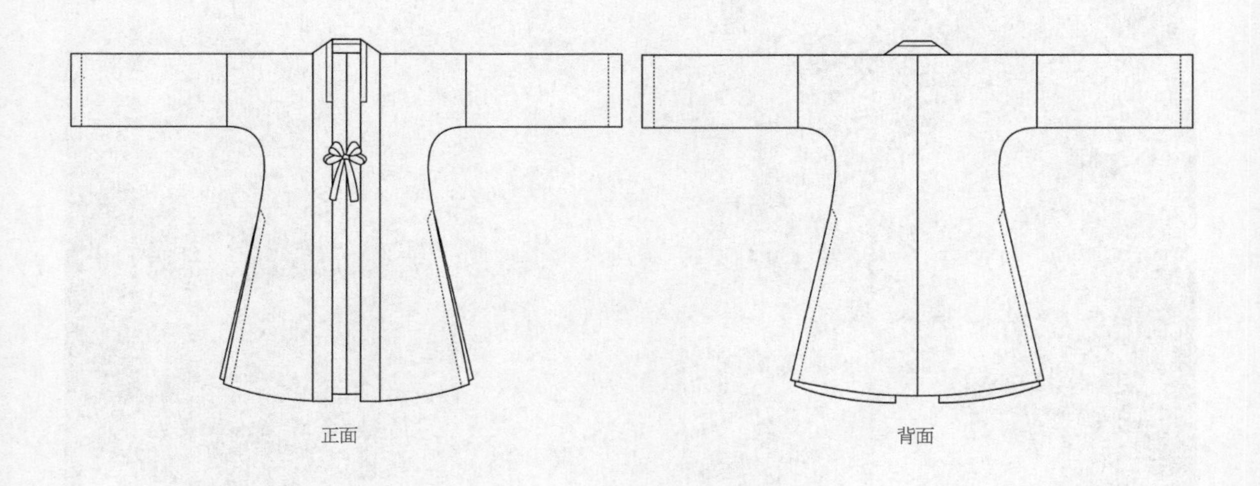

图 4-3

2. 改良褙子规格尺寸表如表 4-1 所示。

表4-1　改良褙子规格尺寸表　　单位：cm

号型	胸围	领缘宽	衣长	袖口围	通袖长
160/84A	96	6.5	96	44	162

3. 改良褙子结构图如图 4-4 所示。

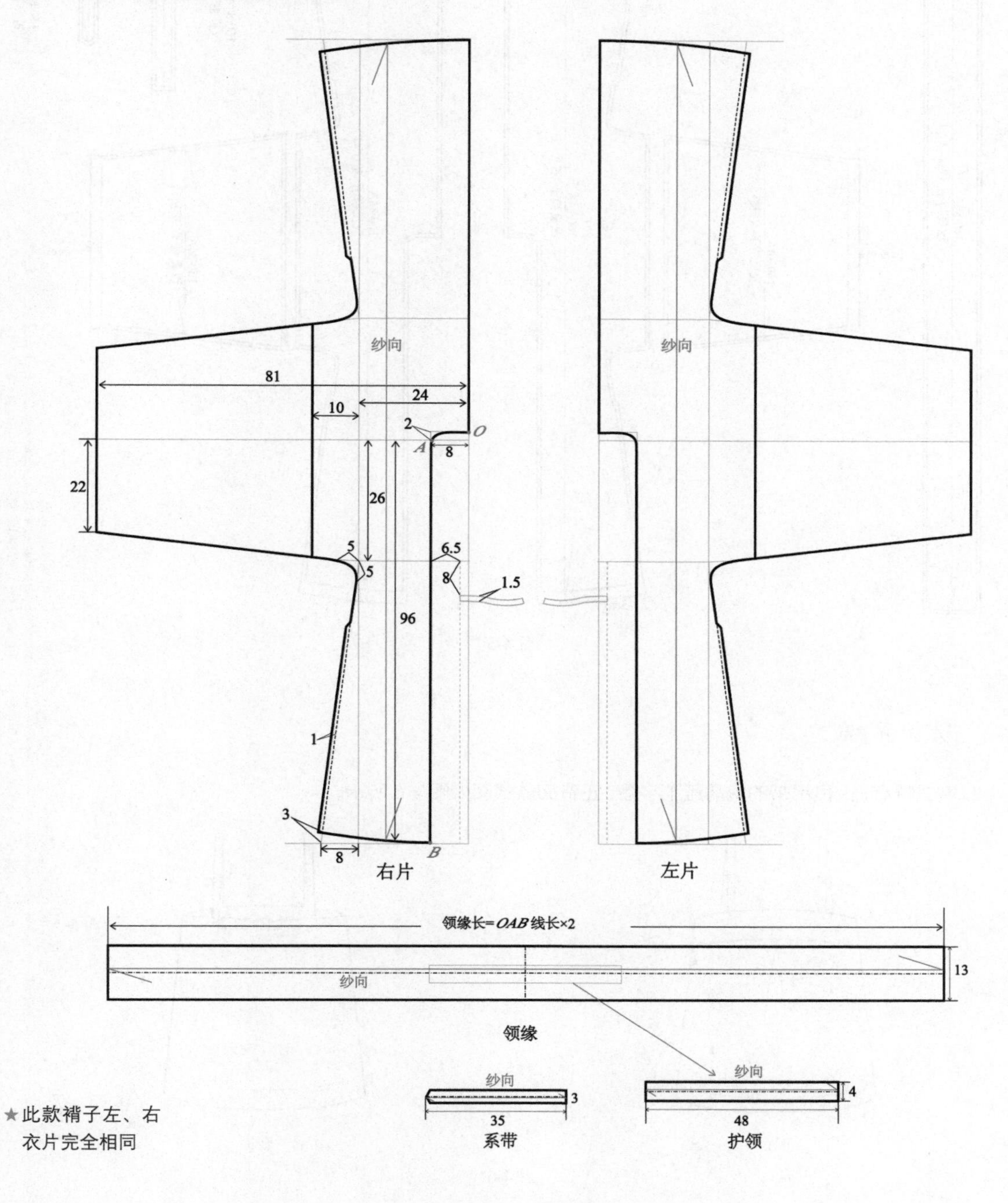

图 4-4

4. 裁剪图：在版型（净样）的基础上加放缝量，下摆、袖口放缝量为 3cm，其余放缝量都是 1cm，如图 4-5 所示。

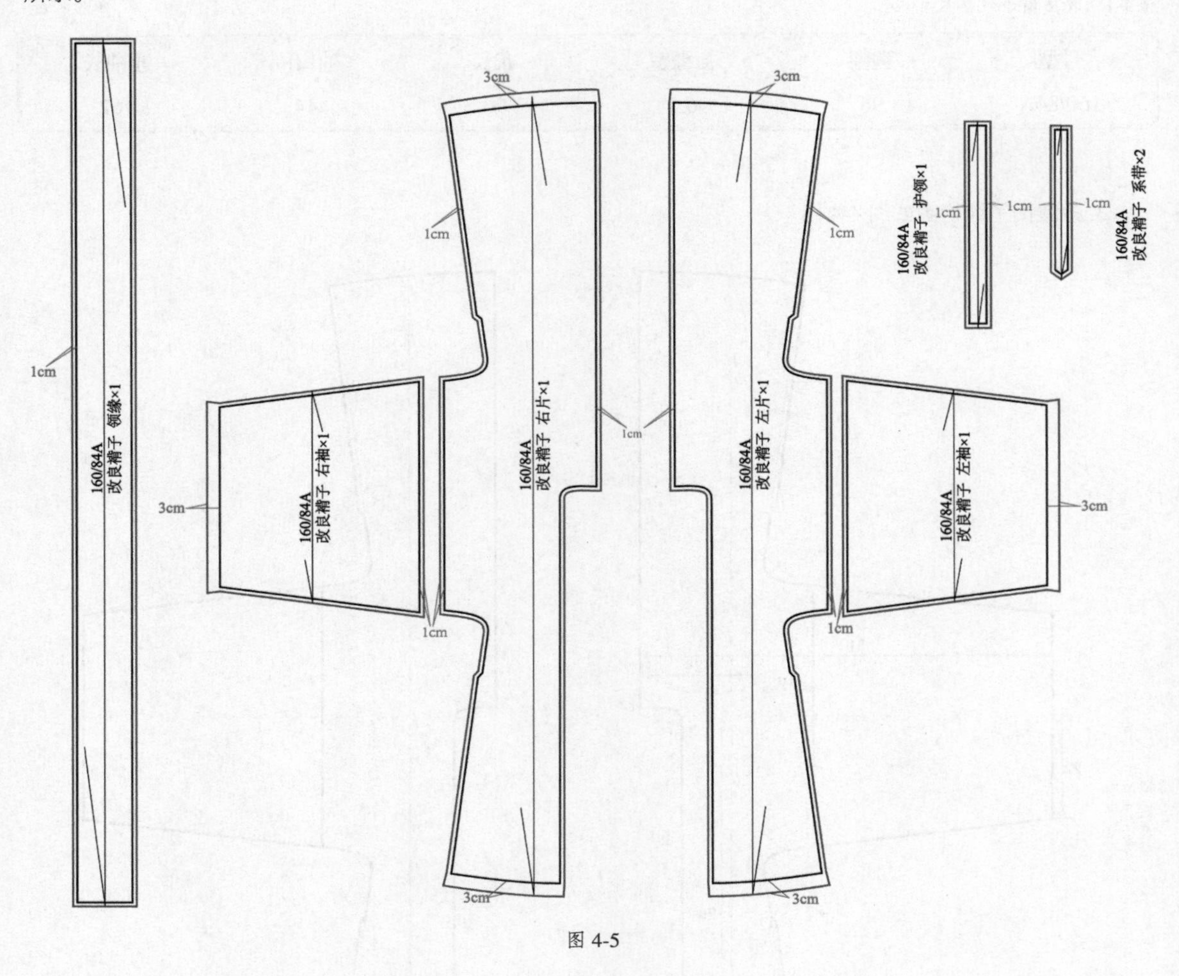

图 4-5

二、改良吊带

1. 款式特点：改良吊带的胸前压工字褶，正背面款式图如图 4-6 所示。

图 4-6

2. 改良吊带规格尺寸表如表 4-2 所示。

表4-2　改良吊带规格尺寸表　　单位：cm

号型	胸围	衣长	吊带长
160/84A	92	52	40

3. 改良吊带结构图如图 4-7 所示。

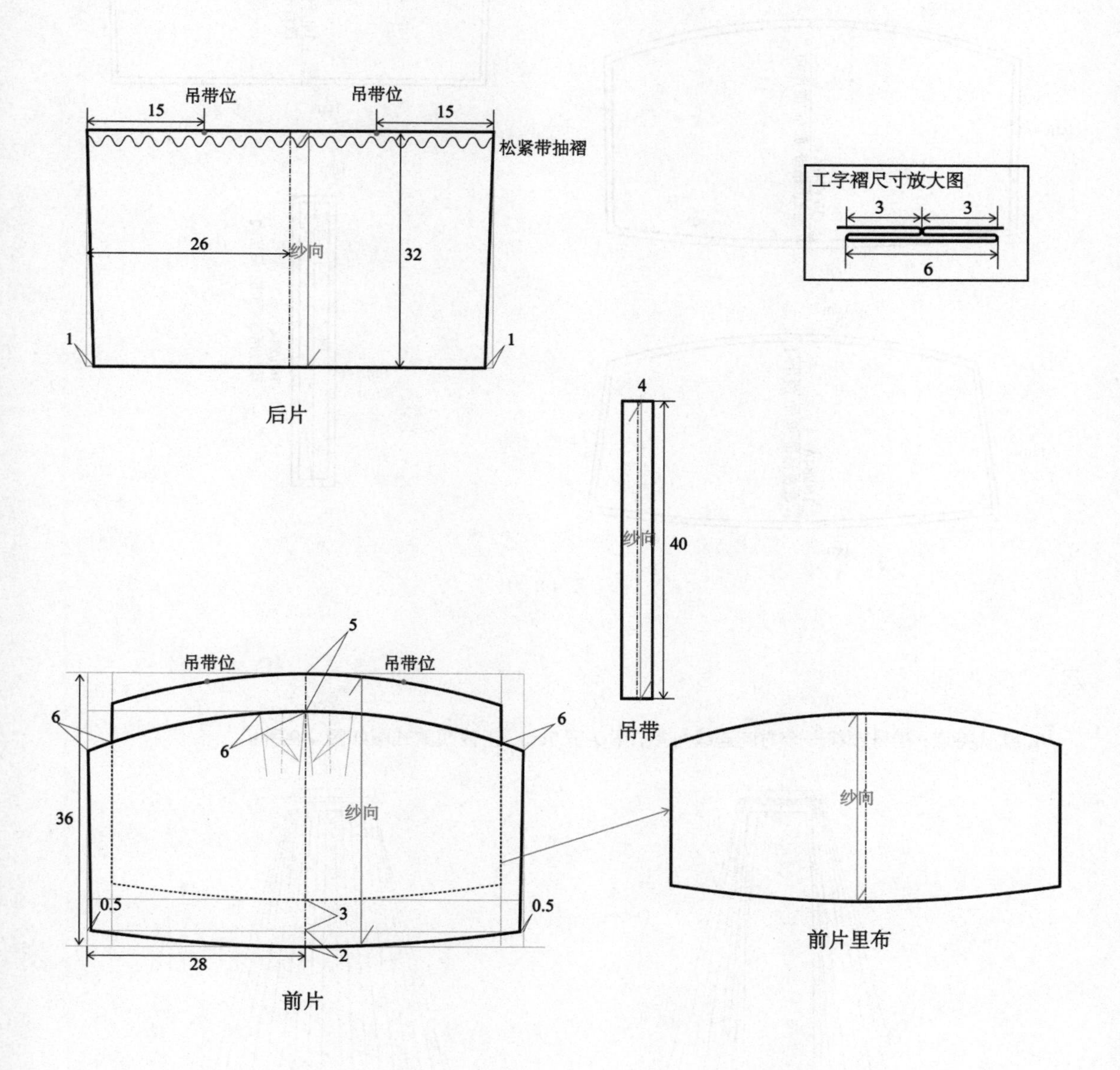

图 4-7

4. 裁剪图：在版型（净样）的基础上加放缝量，后片上方放缝量为 3cm，其余放缝量都是 1cm，如图 4-8 所示。

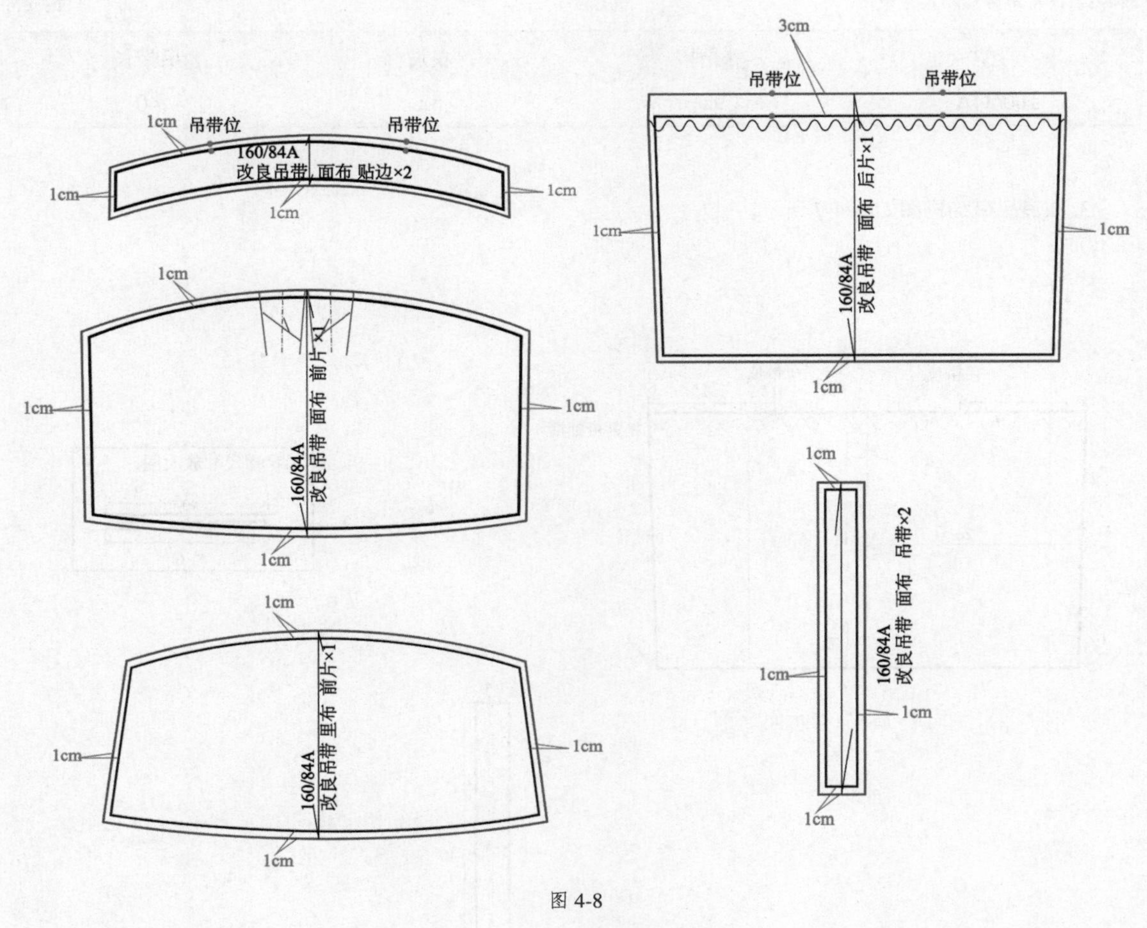

图 4-8

三、百迭裙

1. 款式特点：裙身顺着一个方向连续打褶，裙头宽 7cm，正背面款式图如图 4-9 所示。

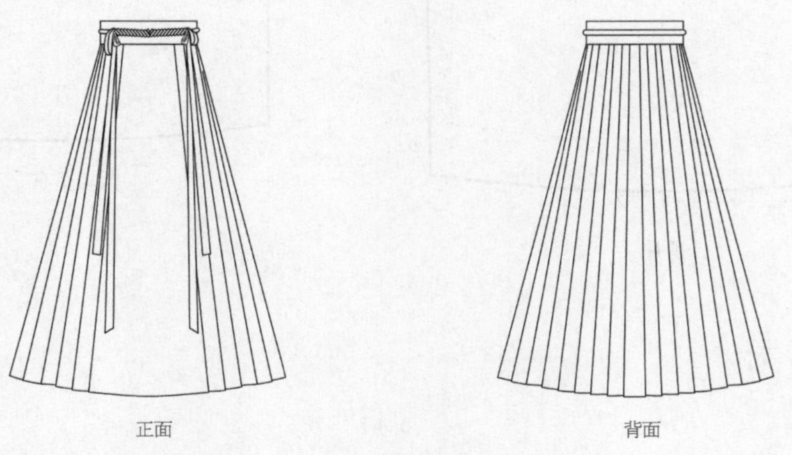

图 4-9

2. 百迭裙规格尺寸表如表 4-3 所示。

表4-3　百迭裙规格尺寸表　　单位：cm

号型	160/68A
裙长	96
裙头宽	7
裙头长	92
裙摆围	324
系带长	150

3. 百迭裙结构图：如图 4-10 所示。

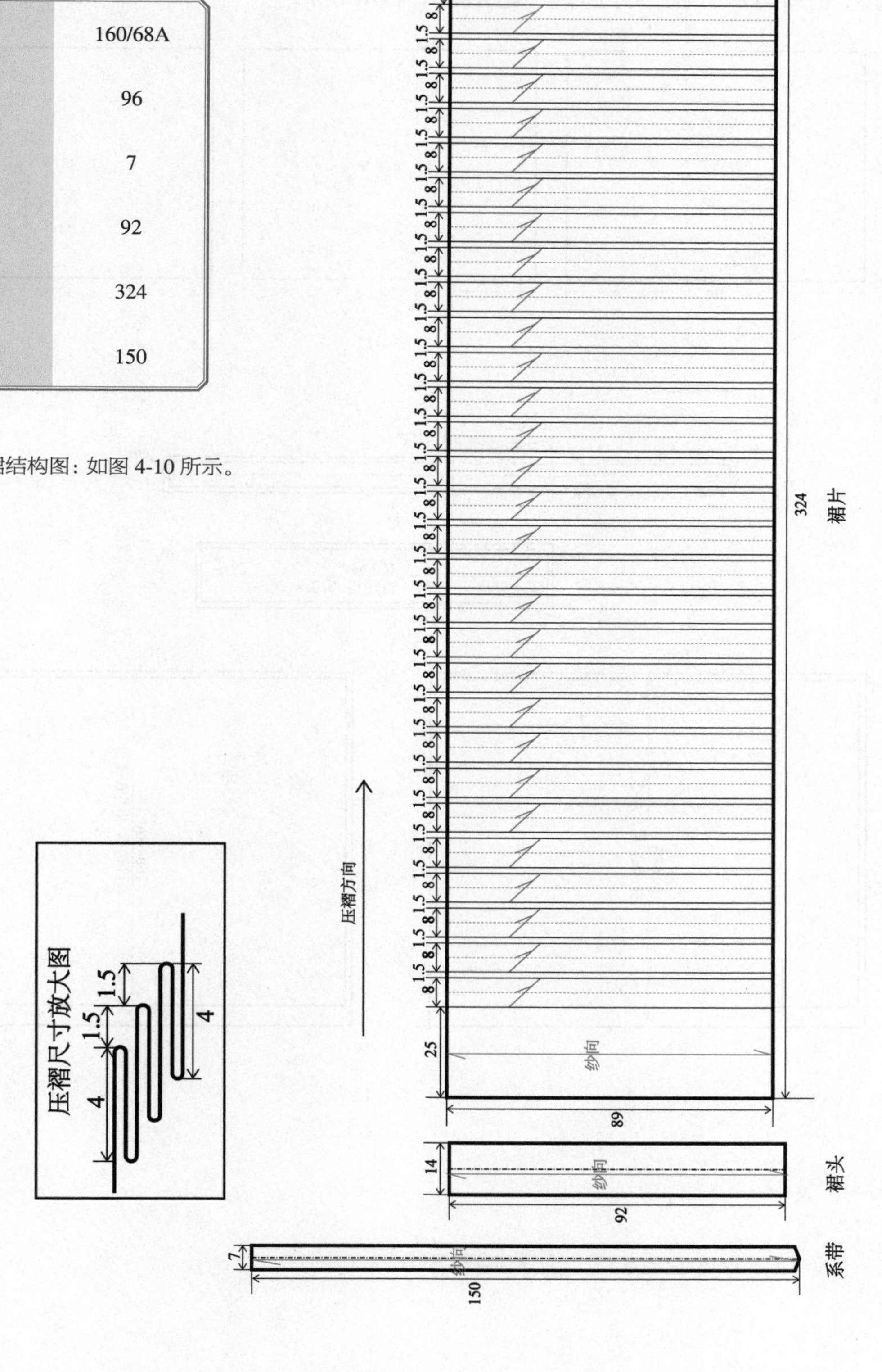

图 4-10

4. 裁剪图：因为一块面料的幅宽一般为 150cm，而裙片宽度为 324cm，所以此款百迭裙的裙片可以用 3 块面料拼接而成，如图 4-11 所示，裙片 A 和裙片 C 的大小完全相等；裙片裁剪图在版型（净样）的基础上加放缝量，下摆放缝量为 3cm，其余放缝量都是 1cm，如图 4-12 所示。

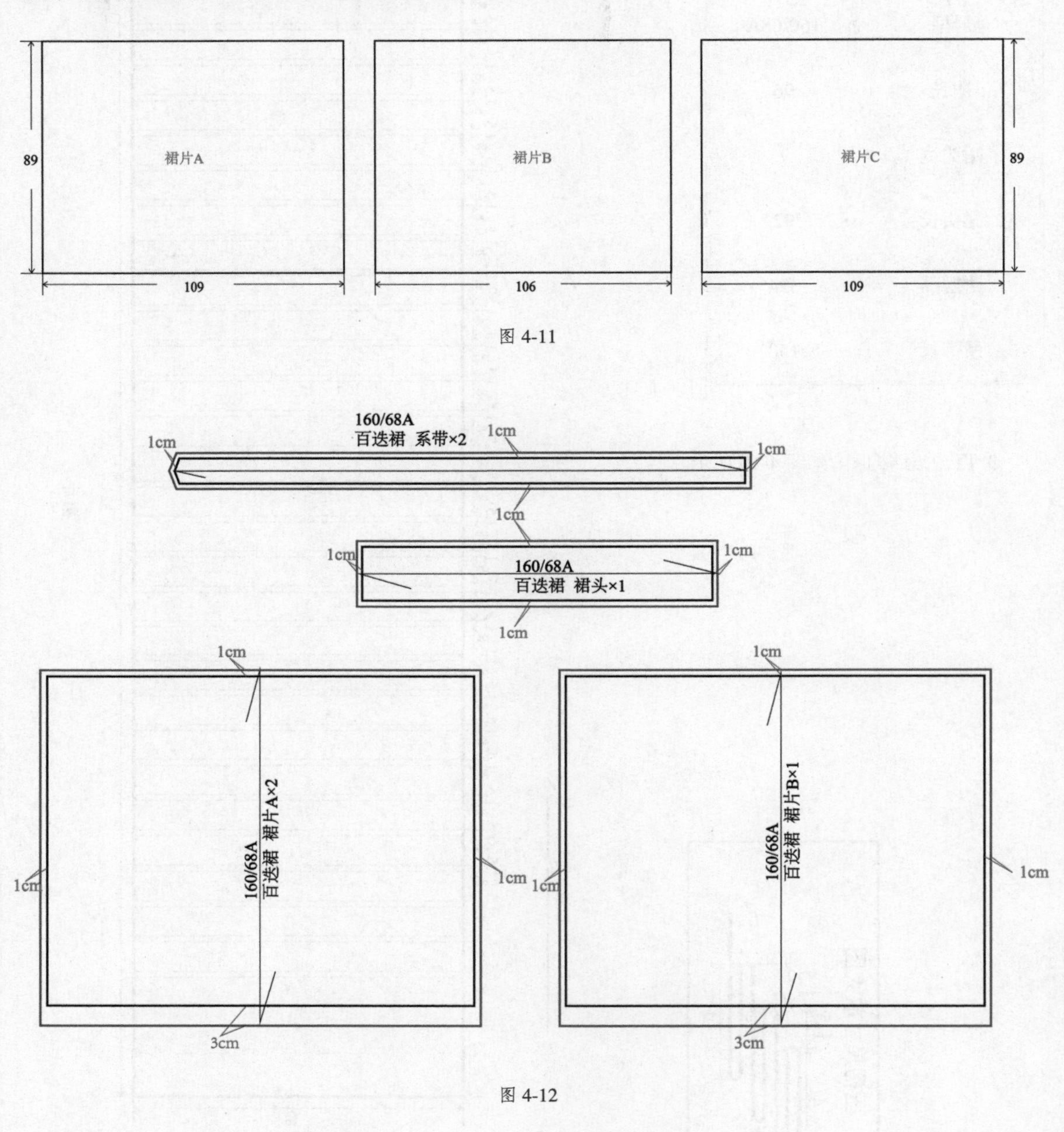

图 4-11

图 4-12

案例二　浮香吟

外衫为对襟大袖衫，带披帛，上装为对襟短衫，下裙为齐胸衫裙，成衣照片如图 4-13 所示。

图 4-13

一、对襟大袖衫

1. 款式特点：直领对襟，大袖，有披帛，正背面款式图如图 4-14 所示。

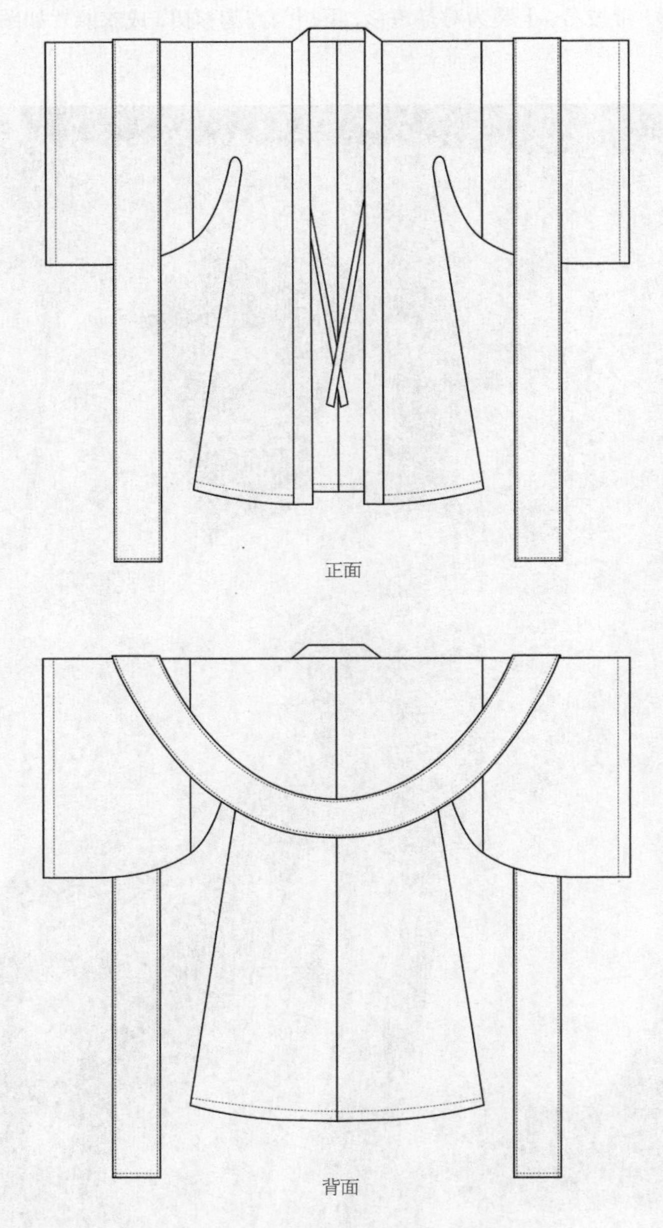

图 4-14

2. 对襟大袖衫规格尺寸表如表 4-4 所示。

表4-4 对襟大袖衫规格尺寸表 单位：cm

号型	胸围	领缘宽	衣长	袖口围	通袖长	披帛长	披帛宽
160/84A	106	5.5	103	134	200	300	45

3. 对襟大袖衫结构图如图 4-15 所示。

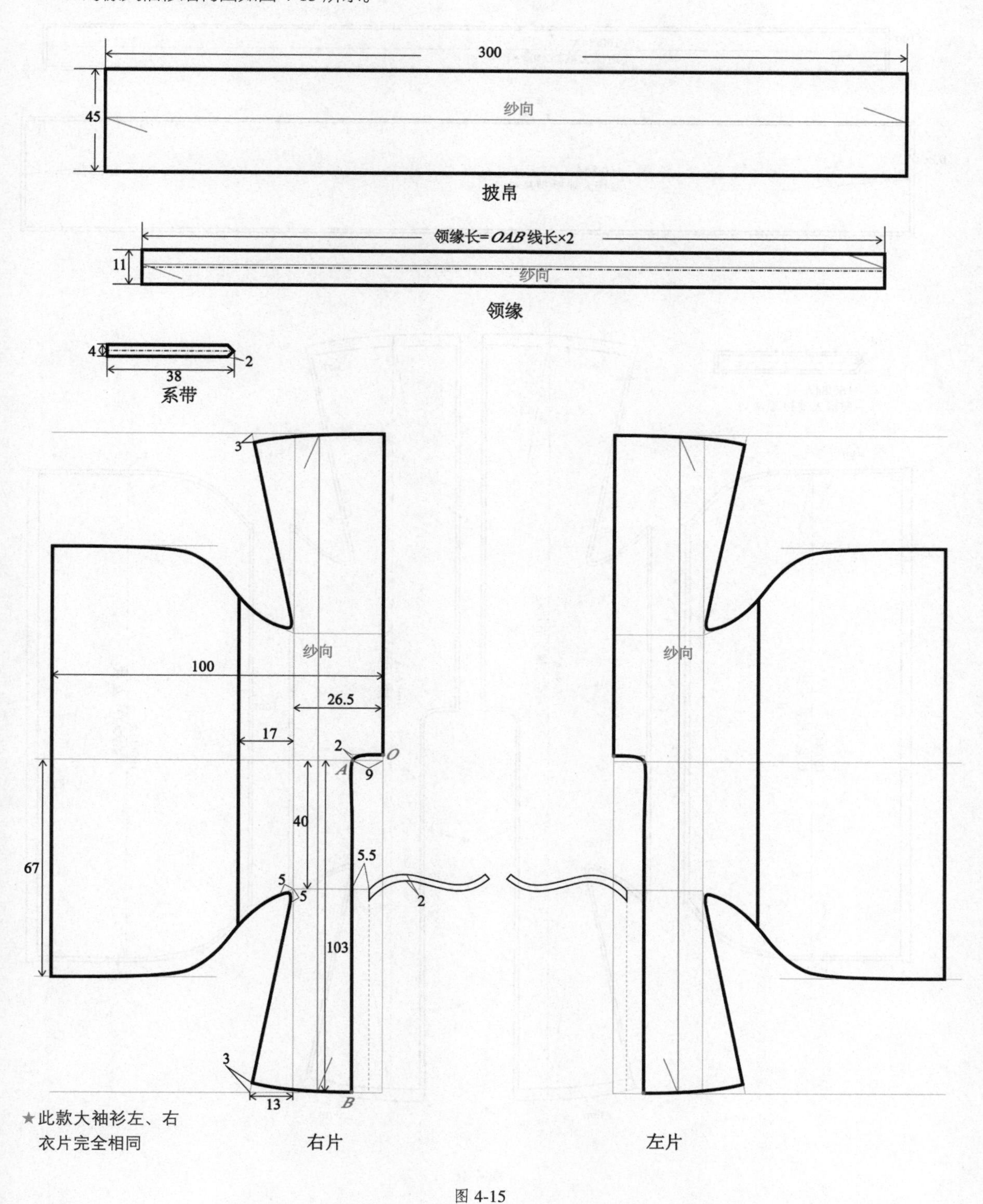

图 4-15

4. 裁剪图：在版型（净样）的基础上加放缝量，下摆、袖口放缝量为 3cm，披帛放缝量为 0.8cm，其余放缝量都是 1cm，如图 4-16 所示。

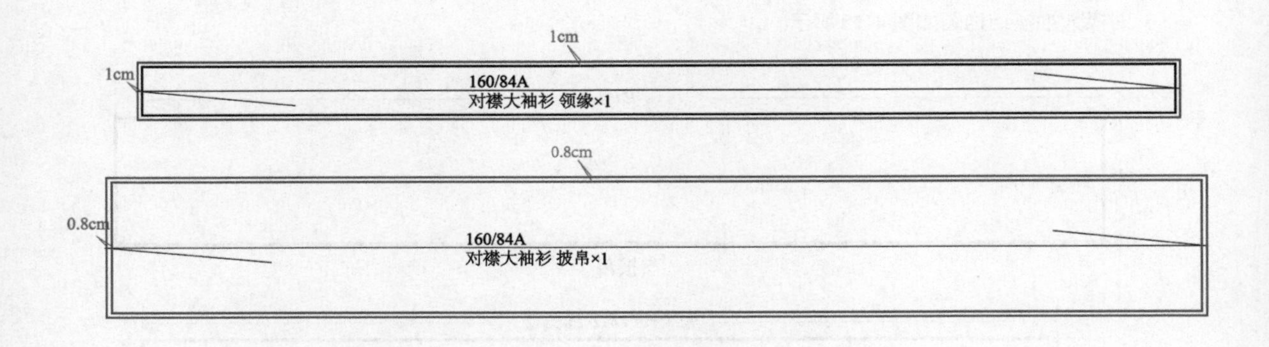

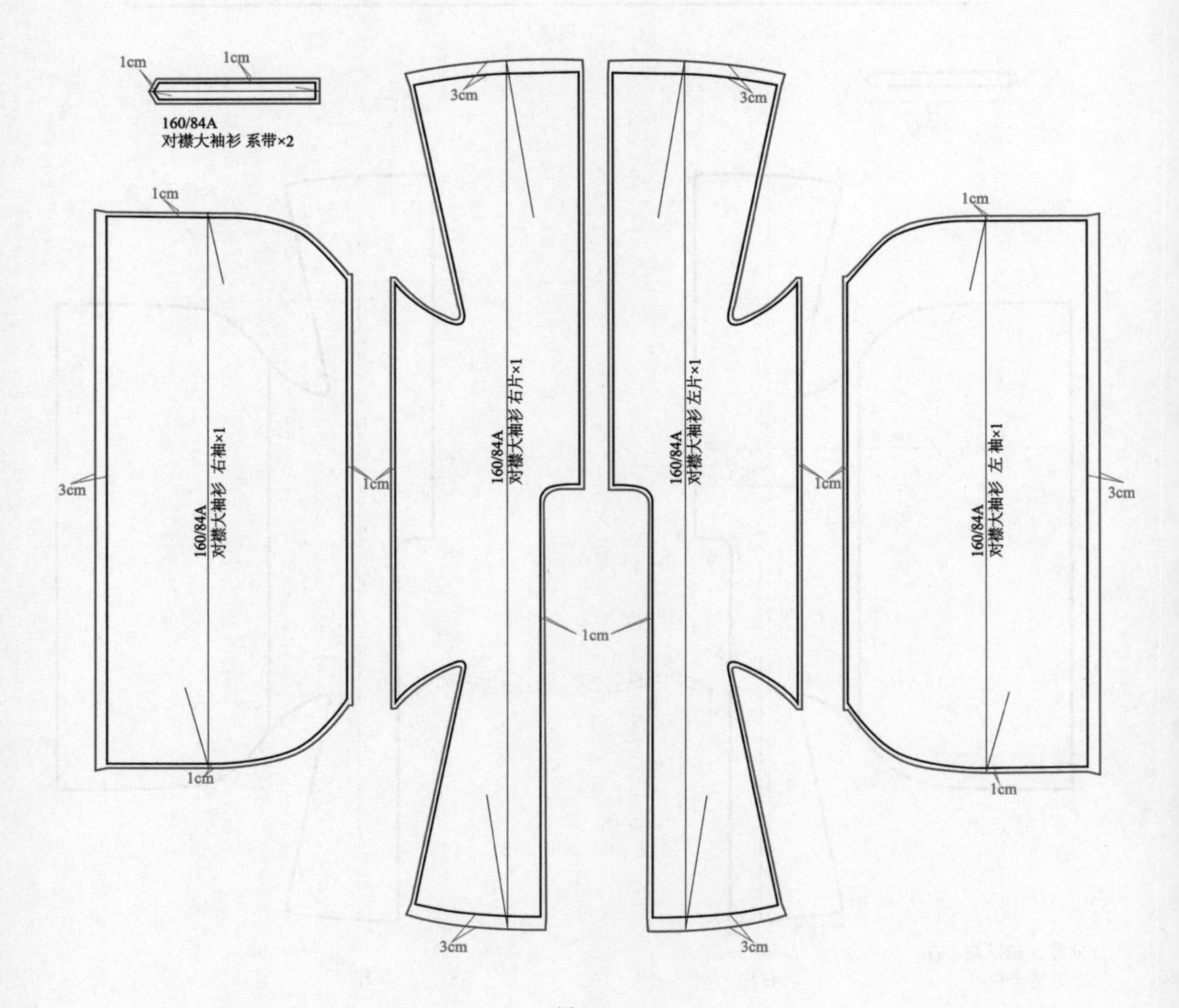

图 4-16

二、对襟短衫

1. 款式特点：直领对襟，短上衫，正背面款式图如图 4-17 所示。

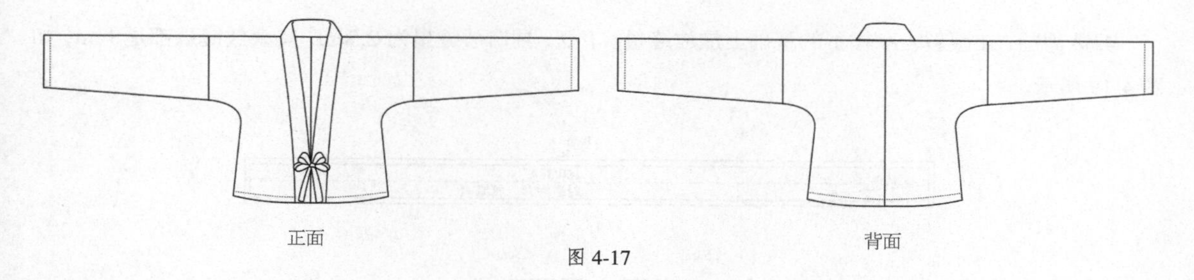

图 4-17

2. 对襟短衫规格尺寸表如表 4-5 所示。

表4-5　对襟短衫规格尺寸表　　单位：cm

号型	胸围	领缘宽	衣长	袖口围	通袖长
160/84A	92	3	50	40	155

3. 对襟短衫结构图如图 4-18 所示。

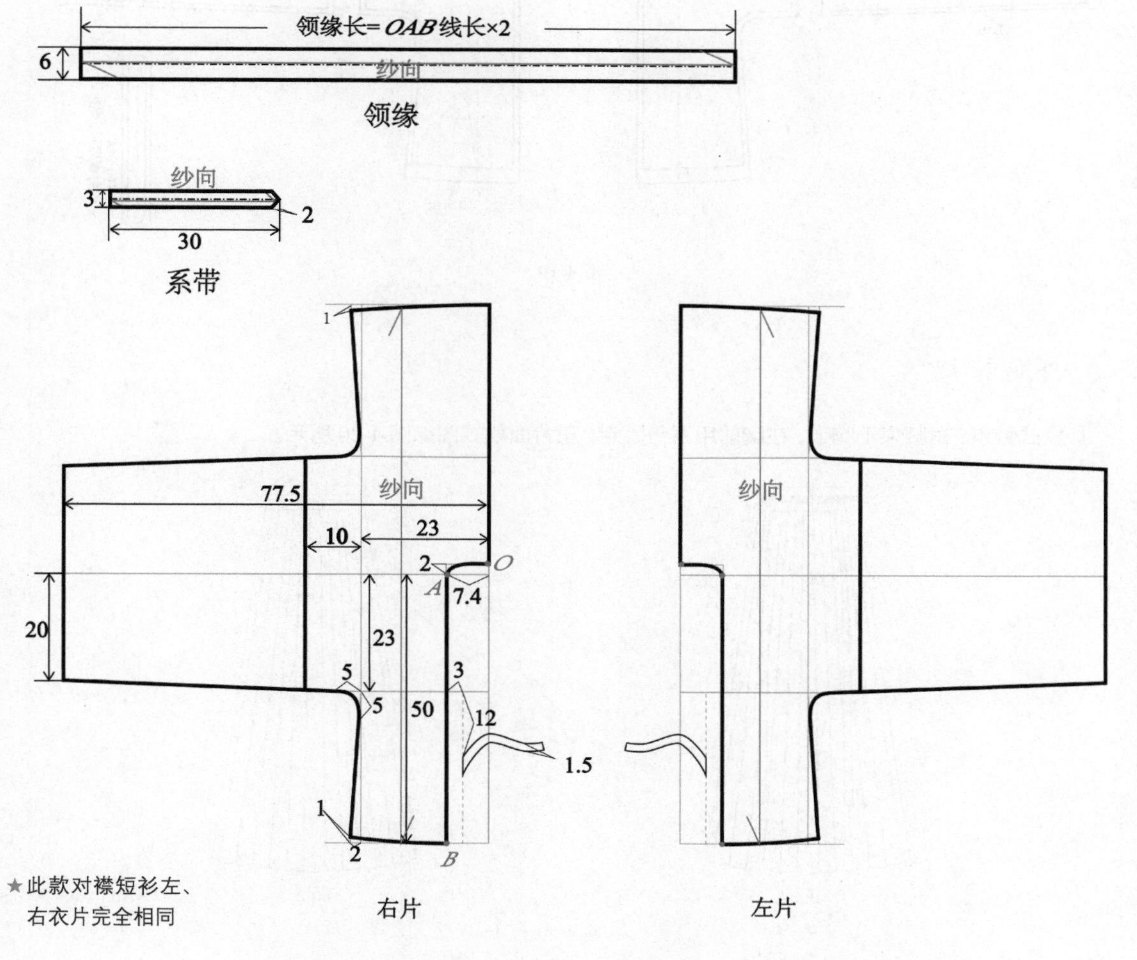

图 4-18

4. 裁剪图：在版型（净样）的基础上加放缝量，下摆、袖口放缝量为 2.5cm，其余放缝量都是 1cm，如图 4-19 所示。

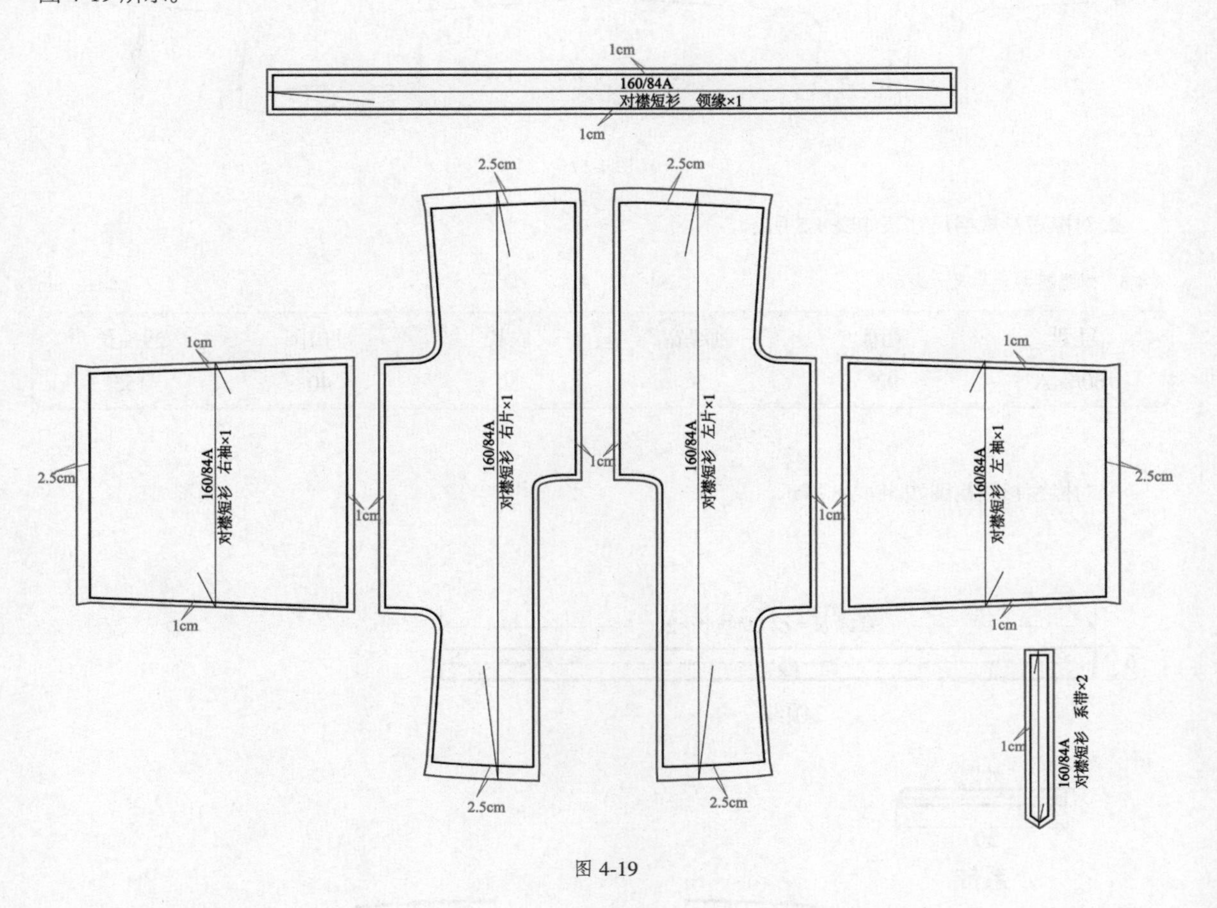

图 4-19

三、齐胸衫裙

1. 款式特点：裙腰束于胸上，在胸前用系带固定，正背面款式图如图 4-20 所示。

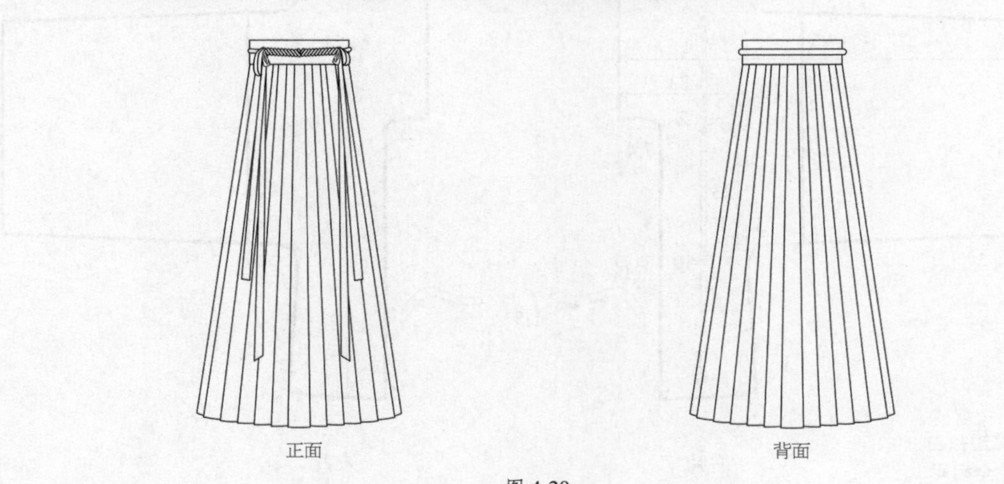

图 4-20

2. 齐胸衫裙规格尺寸表如表4-6所示。

表4-6　齐胸衫裙规格尺寸表　　单位：cm

号型	160/68A
裙长	120
裙头宽	8
裙头长	110
裙摆围	670
系带长	180

3. 齐胸衫裙结构图如图 4-21 所示。

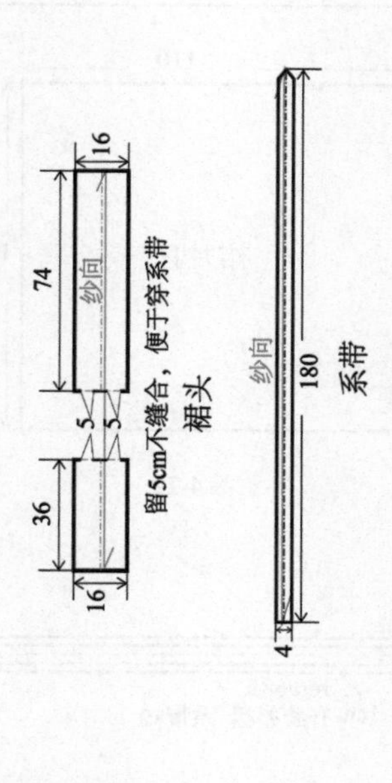

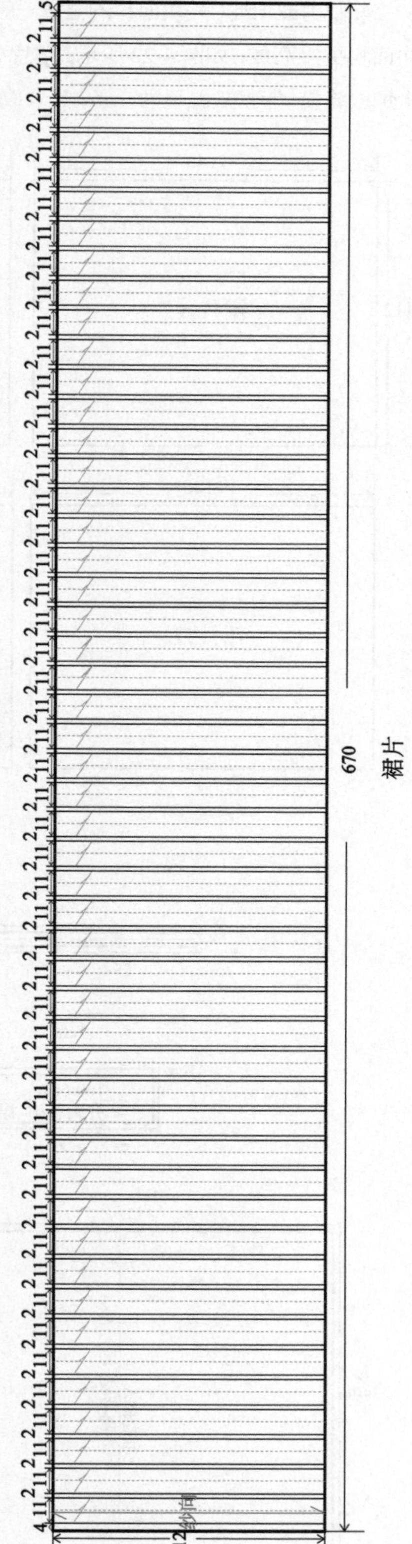

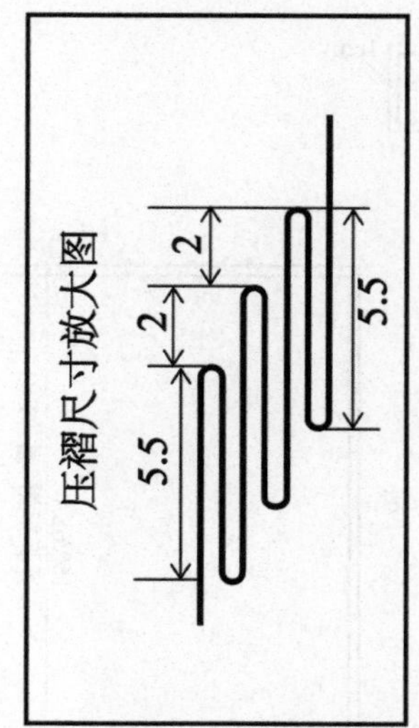

图 4-21

4. 裁剪图：因为一块面料的幅宽一般为 150cm，而裙片宽度为 670cm，所以此款齐胸衫裙的裙片可以用 5 块面料拼接而成，如图 4-22 所示，裙片 A、B、C 和 D 的大小完全相等；裙片裁剪图在版型（净样）的基础上加放缝量，下摆放缝量为 3cm，其余放缝量都是 1cm，如图 4-23 所示。

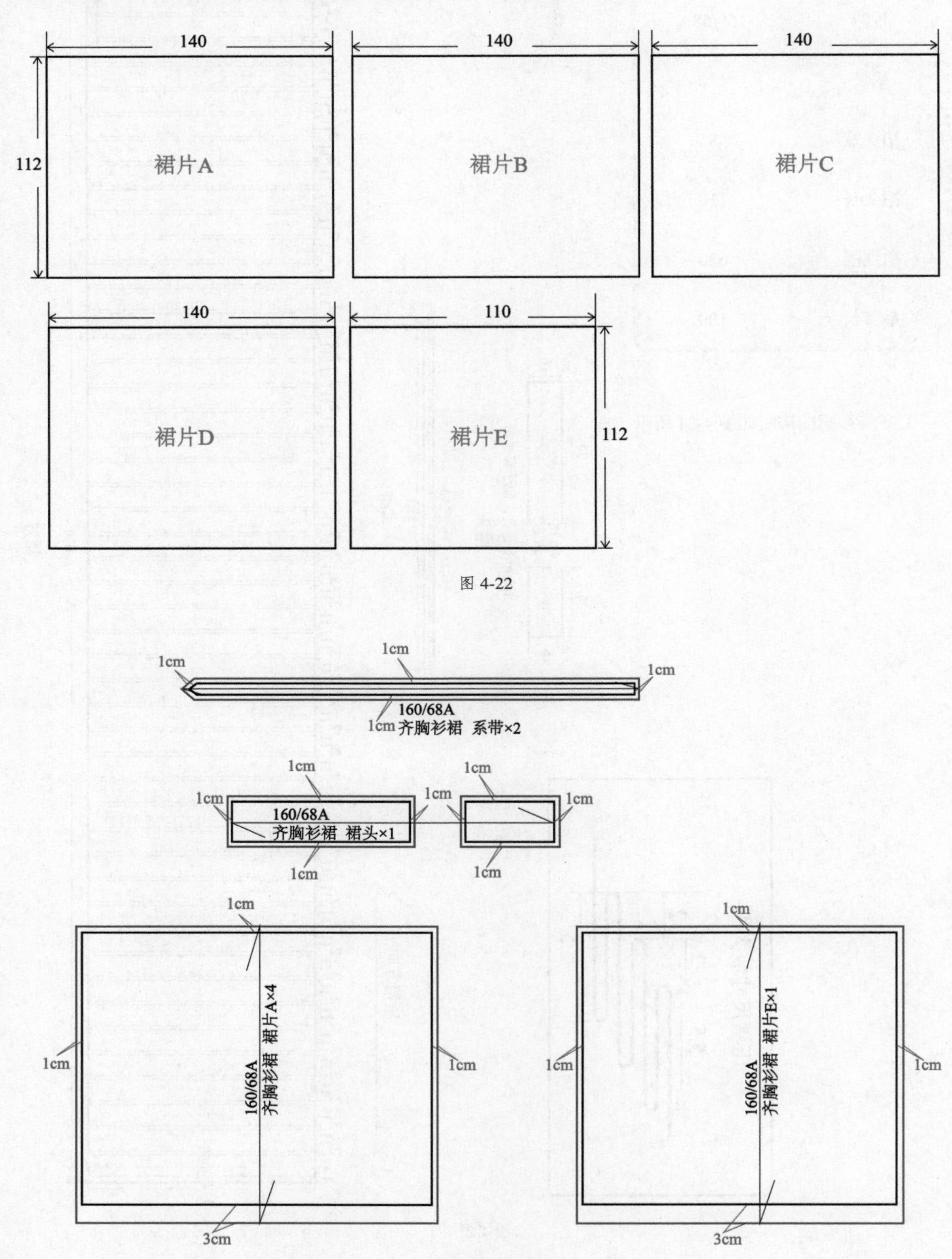

图 4-22

图 4-23

案例三　长安意

外衫为坦领对襟半臂，内搭为坦领上衣，下裙为十二破裙，成衣照片如图 4-24 所示，设计灵感和设计图如图 4-25 所示。

图 4-24

图 4-25

一、坦领对襟半臂

1. 款式特点：U 形领，对襟半袖，领口及门襟滚边，正背面款式图如图 4-26 所示。

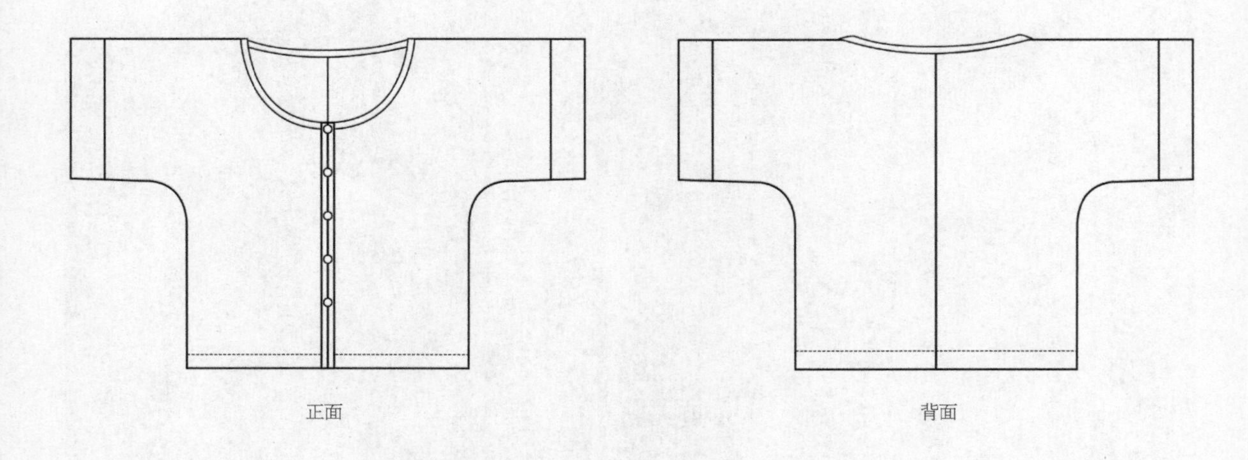

图 4-26

2. 坦领对襟半臂规格尺寸表如表 4-7 所示。

表4-7　坦领对襟半臂规格尺寸表

单位：cm

号型	胸围	衣长	袖口围	通袖长
160/84A	96	52	48	72

3. 坦领对襟半臂结构图如图 4-27 所示。

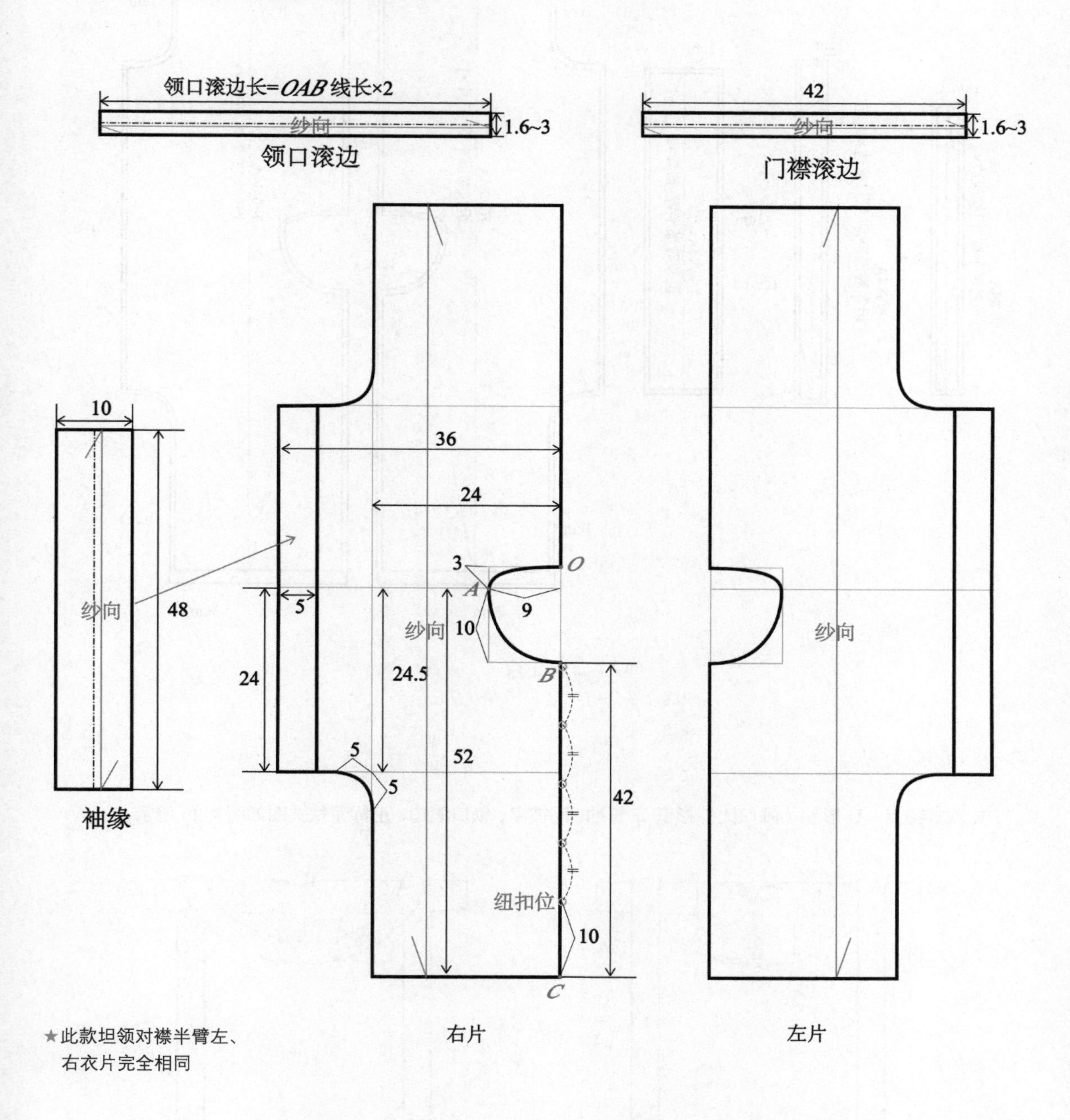

图 4-27

4. 裁剪图：在版型（净样）的基础上加放缝量，下摆放缝量为 3cm，其余放缝量都是 1cm，如图 4-28 所示。

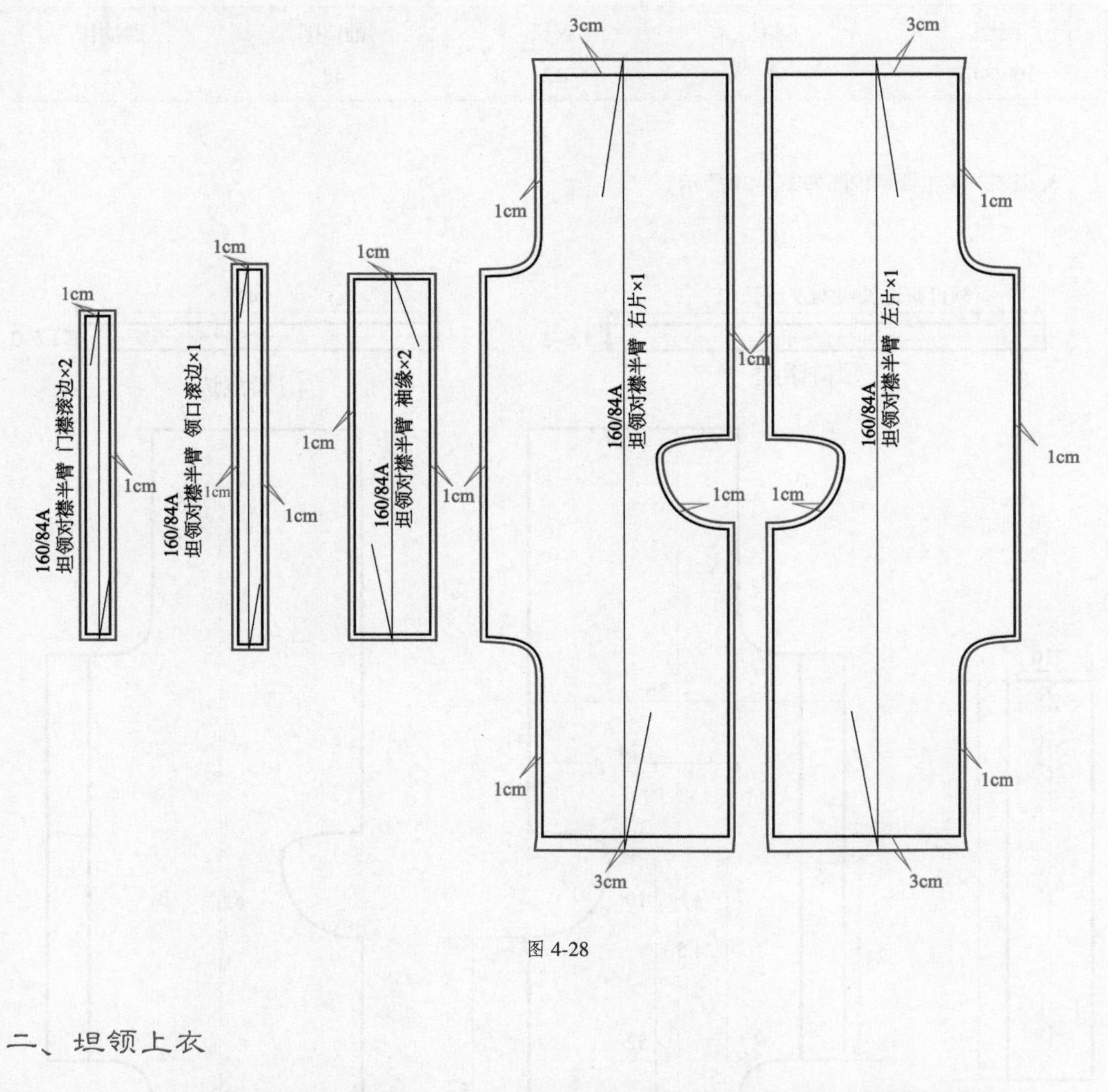

图 4-28

二、坦领上衣

1. 款式特点：U 形领（领口比外衫低），长袖，配披帛，领口滚边，正背面款式图如图 4-29 所示。

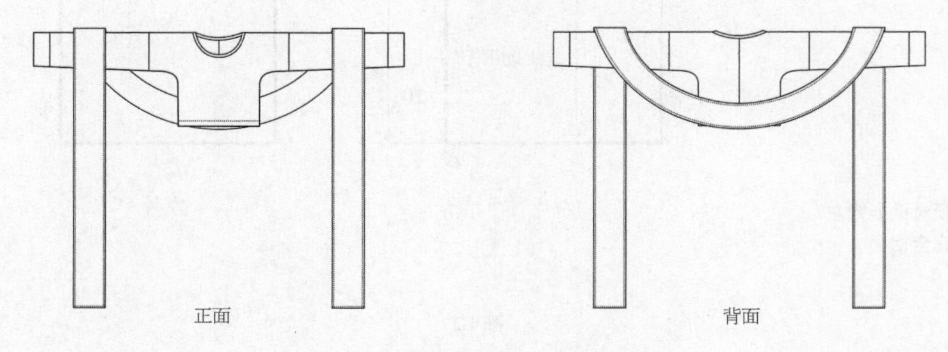

图 4-29

2. 坦领上衣规格尺寸表如表 4-8 所示。

表4-8　坦领上衣规格尺寸表

单位：cm

号型	胸围	衣长	袖口围	通袖长	披帛长	披帛宽
160/84A	94	50	42	172	300	45

3. 坦领上衣结构图如图 4-30 所示。

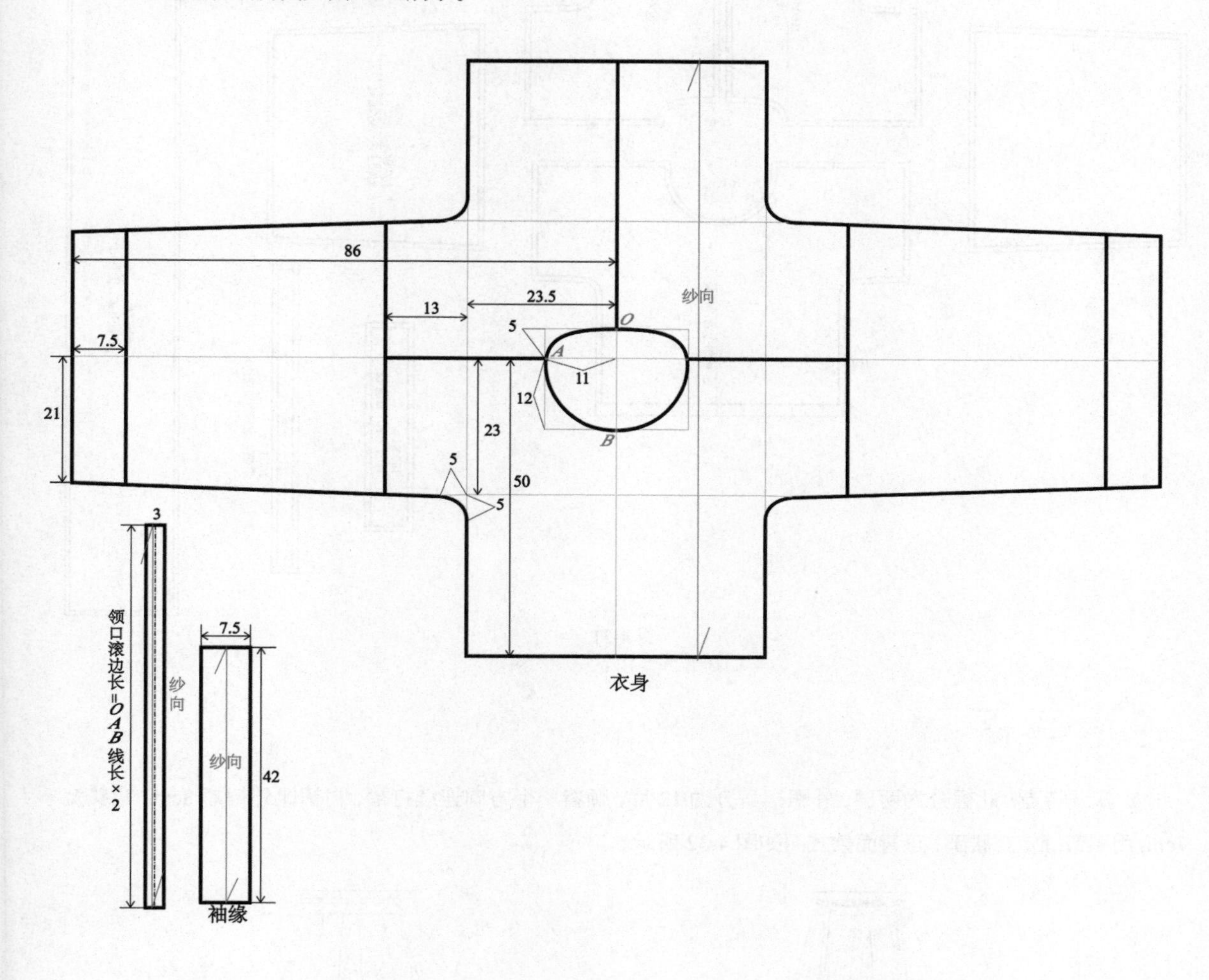

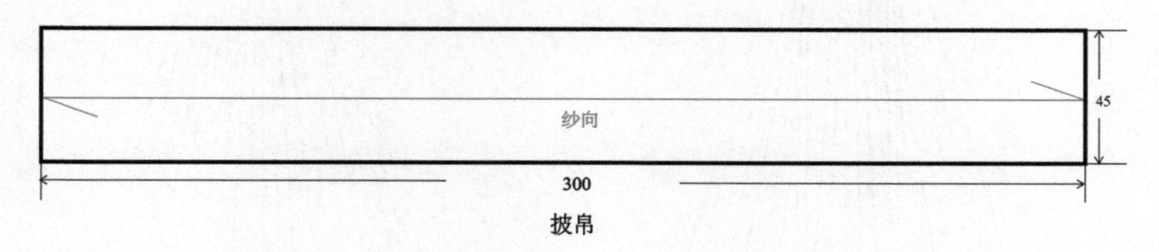

图 4-30

4. 裁剪图：在版型（净样）的基础上加放缝量，下摆放缝量为 3cm，披帛放缝量为 0.8cm，其余放缝量都是 1cm，如图 4-31 所示。

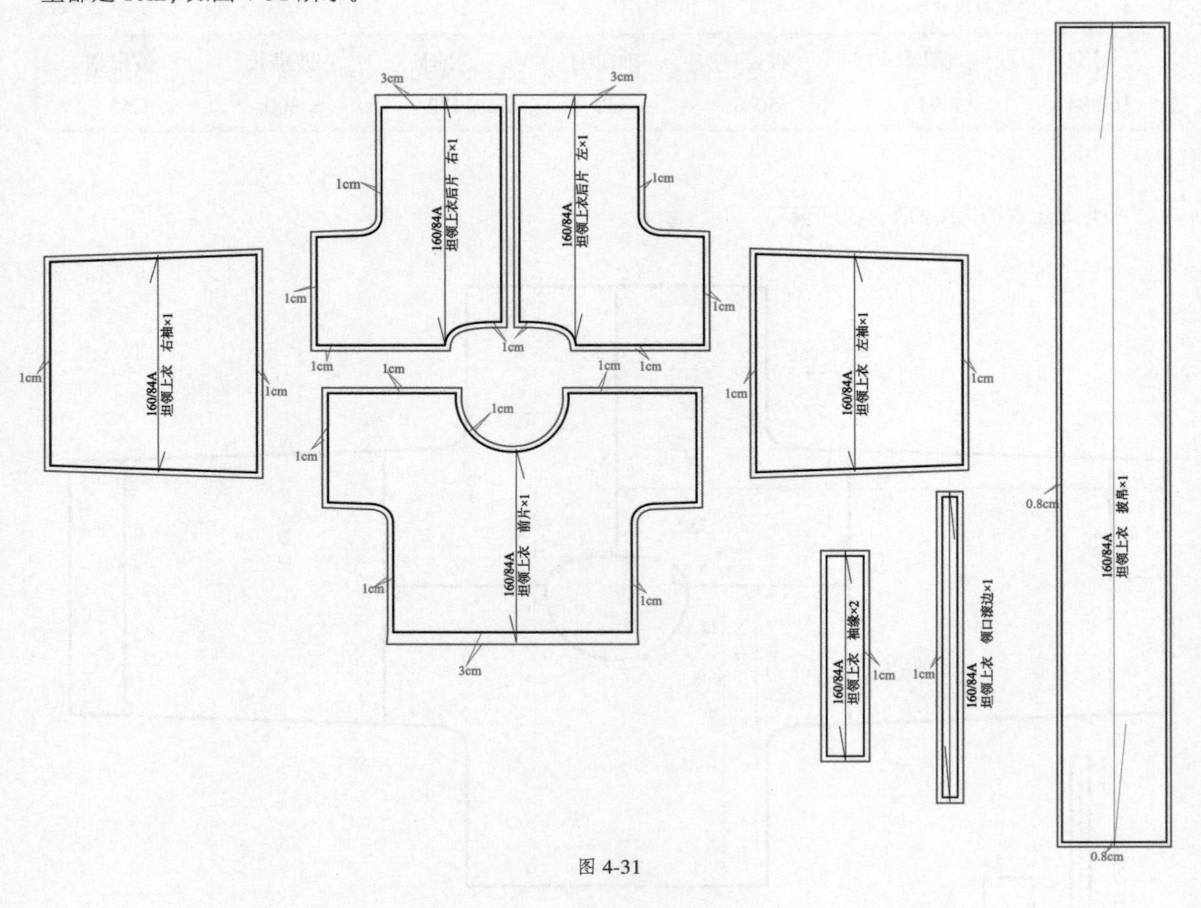

图 4-31

三、十二破裙

1. 款式特点：此裙分为两层，外裙裙身分为 12 片，顺着一个方向连续打褶，衬裙比外裙短 8cm，裙头宽 7cm, 用系带固定在腰部；正背面款式图如图 4-32 所示。

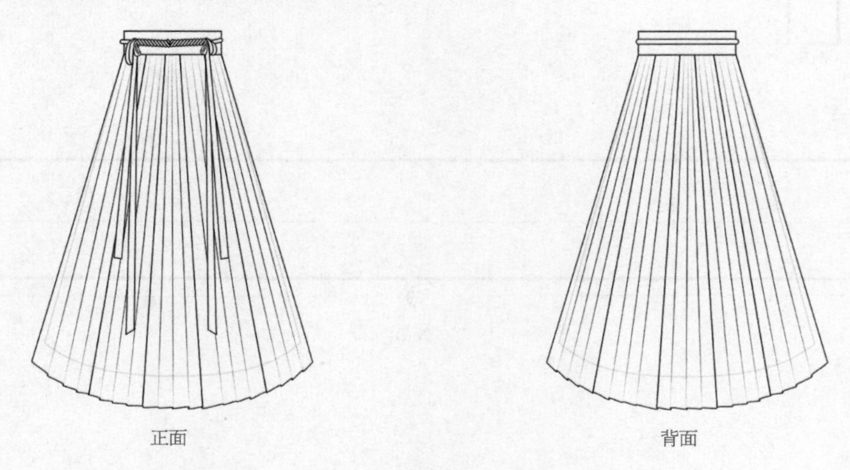

图 4-32

2. 十二破裙规格尺寸表如表 4-9 所示。

表4-9　十二破裙规格尺寸表　　　　单位：cm

号型	外裙长	衬裙长	裙头宽	裙头长	外裙摆围	衬裙摆围	系带长
160/68A	105	97	7	105	528	230	148

3. 十二破裙结构图如图 4-33 所示。

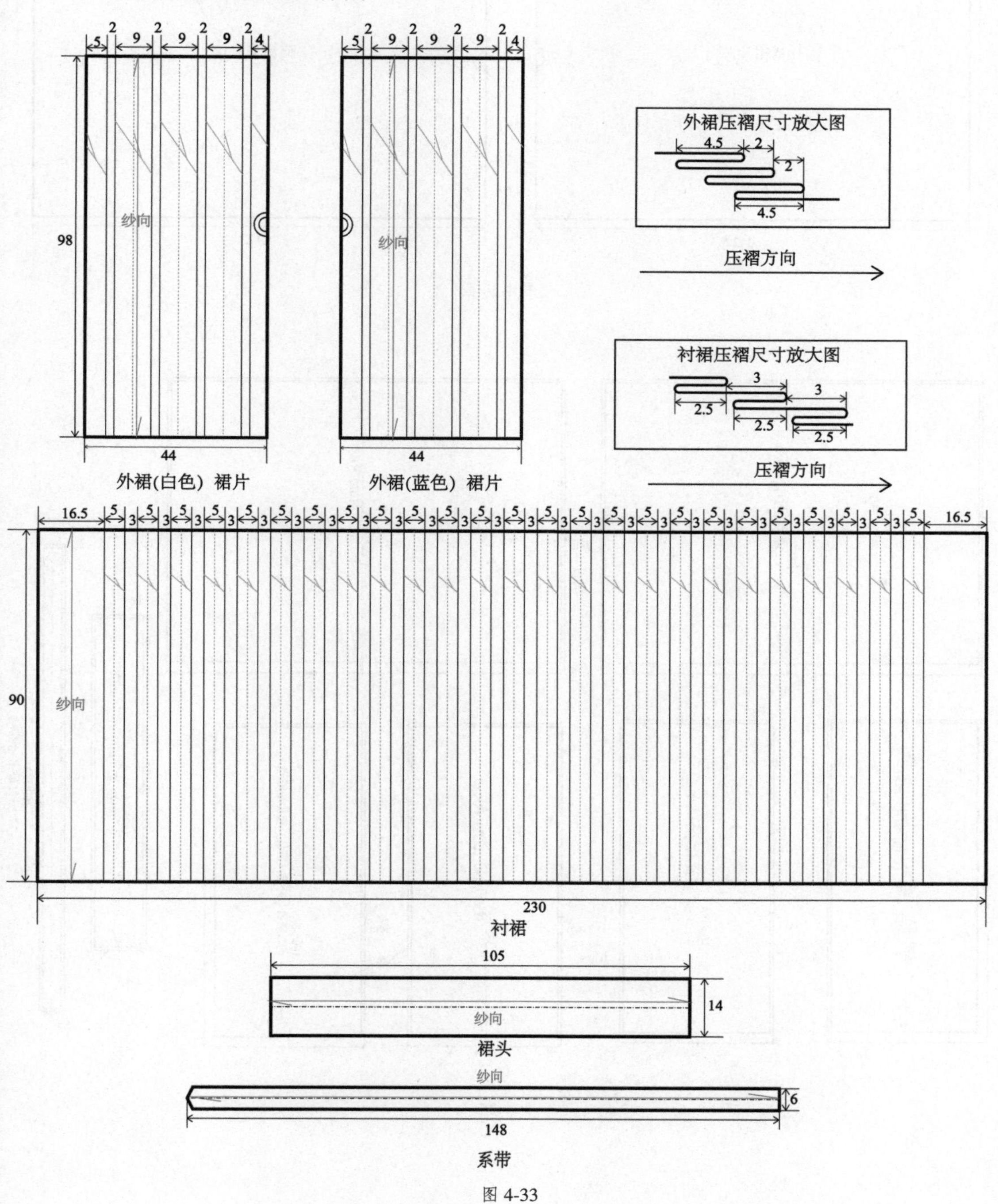

图 4-33

4. 裁剪图：因为一块面料的幅宽一般为 150cm，而衬裙裙片宽度为 230cm，所以此款衬裙的裙片可以用两块面料拼接而成，如图 4-34 所示；裙片裁剪图在版型（净样）的基础上加放缝量，下摆放缝量为 3cm，其余放缝量都是 1cm，如图 4-35 所示。

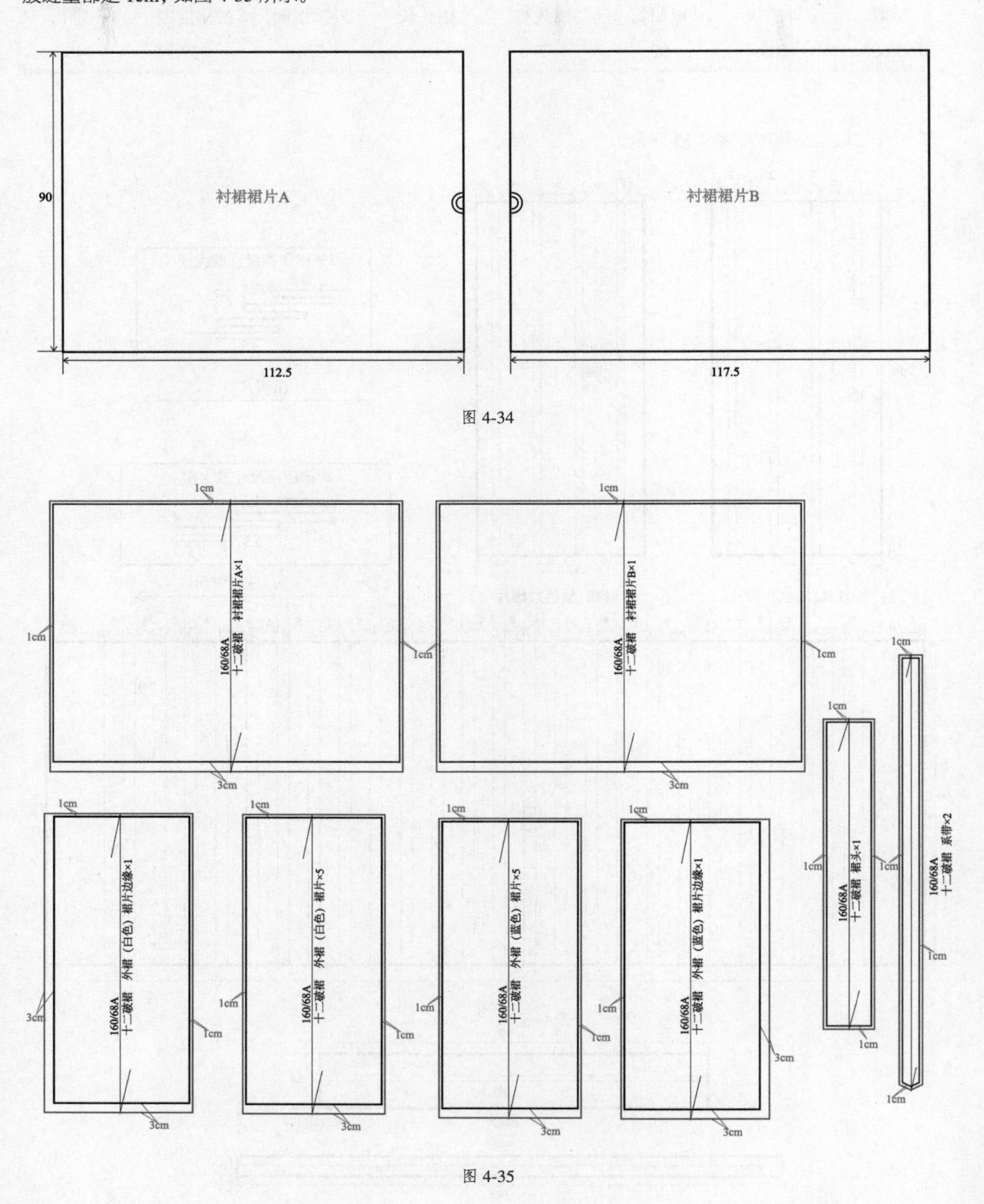

图 4-34

图 4-35

南山赋

上装为明制仿妆花上袄，下裙为马面裙，成衣照片如图 4-36 所示，设计灵感和设计图如图 4-37 所示。

图 4-36

图 4-37

一、明制仿妆花上袄

1. 款式特点：立领斜襟，大袖，下摆两侧开衩，正背面款式图如图 4-38 所示。

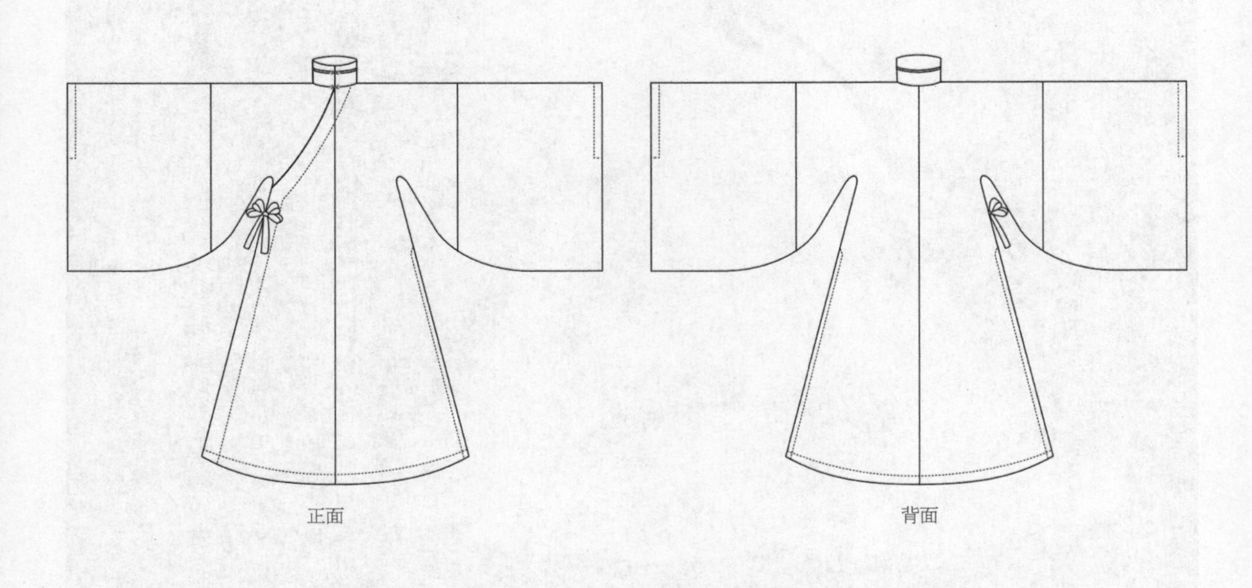

图 4-38

2. 明制仿妆花上袄规格尺寸表如表 4-10 所示。

表4-10　明制仿妆花上袄规格尺寸表

单位：cm

号型	胸围	立领高	衣长	袖口围	通袖长
160/84A	102	7	120	126	218

3. 明制仿妆花上袄结构图如图 4-39 所示。

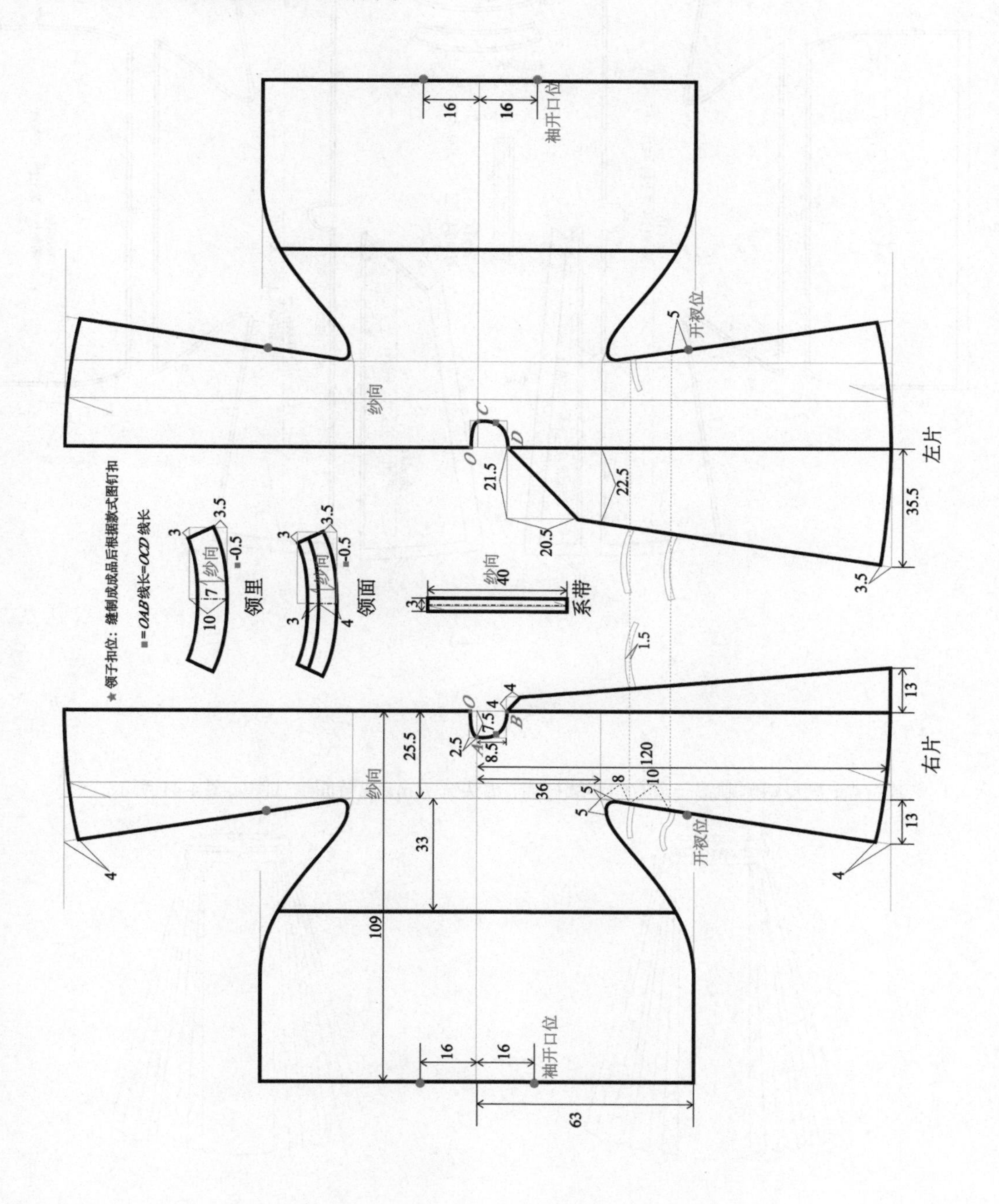

图 4-39

4. 裁剪图：在版型（净样）的基础上加放缝量，袖口及下摆放缝量为 3cm，内外襟斜襟放缝量为 4cm，其余放缝量都是 1cm，如图 4-40 所示。

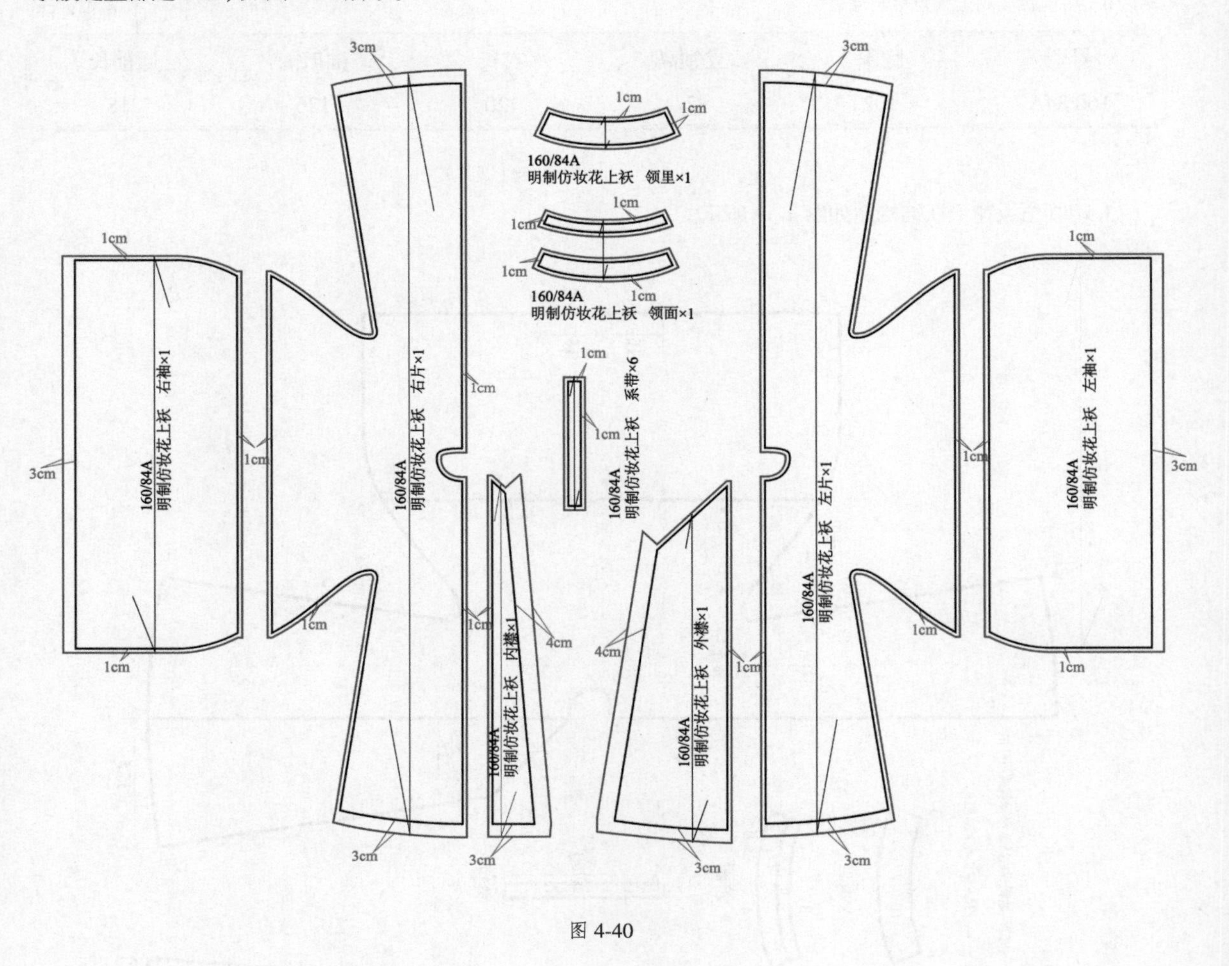

图 4-40

二、马面裙

1. 款式特点：裙身两侧顺着一个方向连续打褶，裙头宽 7cm，正背面款式图如图 4-41 所示。

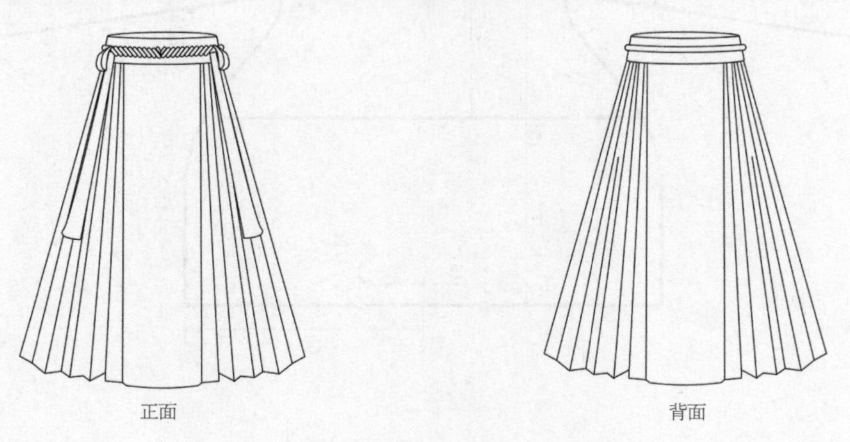

图 4-41

2. 马面裙规格尺寸表如表 4-11 所示。

表4-11　马面裙规格尺寸表　　单位：cm

号型	160/68A
裙长	95
裙头宽	7
裙头长	93
系带长	150

3. 马面裙结构图如图 4-42 所示。

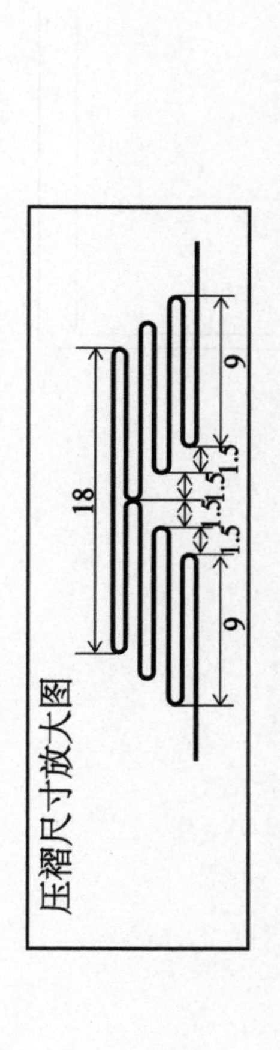

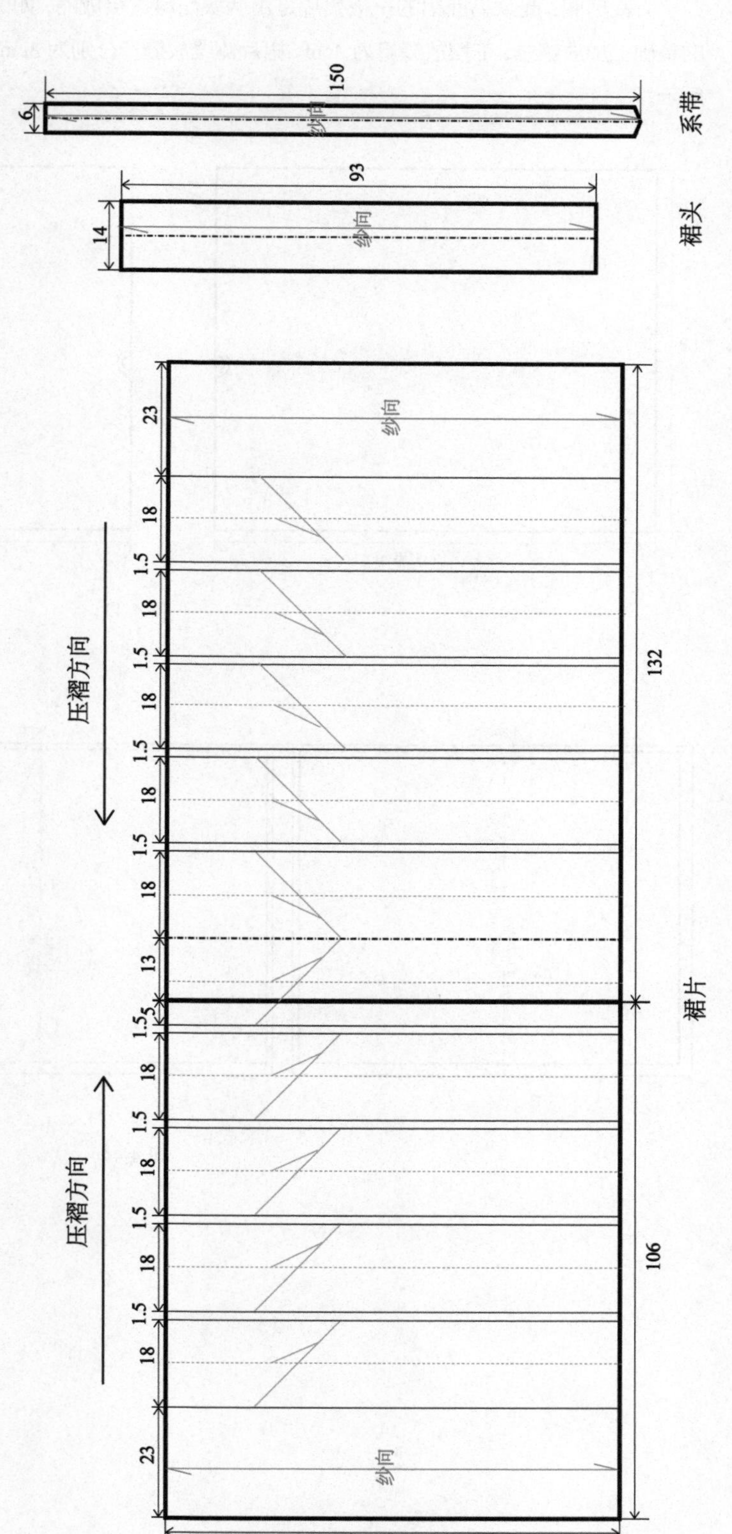

图 4-42

4. 裁剪图：此款马面裙的一个裙片是由两块面料拼接成的，如图 4-43 所示；裙片裁剪图在版型（净样）的基础上加放缝量，下摆放缝量为 3cm，裙片侧缝放缝量分别为 3cm 和 8cm，其余放缝量都是 1cm，如图 4-44 所示。

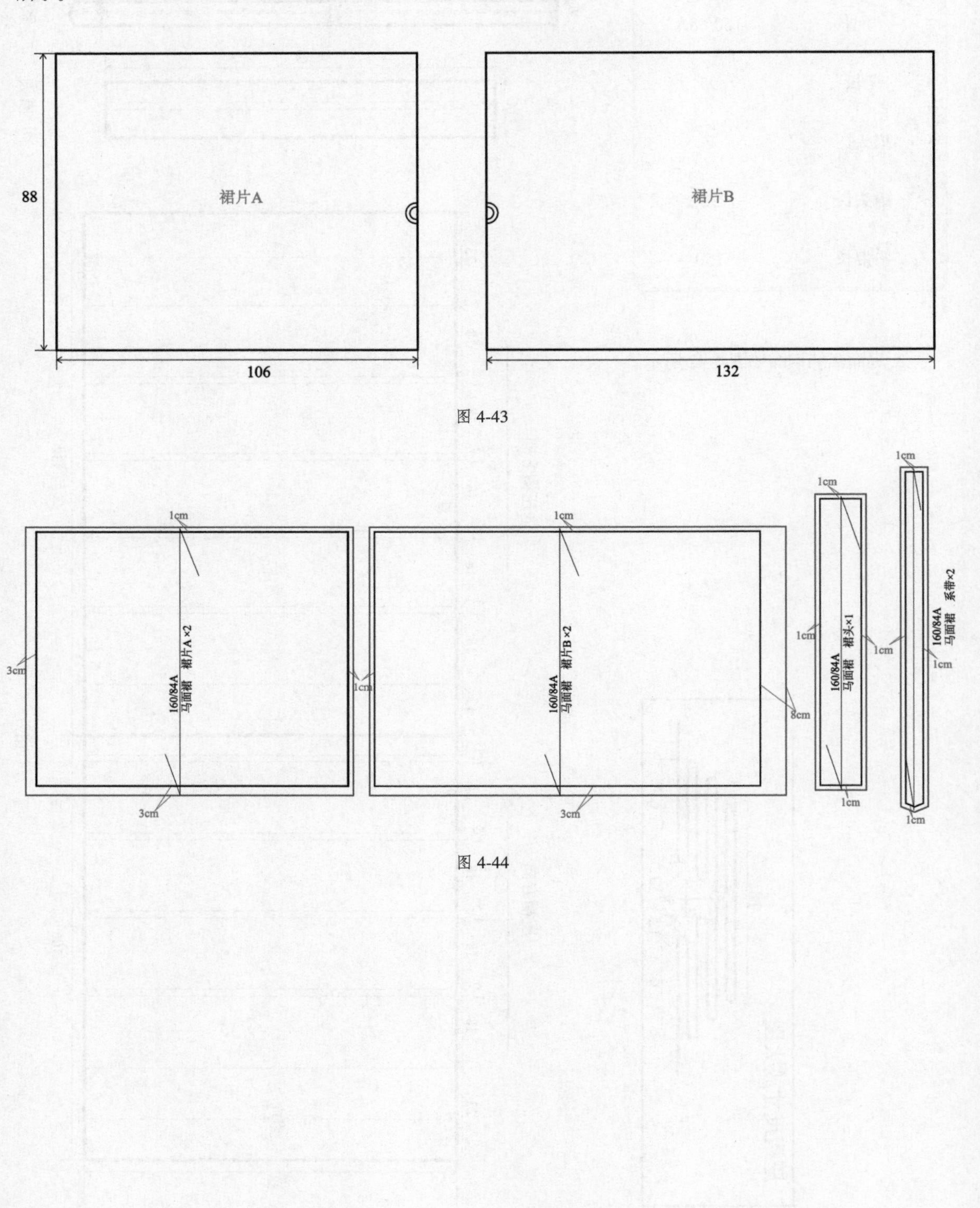

图 4-43

图 4-44

沈烟

上装为对襟短衫，下裙为齐胸衫裙，成衣照片如图 4-45 所示，设计灵感和设计图如图 4-46 所示。

图 4-45

图 4-46

一、对襟短衫

1. 款式特点：直领对襟，短上衫，配披帛，正背面款式图如图 4-47 所示。

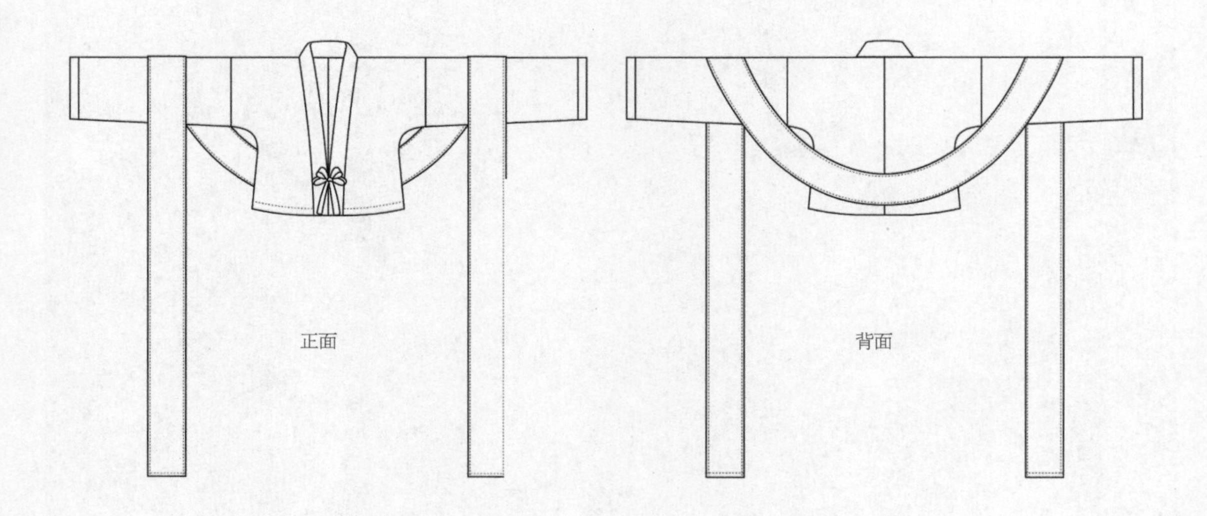

图 4-47

2. 对襟短衫规格尺寸表如表 4-12 所示。

表4-12　对襟短衫规格尺寸表

单位：cm

号型	胸围	领缘宽	衣长	袖口围	通袖长
160/68A	94	2.5	54	40	156

3. 对襟短衫结构图如图 4-48 所示。

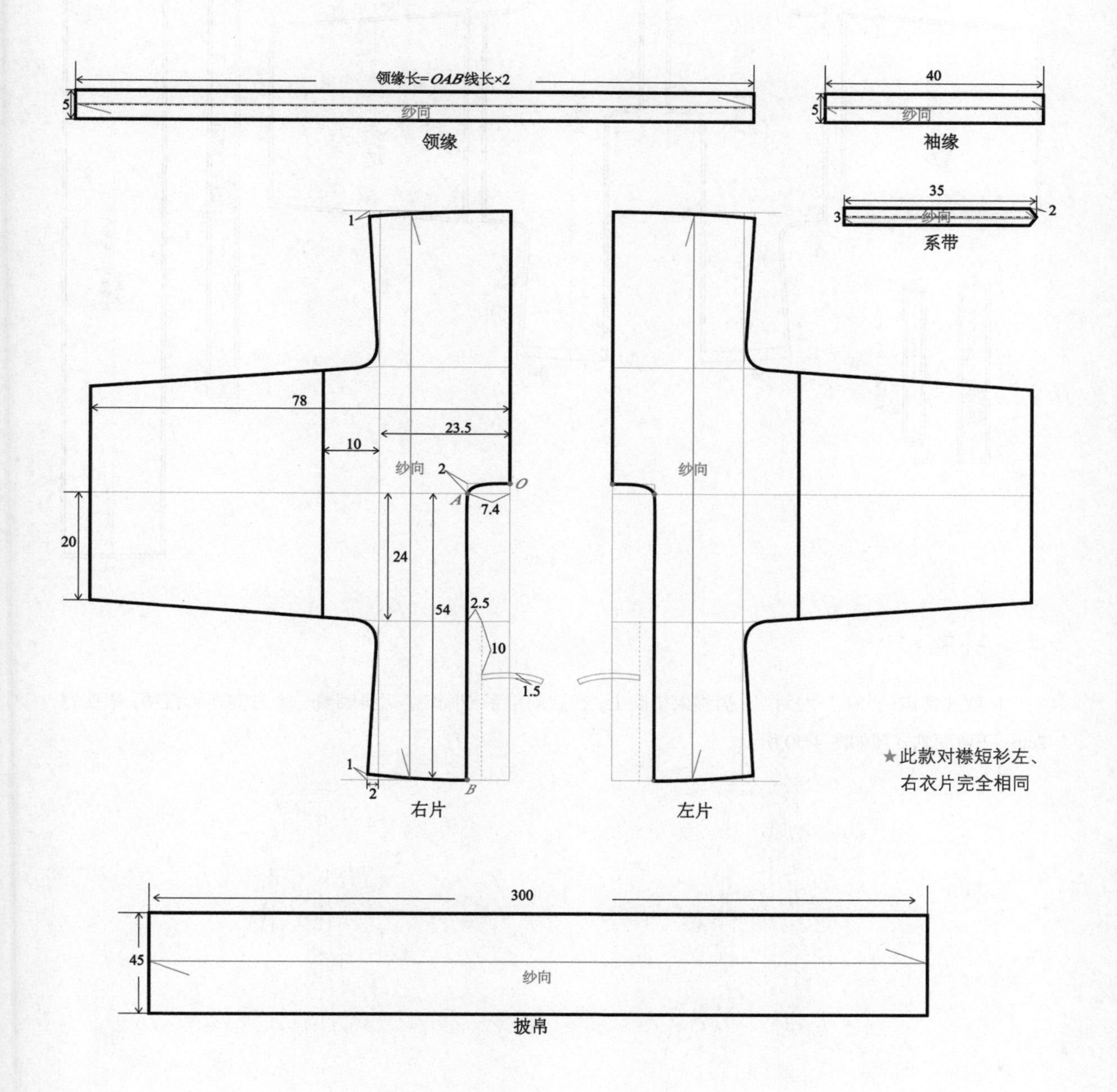

图 4-48

4. 裁剪图：在版型（净样）的基础上加放缝量，下摆放缝量为 3cm，披帛放缝量为 0.8cm，其余放缝量都是 1cm，如图 4-49 所示。

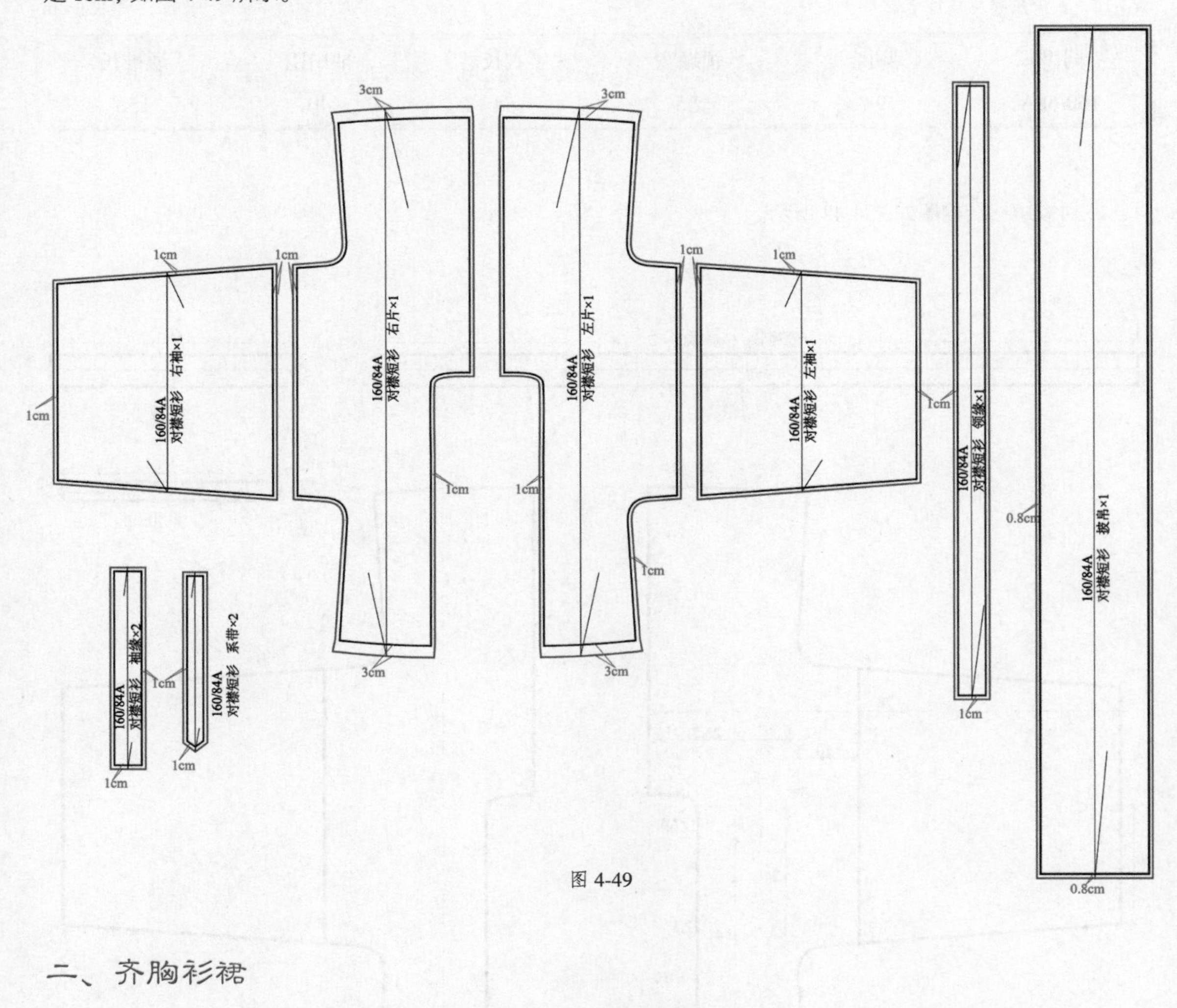

图 4-49

二、齐胸衫裙

1. 款式特点：此裙分为两层，裙腰束于胸上，在胸前用系带固定，裙身顺着一个方向连续打褶，裙头宽 7cm；正背面款式图如图 4-50 所示。

图 4-50

2. 齐胸衫裙规格尺寸表如表 4-13 所示。

表4-13　齐胸衫裙规格尺寸表

单位：cm

号型	外裙长	衬裙长	裙头宽	裙头长	外裙摆围	衬裙摆围	系带长
160/68A	110	102	8	135	416.6	315	180

3. 齐胸衫裙结构图如图 4-51 所示。

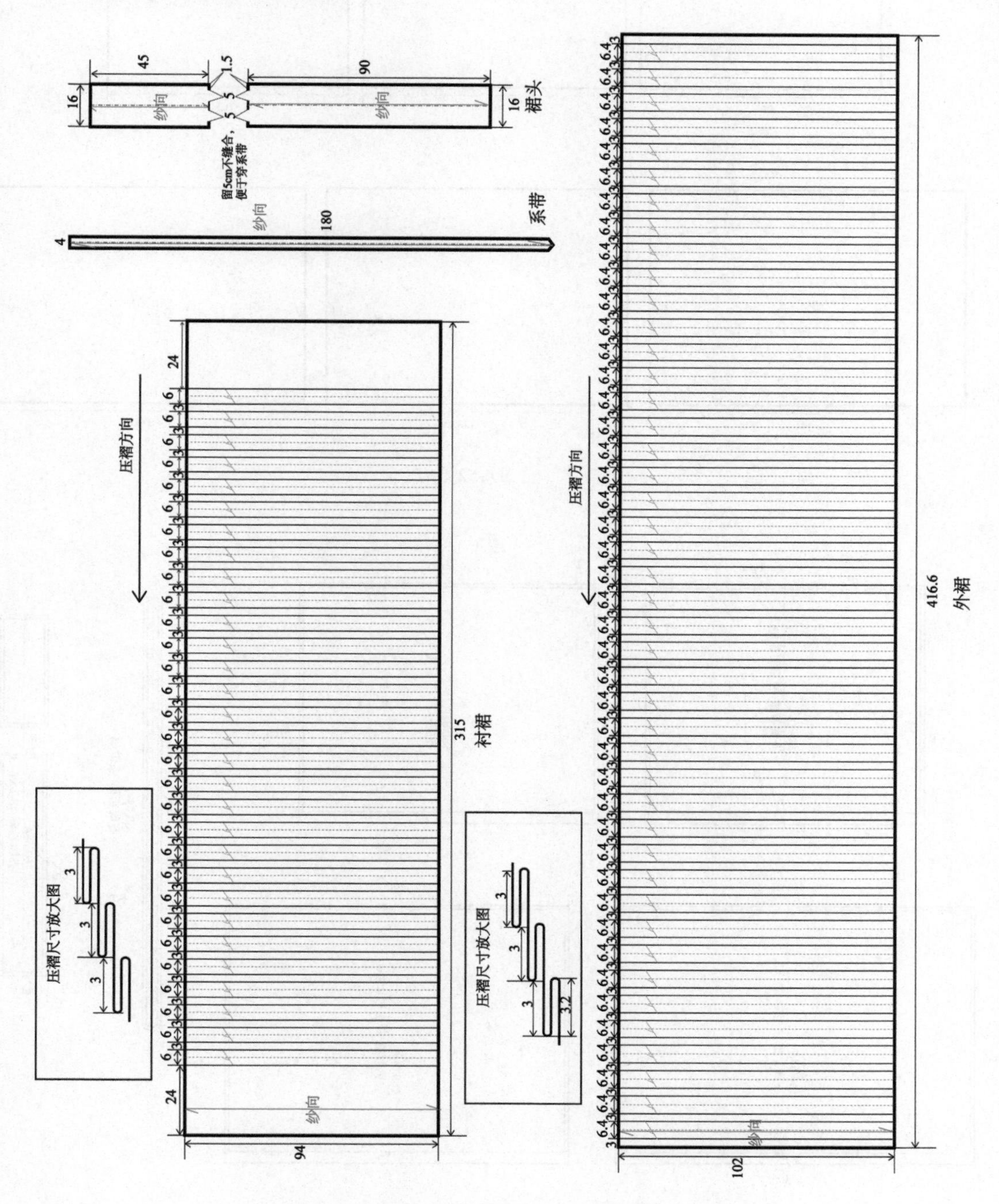

图 4-51

4. 裁剪图：因为一块面料的幅宽一般为 150cm，衬裙摆围宽度为 315cm，外裙摆围宽度为 416.6cm，所以衬裙和外裙的裙片可以分别用 3 块面料拼接而成，如图 4-52 所示，裙片 A 和裙片 C 的大小完全相等；裁剪图在版型（净样）的基础上加放缝量，下摆放缝量为 3cm，其余放缝量都是 1cm，如图 4-53 所示。

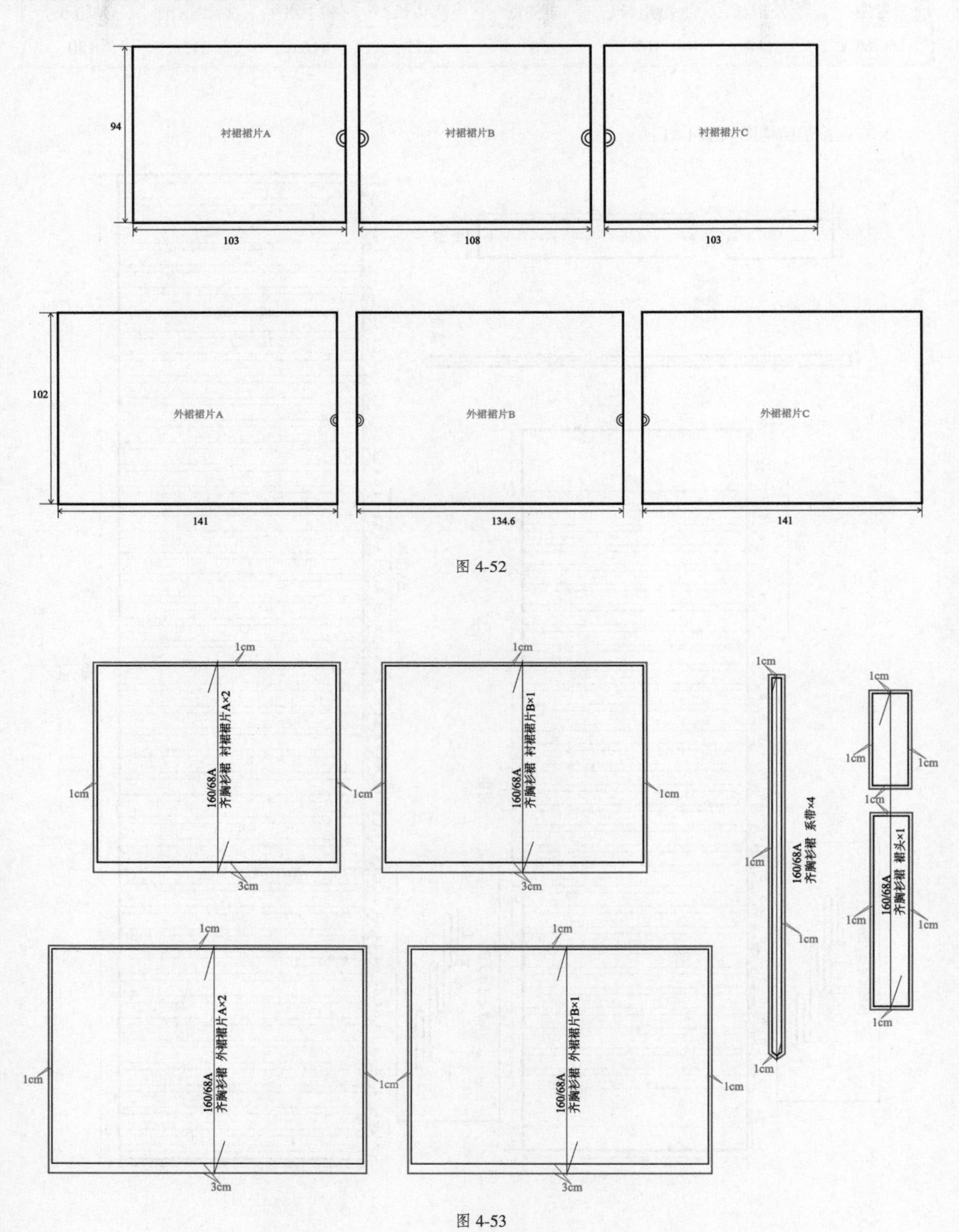

图 4-52

图 4-53

青玉案

上装为明制立领斜襟长衫，下裙为马面裙，成衣照片如图 4-54 所示，设计灵感和设计图如图 4-55 所示。

图 4-54

图 4-55

一、明制立领斜襟长衫

1. 款式特点：立领斜襟，大袖，下摆两侧开衩，正背面款式图如图 4-56 所示。

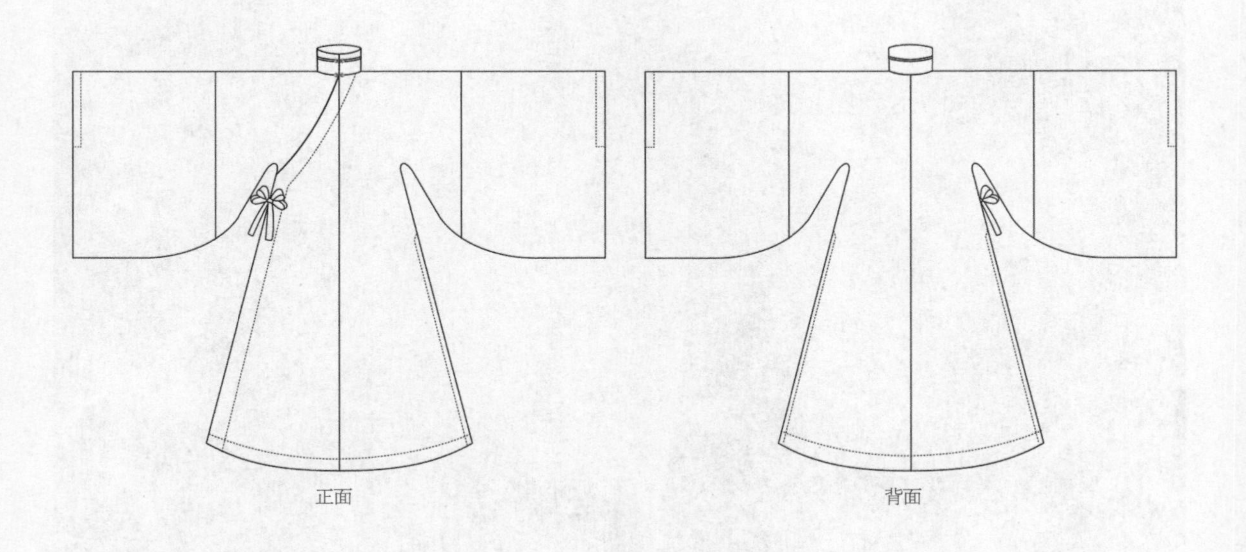

图 4-56

2. 明制立领斜襟长衫规格尺寸表如表 4-14 所示。

表4-14　明制立领斜襟长衫规格尺寸表　　单位：cm

号型	胸围	立领高	衣长	袖口围	通袖长
160/84A	106	7.5	105	144	204

3. 明制立领斜襟长衫结构图如图 4-57 所示。

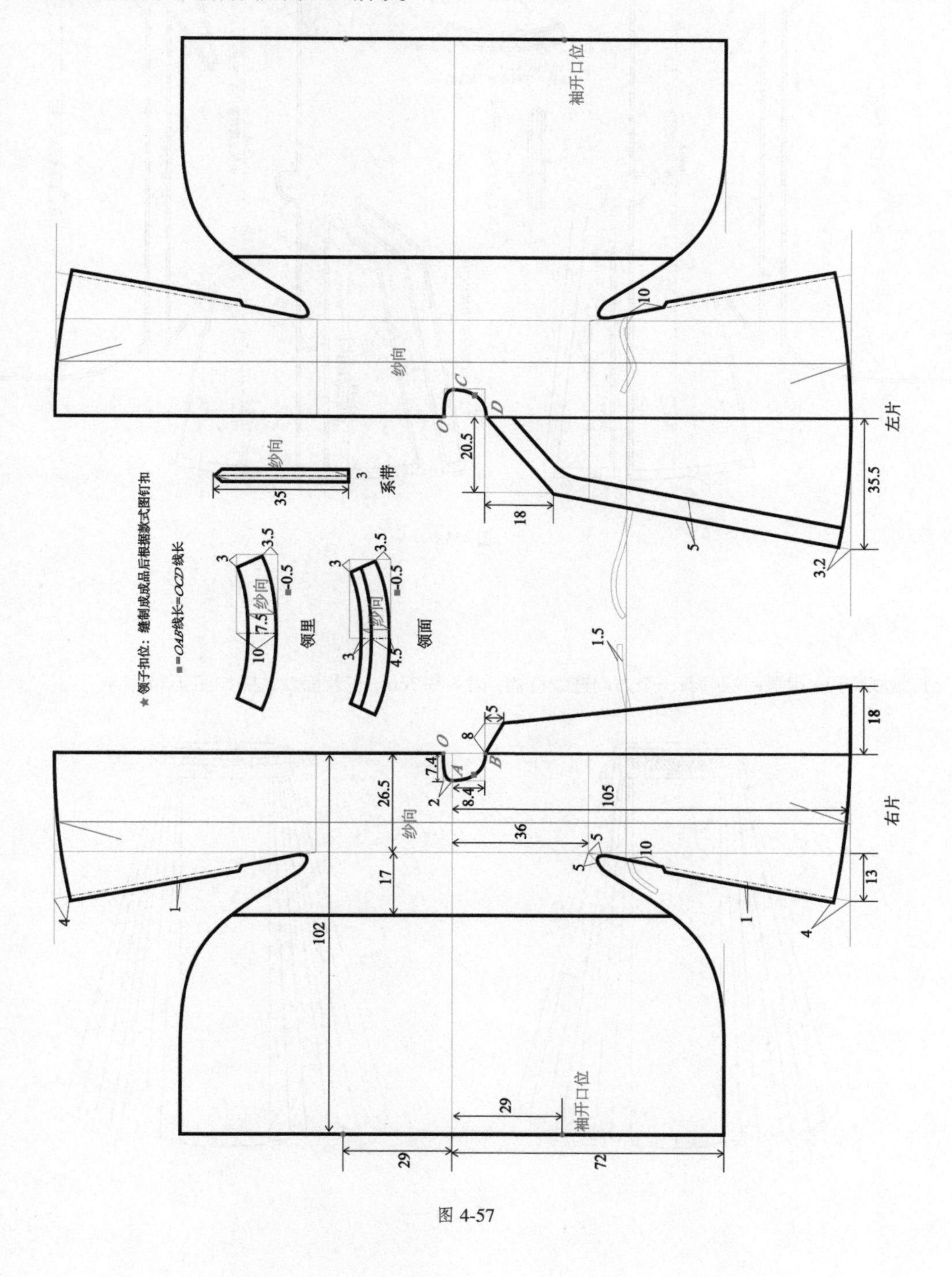

图 4-57

4. 裁剪图：在版型（净样）的基础上加放缝量，袖口及下摆放缝量为3cm，内襟斜襟边放缝量为4cm，其余放缝量都是1cm，如图4-58所示。

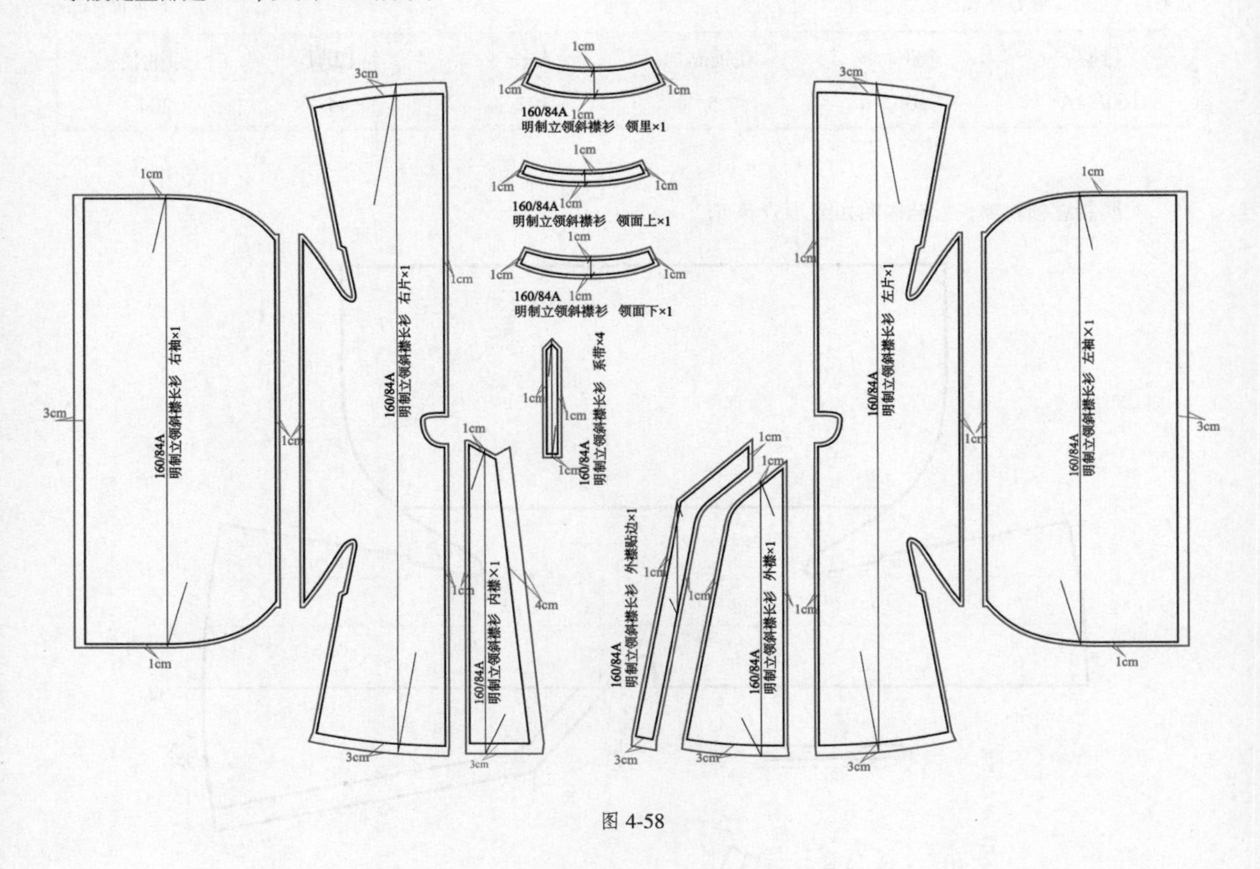

图4-58

二、马面裙

1. 款式特点：裙身两侧顺着一个方向连续打褶，裙头宽7cm，正背面款式图如图4-59所示。

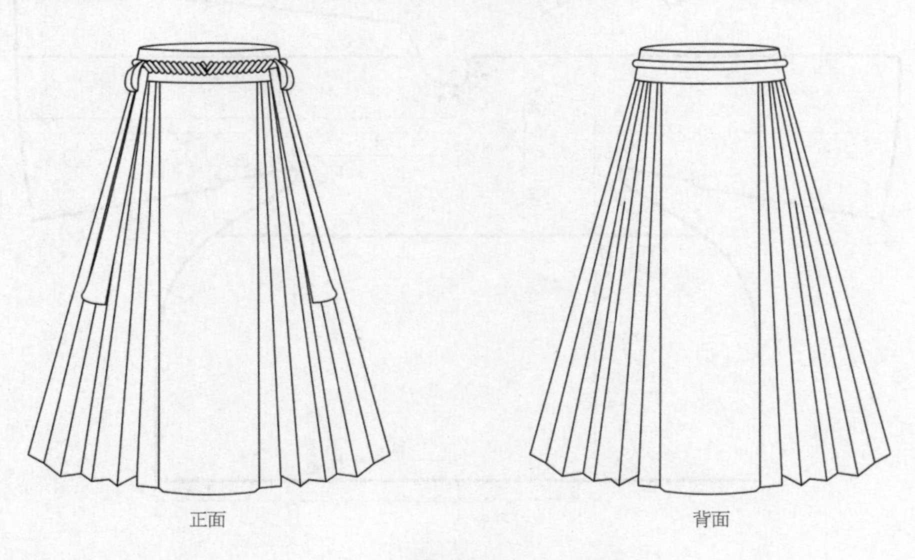

图4-59

2. 马面裙规格尺寸表如表 4-15 所示。

表4-15　马面裙规格尺寸表　　单位：cm

号型	160/68A
裙长	99
裙头宽	7
裙头长	93
系带长	120

3. 马面裙结构图如图 4-60 所示。

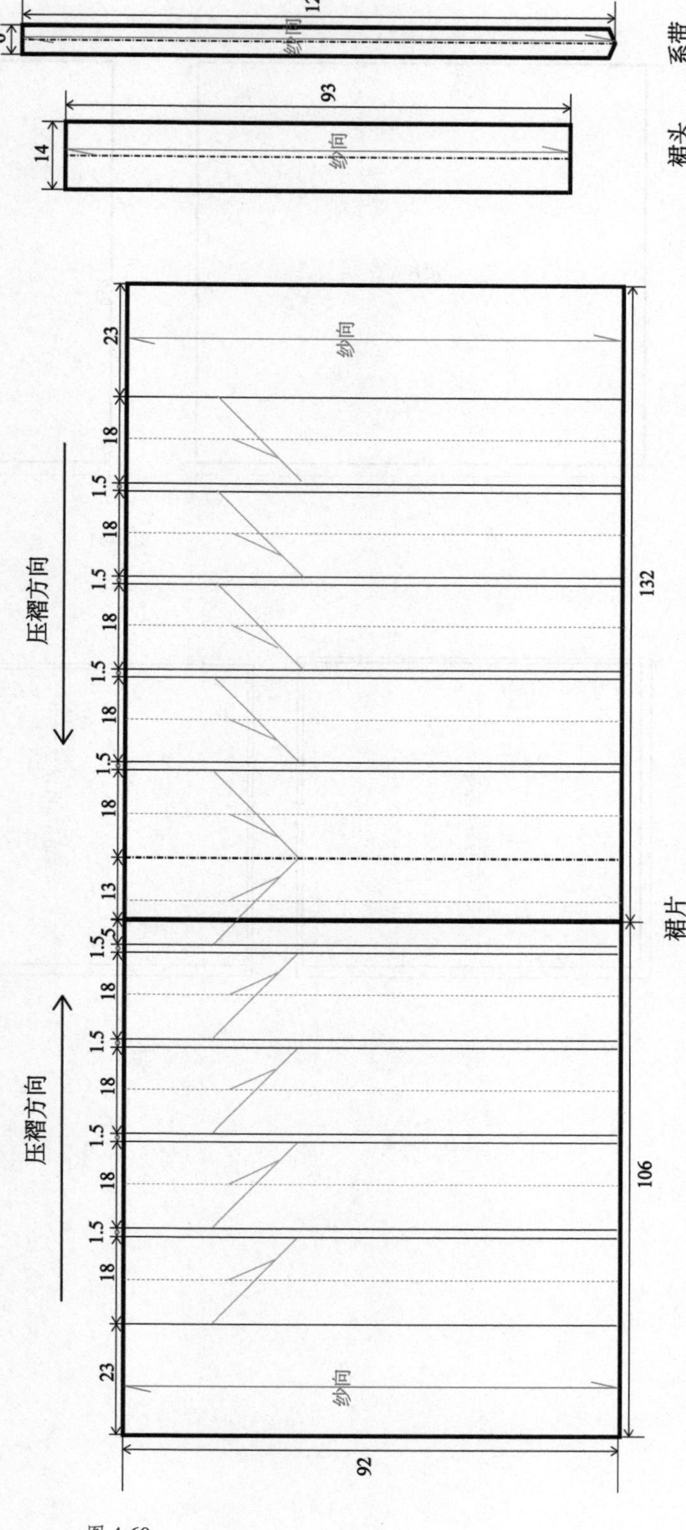

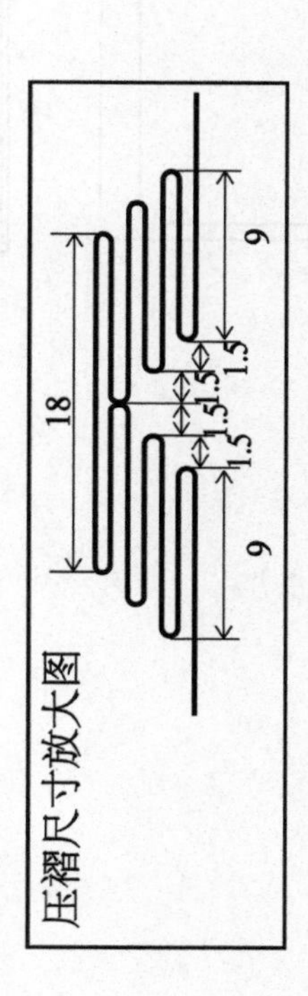

图 4-60

4. 裁剪图：此款马面裙的一个裙片是由两块面料拼接而成的，如图 4-61 所示；裙片裁剪图在版型（净样）的基础上加放缝量，下摆放缝量为 3cm，裙片侧缝放缝量分别为 3cm 和 8cm，其余放缝量都是 1cm，如图 4-62 所示。

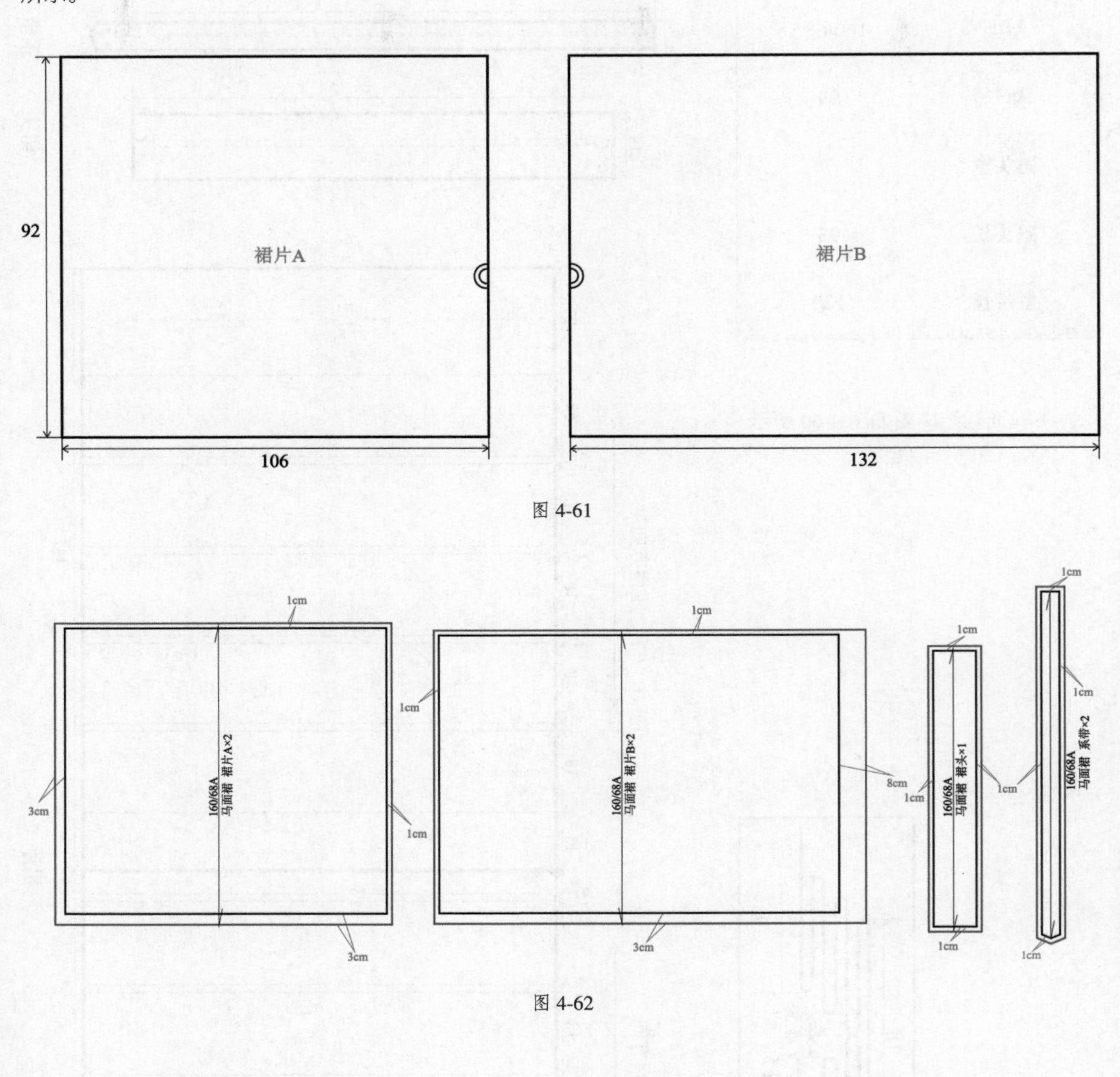

图 4-61

图 4-62

鸣玉

明制男款圆领袍的成衣照片如图 4-63 所示，设计灵感和设计图如图 4-64 所示。

图 4-63

图 4-64

明制男款圆领袍

1. 款式特点：圆领斜襟，大袖，下摆开衩，正背面款式图如图 4-65 所示。

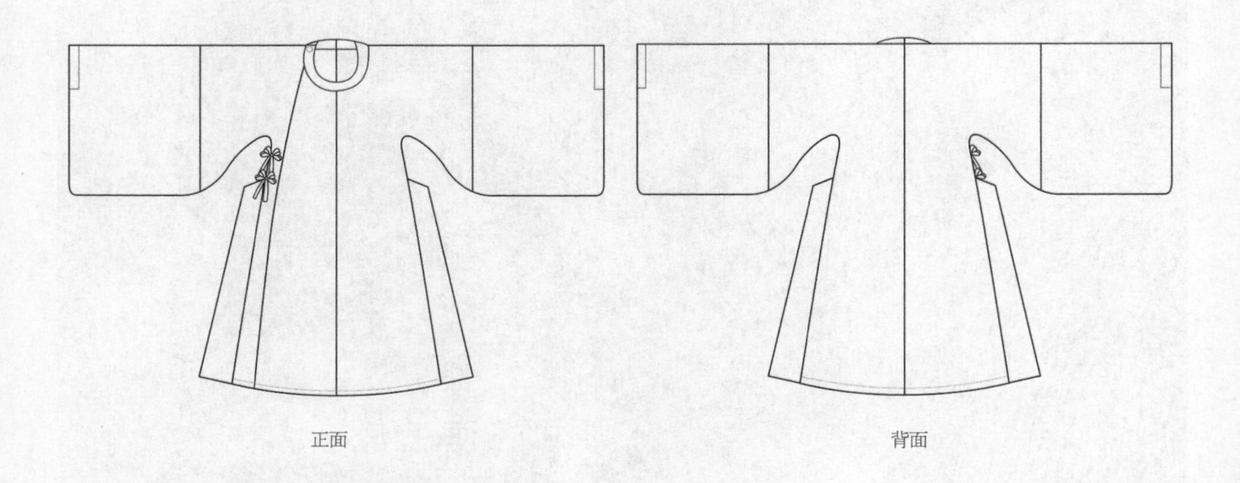

图 4-65

2. 明制男款圆领袍规格尺寸表如表 4-16 所示。

表4-16　明制男款圆领袍规格尺寸表

单位：cm

号型	衣长	胸围	领宽	袖口围	通袖长
170/92A	135	122	3.5	138	225

3. 明制男款圆领袍结构图如图 4-66 所示。

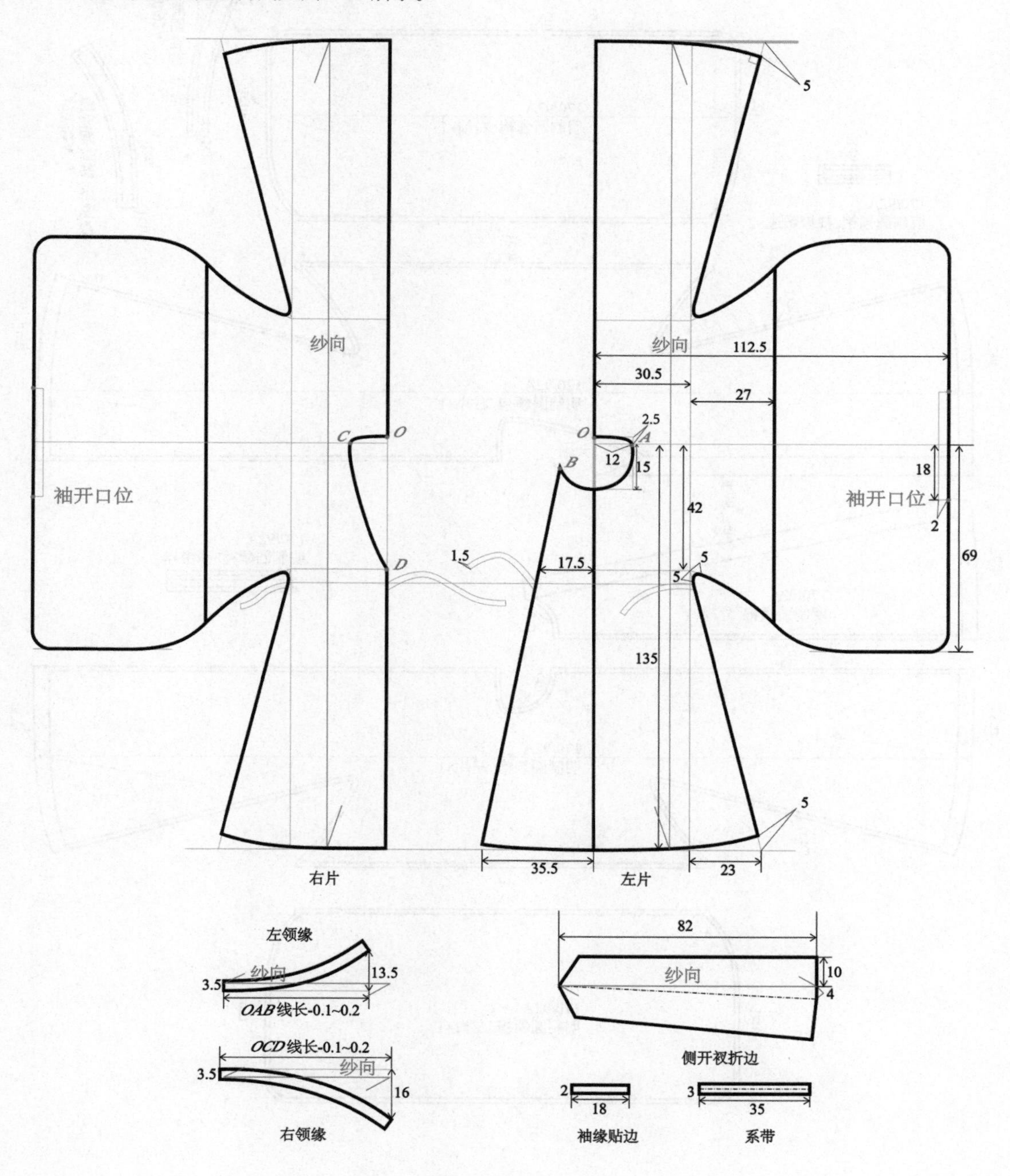

图 4-66

4. 裁剪图：在版型（净样）的基础上加放缝量，下摆放缝量为 3cm，内外襟斜襟放缝量为 4cm，其余放缝量都是 1cm，如图 4-67 所示。

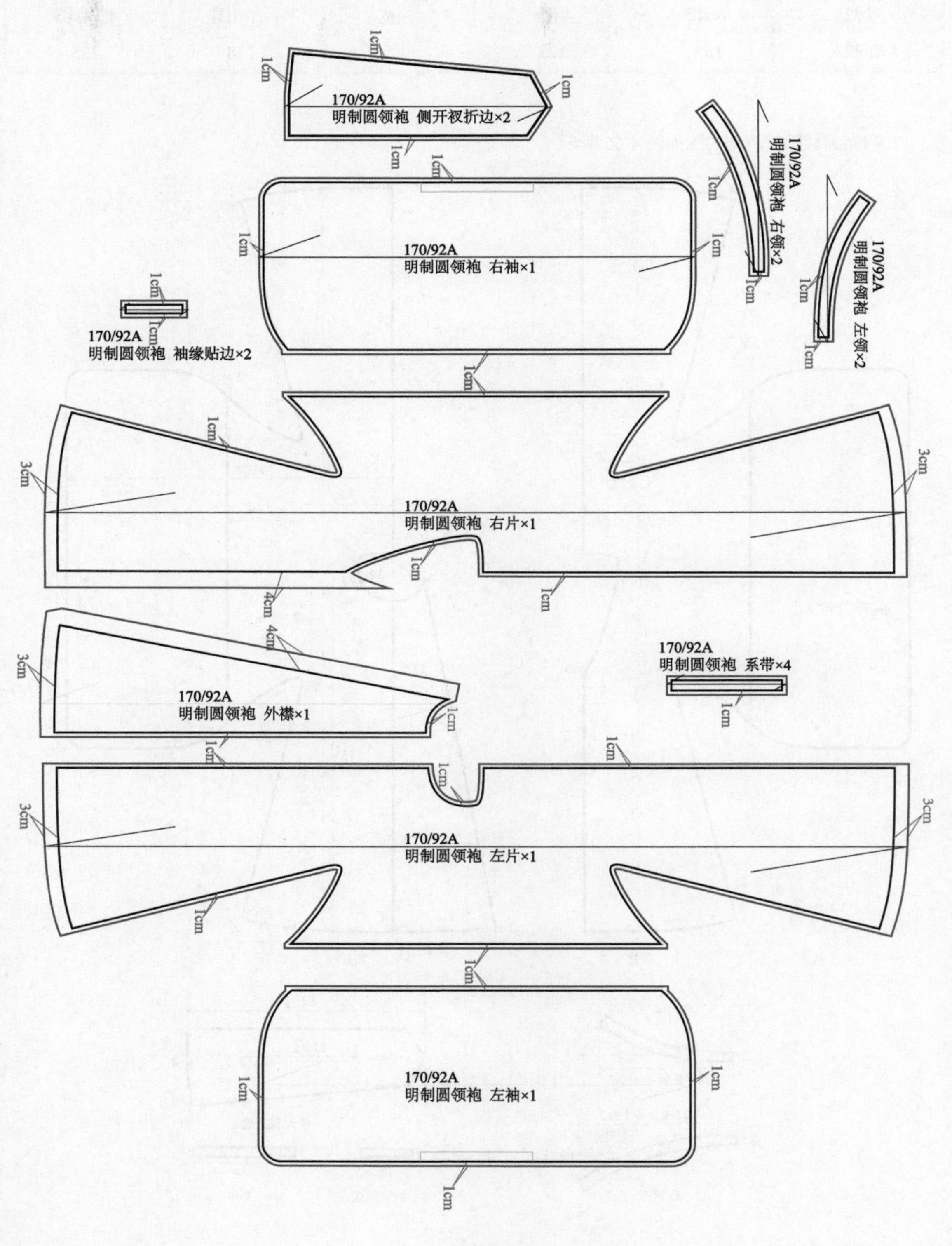

图 4-67

千秋岁

外衫为对襟大袖衫，上装为立领斜襟长衫，下裙为马面裙，成衣照片如图 4-68 所示，设计灵感和设计图如图 4-69 所示。

图 4-68

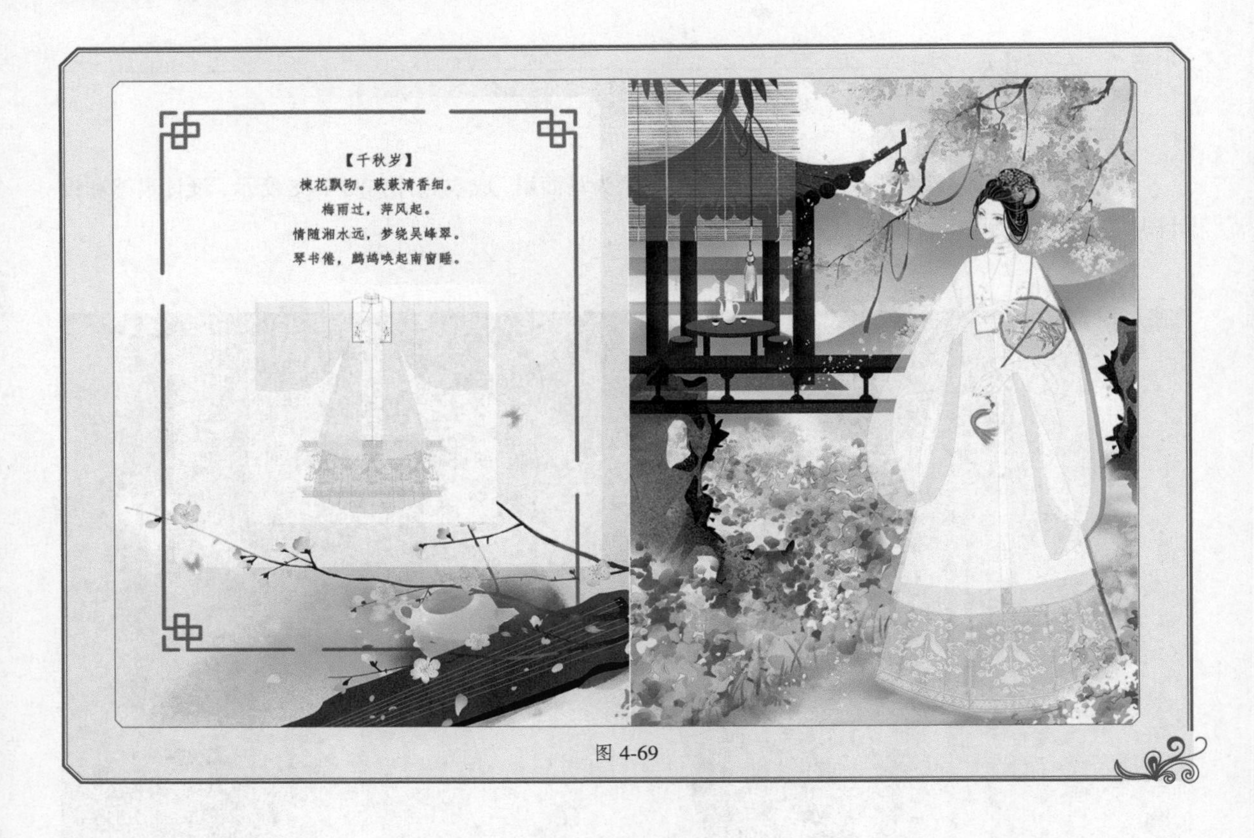

图 4-69

一、对襟大袖衫

1. 款式特点：直领对襟，大袖，下摆开衩，正背面款式图如图 4-70 所示。

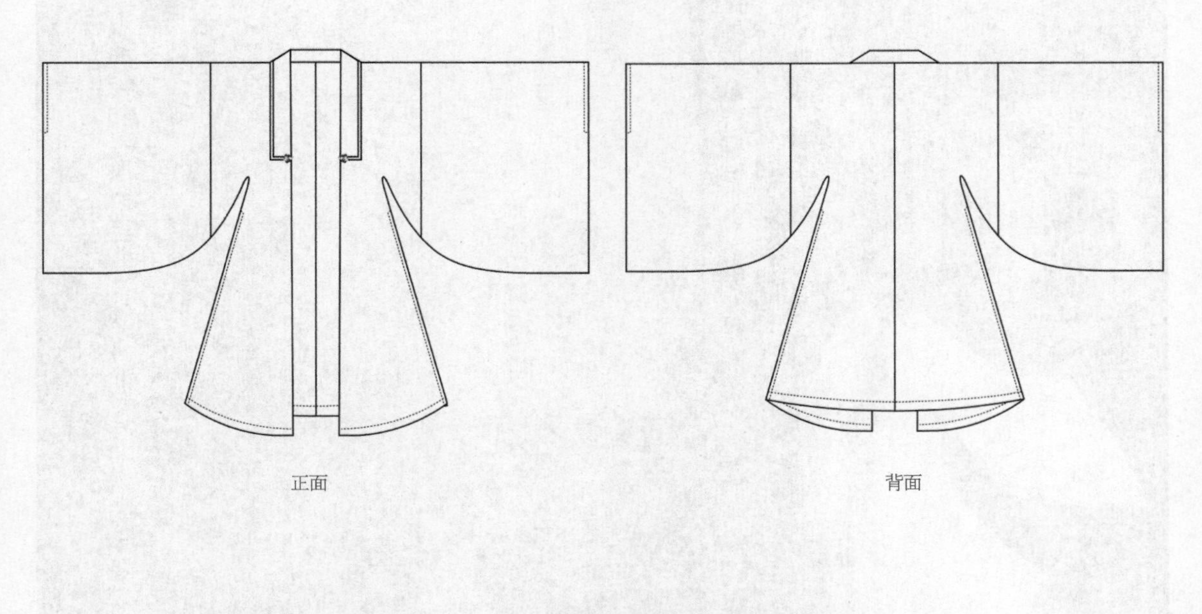

图 4-70

2. 对襟披风规格尺寸表如表 4-17 所示。

表4-17　对襟披风规格尺寸表

单位：cm

号型	衣长	胸围	领宽	袖口围	通袖长
160/84A	117	110	9	148	222

3. 对襟披风结构图如图 4-71 所示。

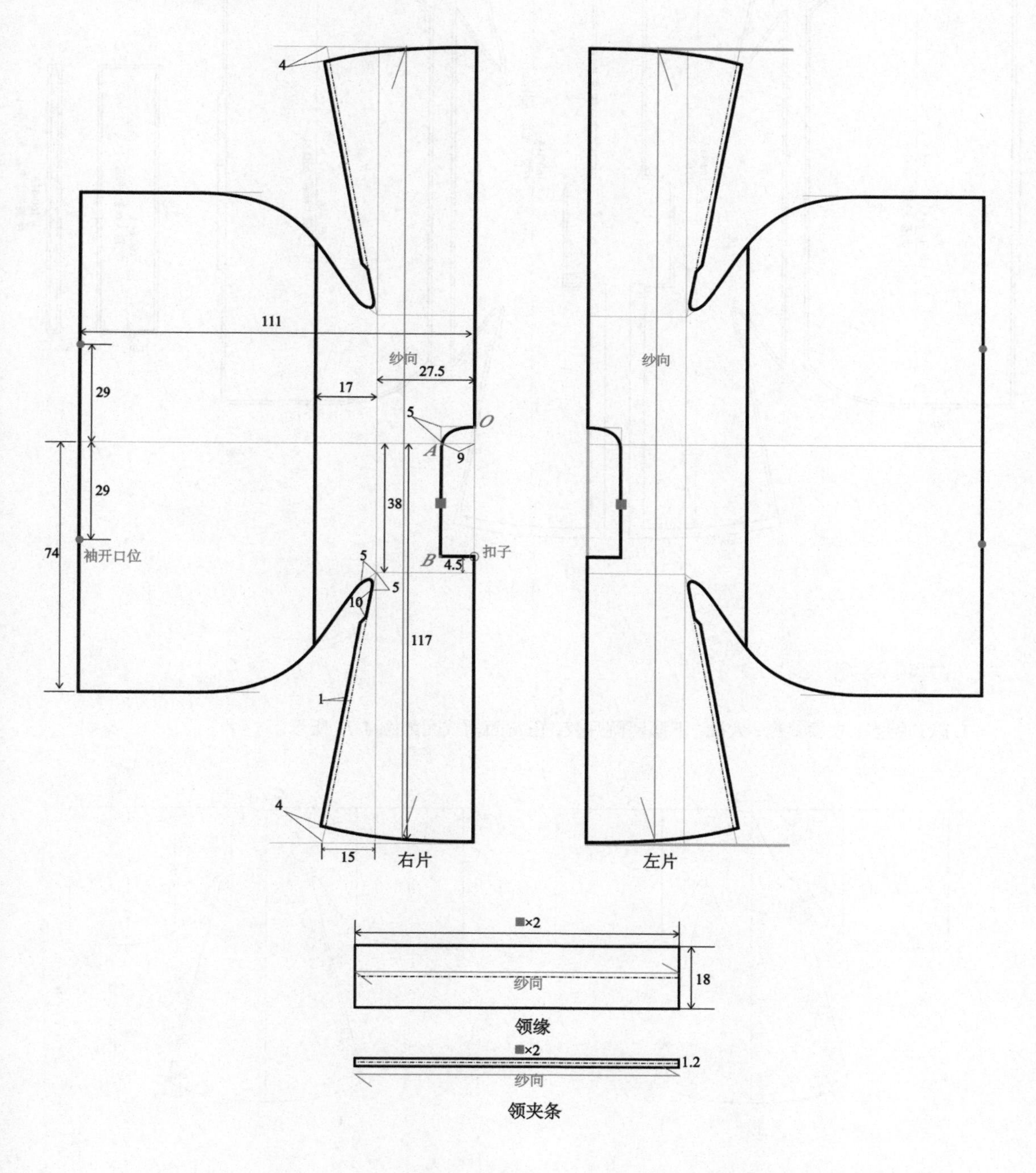

图 4-71

4. 裁剪图：在版型（净样）的基础上加放缝量，袖口开口处及下摆放缝量为 3cm，门襟放缝量为 4cm，其余放缝量都是 1cm，如图 4-72 所示。

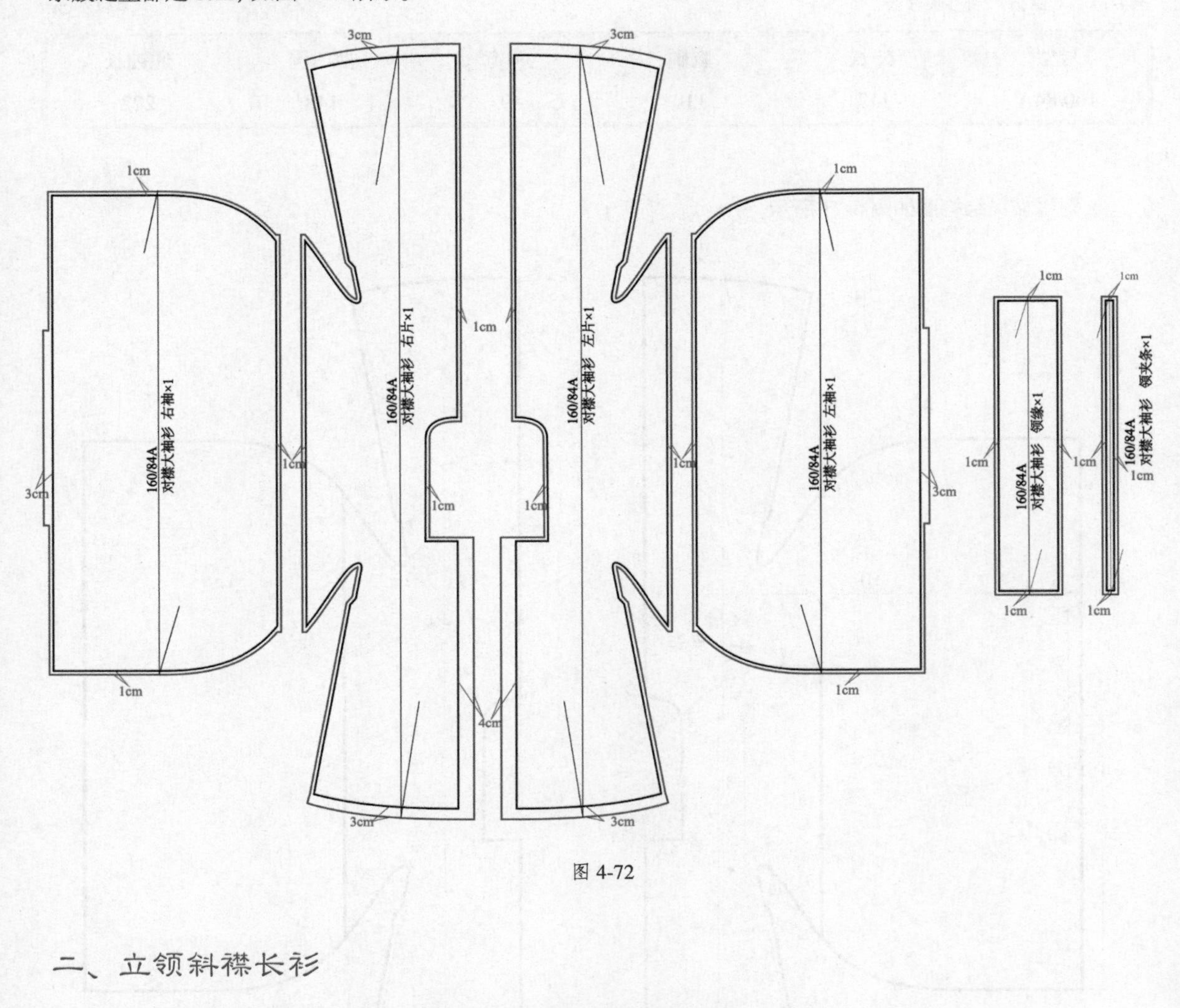

图 4-72

二、立领斜襟长衫

1. 款式特点：立领斜襟，大袖，下摆两侧开衩，正背面款式图如图 4-73 所示。

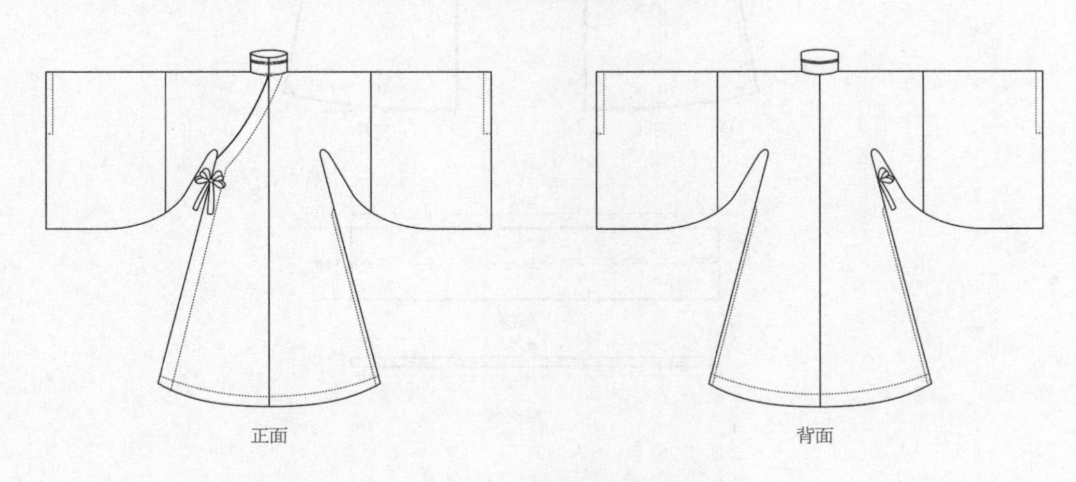

正面　　背面

图 4-73

2. 立领斜襟长衫规格尺寸表如表 4-18 所示。

表4-18　立领斜襟长衫规格尺寸表

单位：cm

号型	衣长	胸围	立领高	袖口围	通袖长
160/84A	105	106	7.5	144	204

3. 立领斜襟长衫结构图如图 4-74 所示。

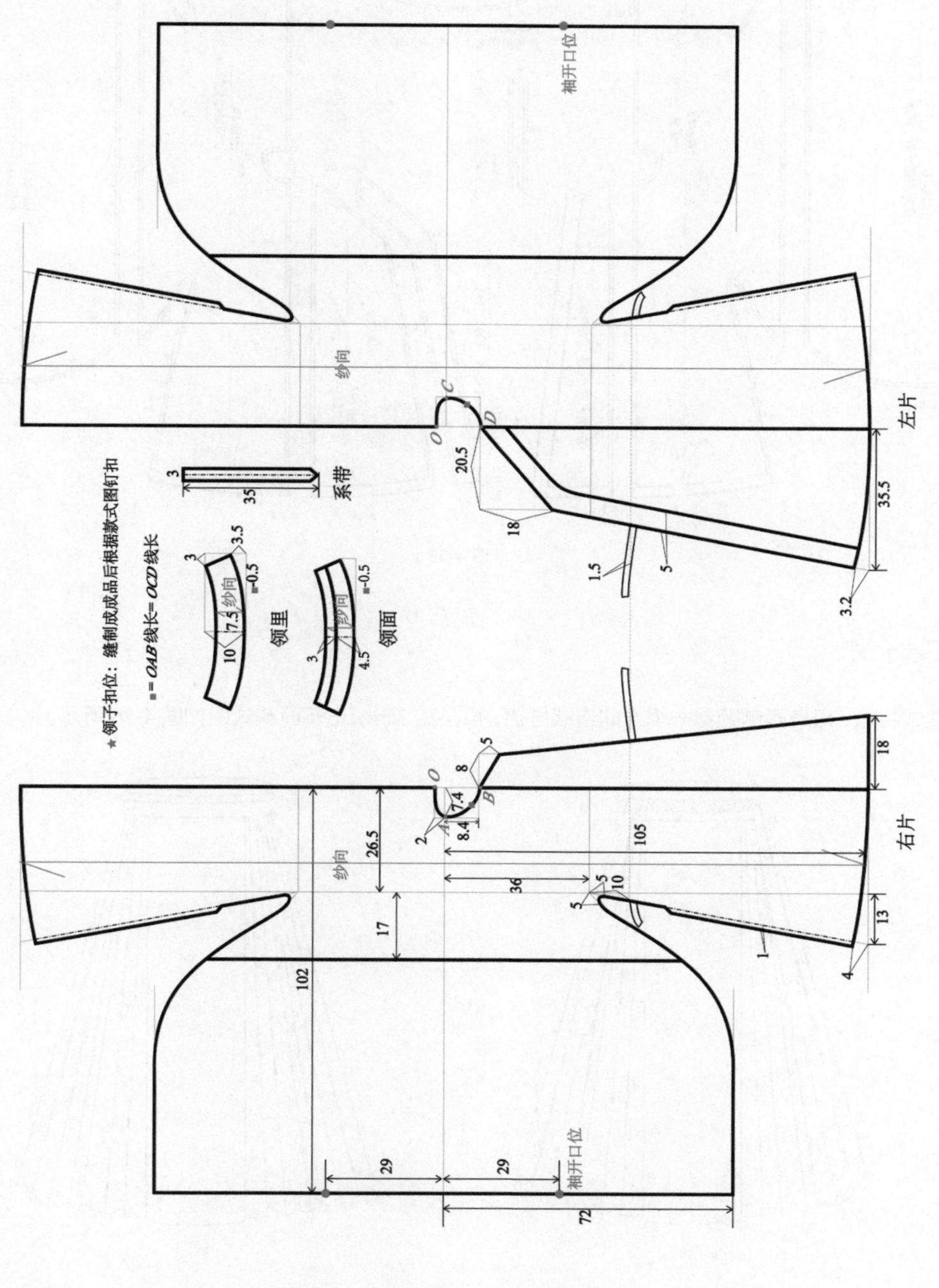

图 4-74

4. 裁剪图：在版型（净样）的基础上加放缝量，袖口及下摆放缝量为 3cm，内襟斜襟边放缝量为 4cm，其余放缝量都是 1cm，如图 4-75 所示。

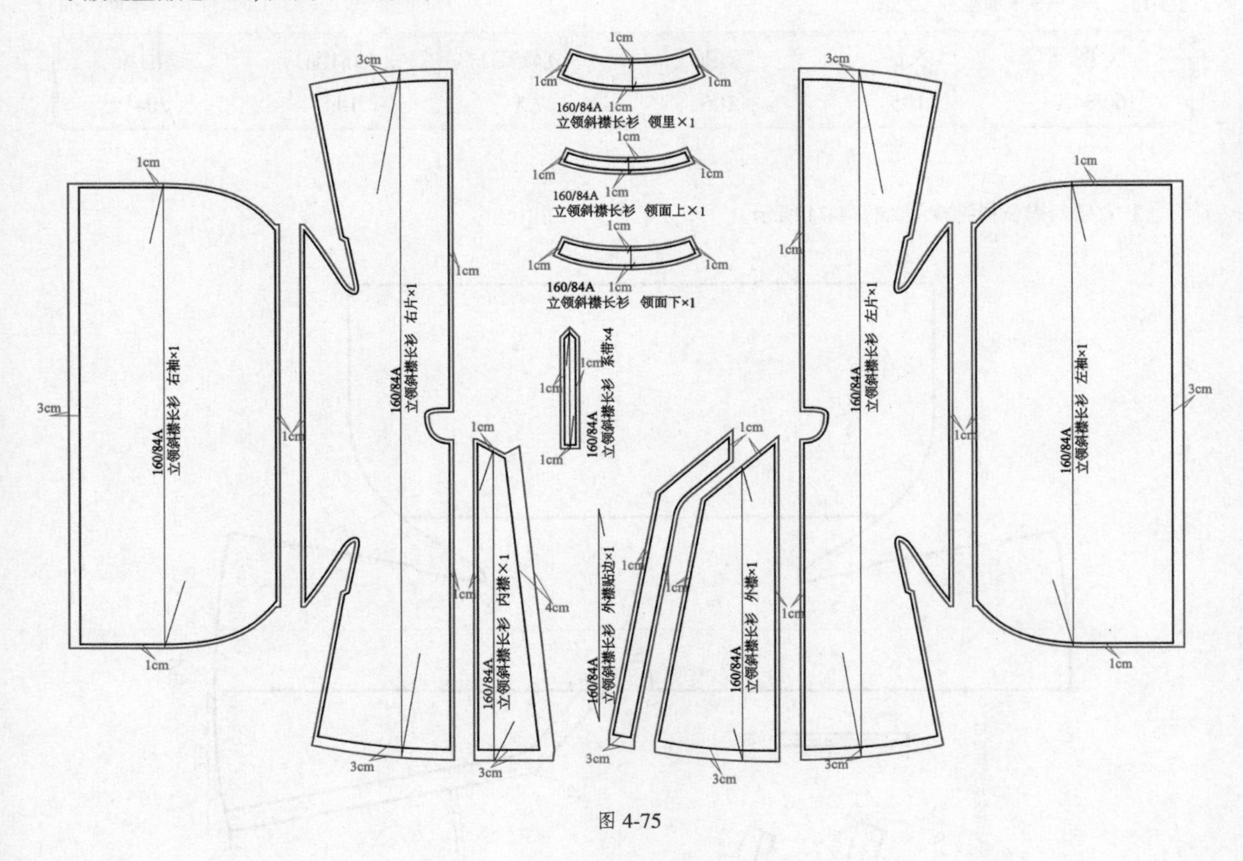

图 4-75

三、马面裙

1. 款式特点：裙身两侧顺着一个方向连续打褶，裙头宽 7cm，正背面款式图如图 4-76 所示。

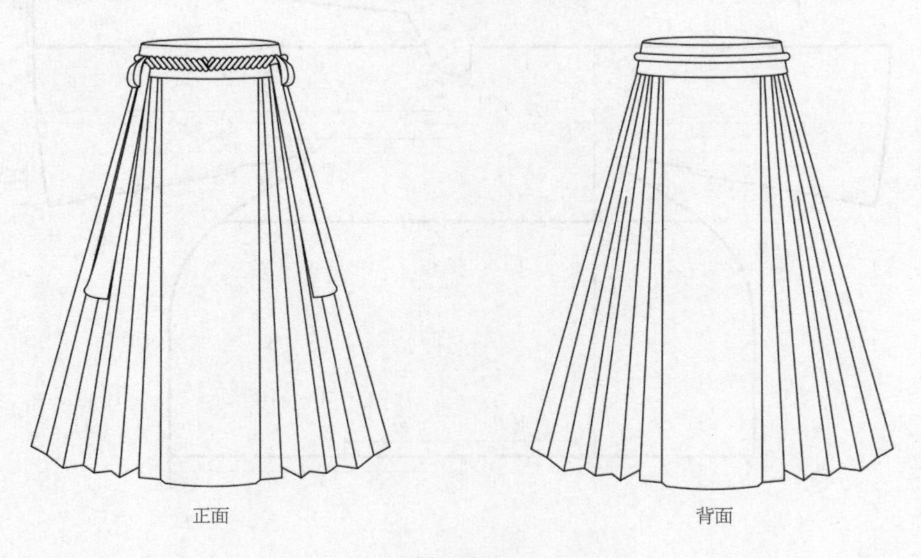

图 4-76

2. 马面裙规格尺寸表如表 4-19 所示。

表4-19　马面裙规格尺寸表　　单位：cm

号型	160/68A
裙长	99
裙头宽	7
裙头长	93
系带长	120

3. 马面裙结构图如图 4-77 所示。

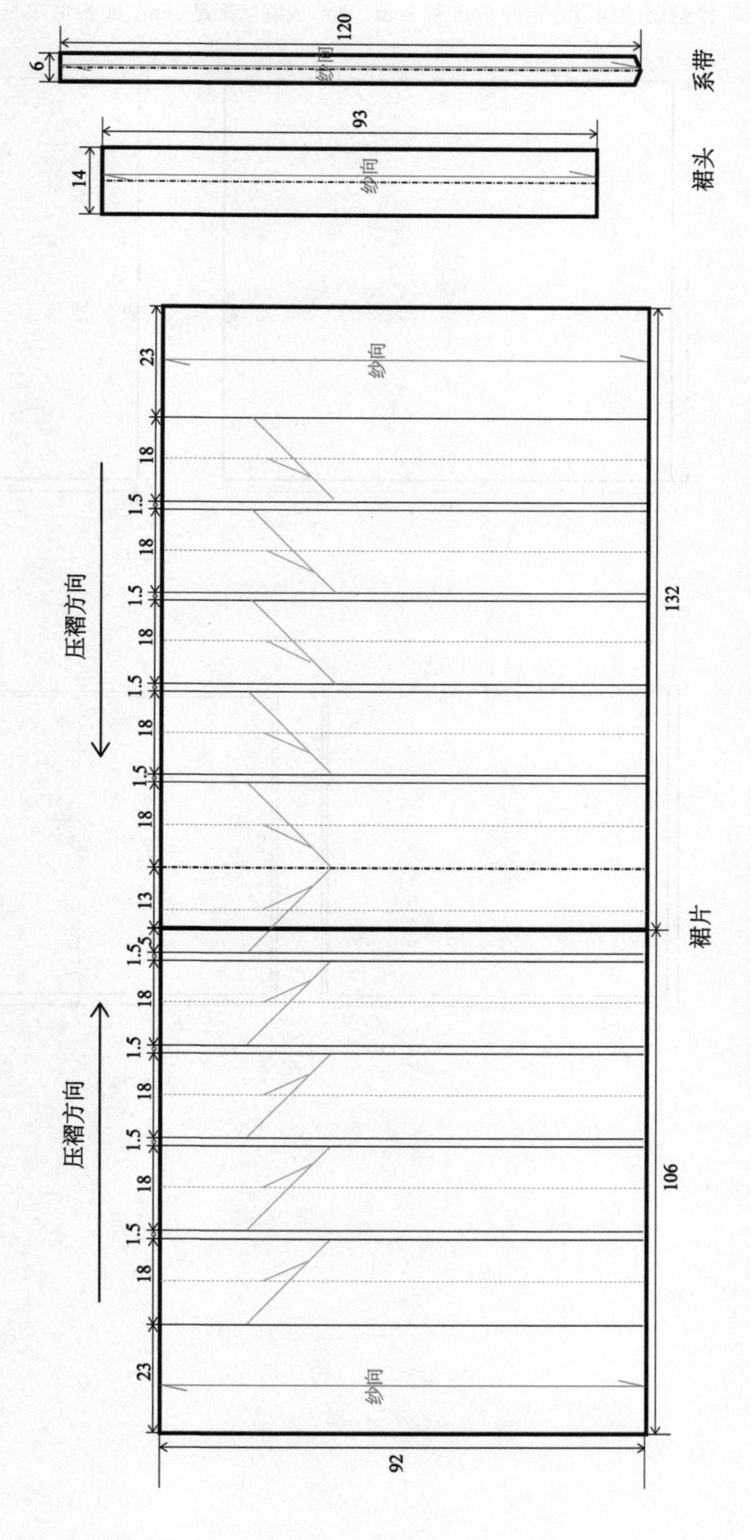

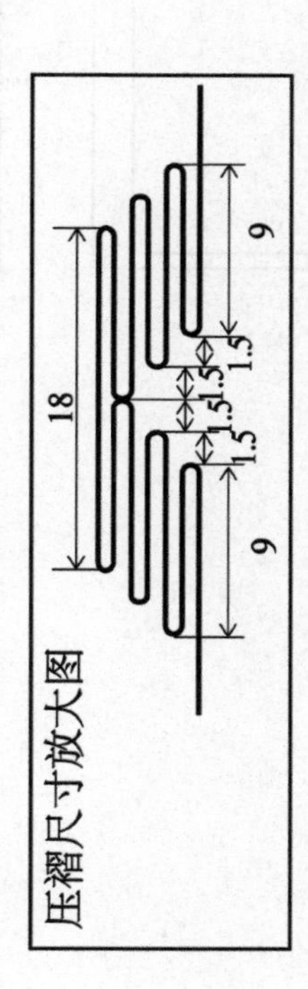

图 4-77

4. 裁剪图：因为一块面料的幅宽一般为150cm，而裙片宽度为238cm，所以此款马面裙的一个裙片可以用两块面料拼接而成，如图4-78所示；裙片裁剪图在版型（净样）的基础上加放缝量，下摆放缝量为3cm，裙片侧缝放缝量分别为3cm和8cm，其余放缝量都是1cm，如图4-79所示。

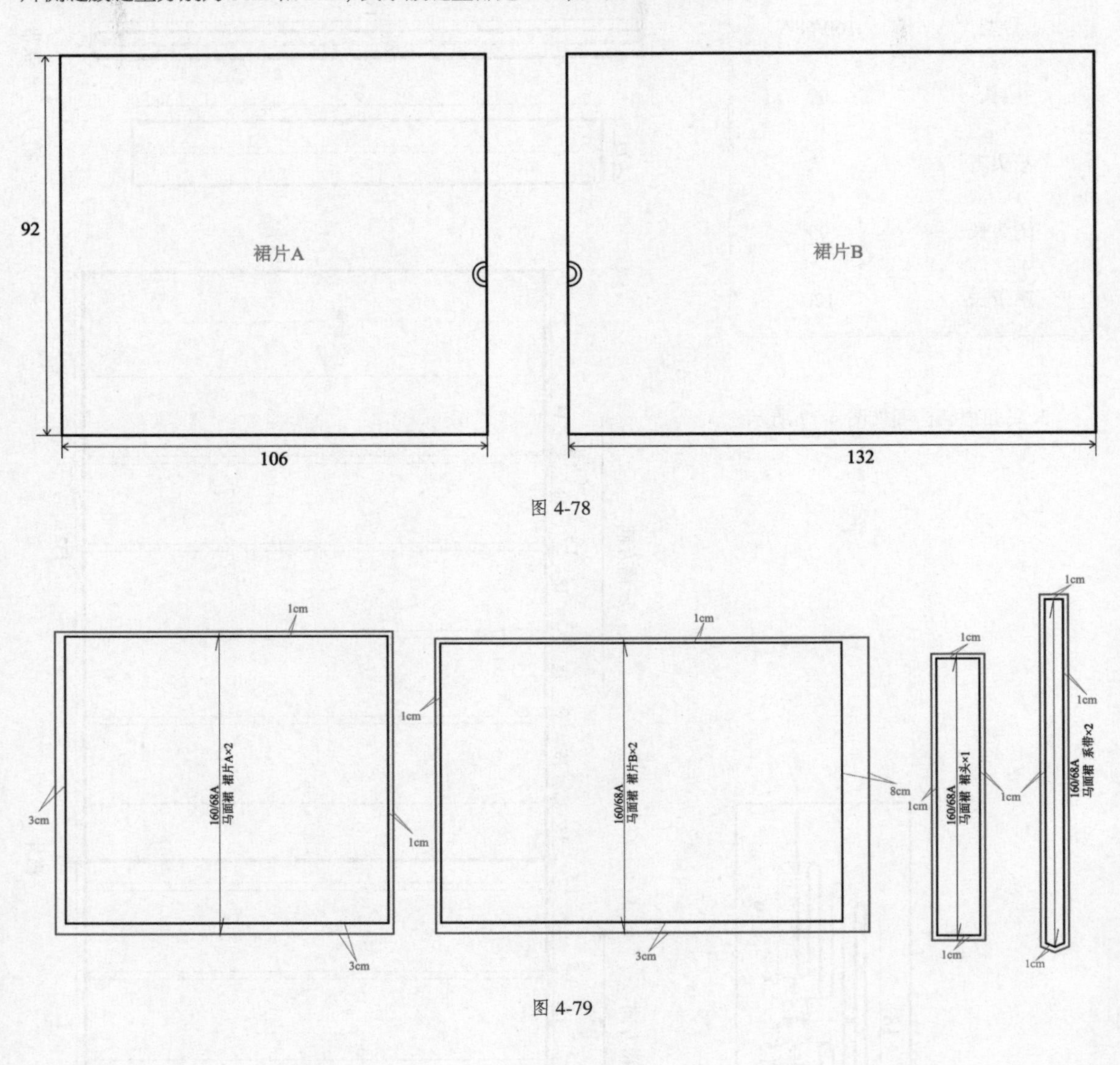

图4-78

图4-79

龙兔兔

唐制女款圆领袍的成衣照片如图 4-80 所示。

图 4-80

唐制女款圆领袍

1. 款式特点：圆领斜襟，窄袖，下摆开衩，正背面款式图如图 4-81 所示。

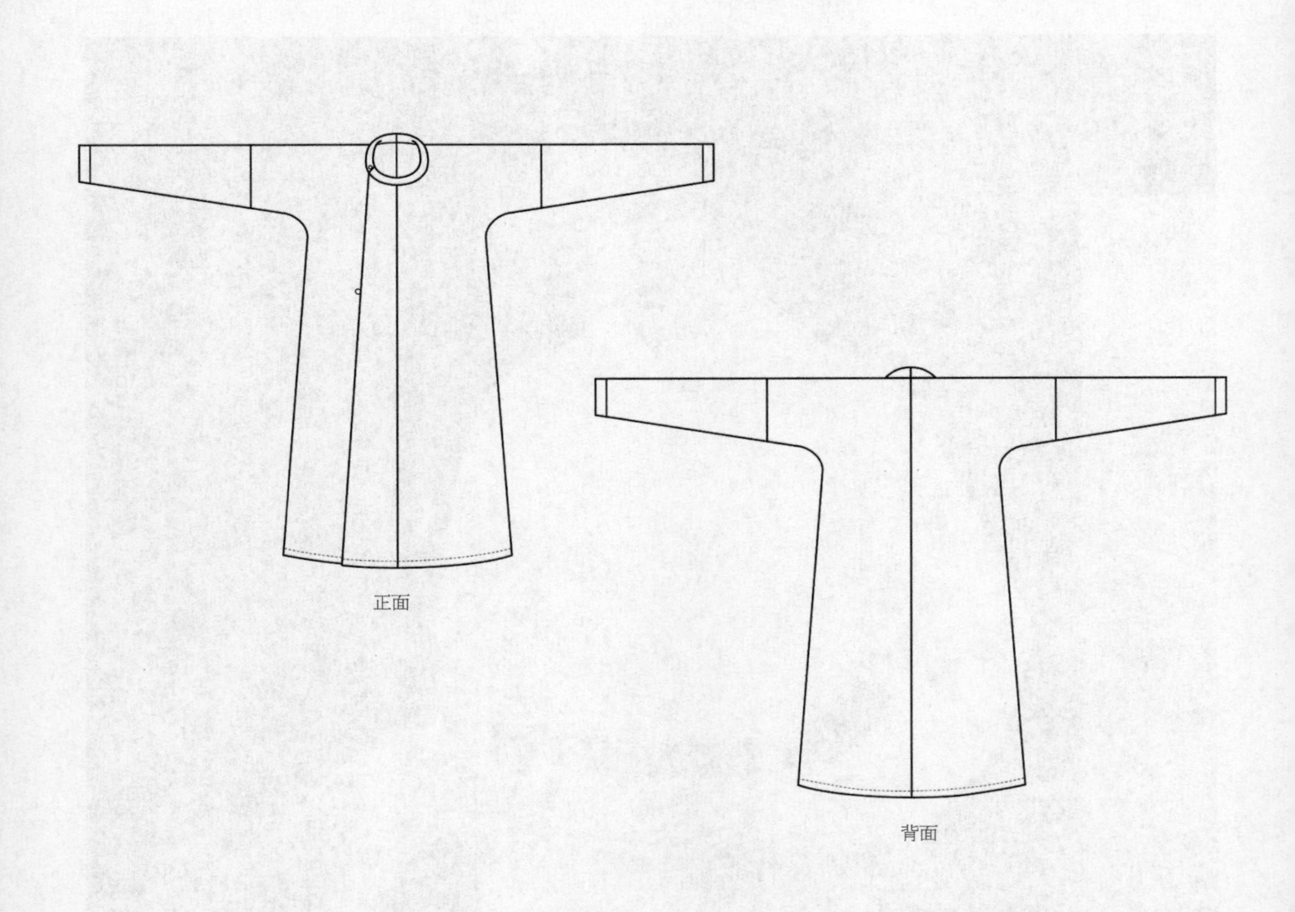

图 4-81

2. 唐制女款圆领袍规格尺寸表如表 4-20 所示。

表4-20　唐制女款圆领袍规格尺寸表　　单位：cm

号型	衣长	胸围	领宽	袖口围	通袖长
160/84A	110	96	3	30	170

3. 唐制女款圆领袍结构图如图 4-82 所示。

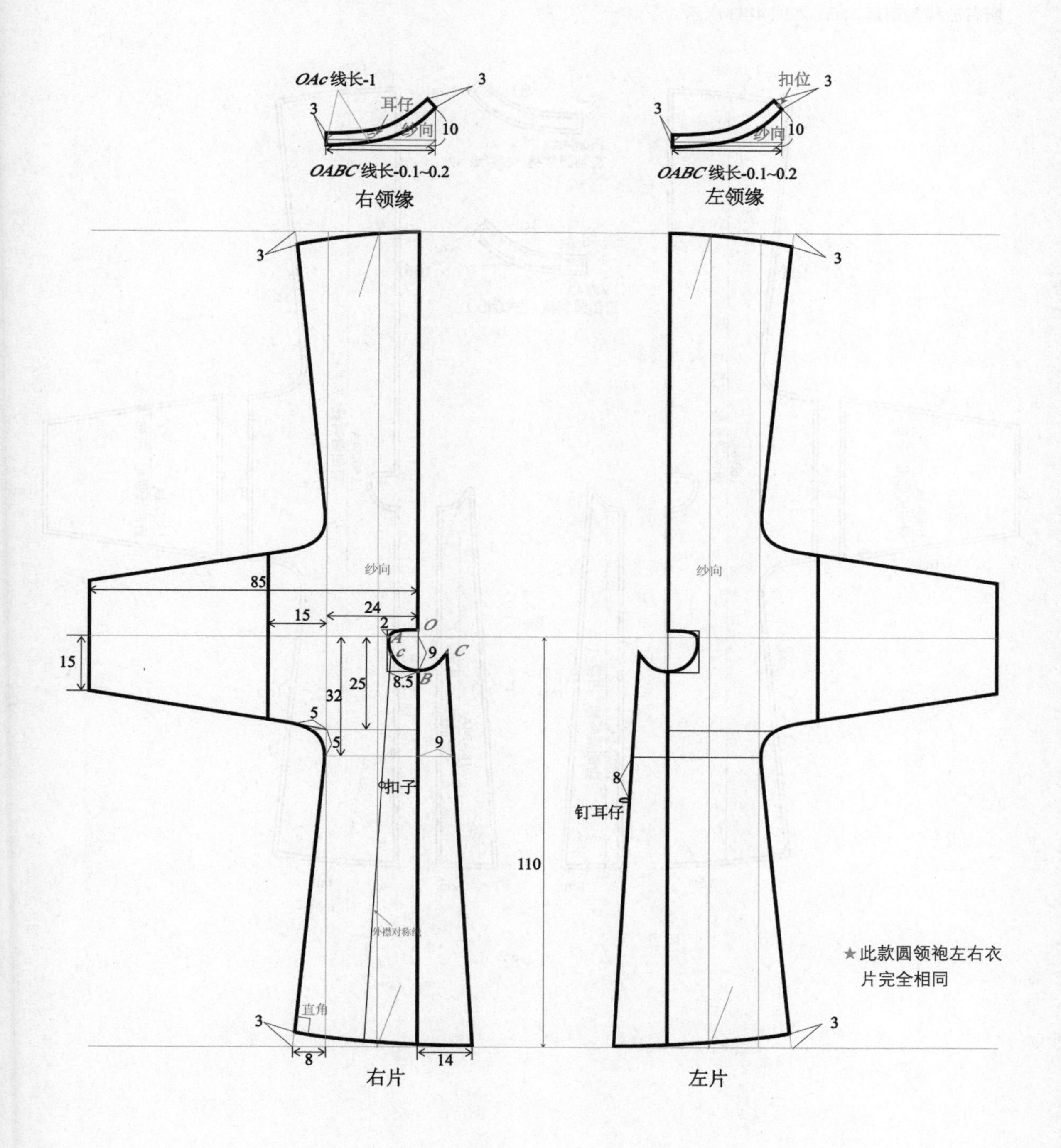

图 4-82

4. 裁剪图：此款圆领袍需搭配里布，里布的裁剪图和圆领袍的一样；在版型（净样）的基础上加放缝量，所有放缝量都是 1cm，如图 4-83 所示。

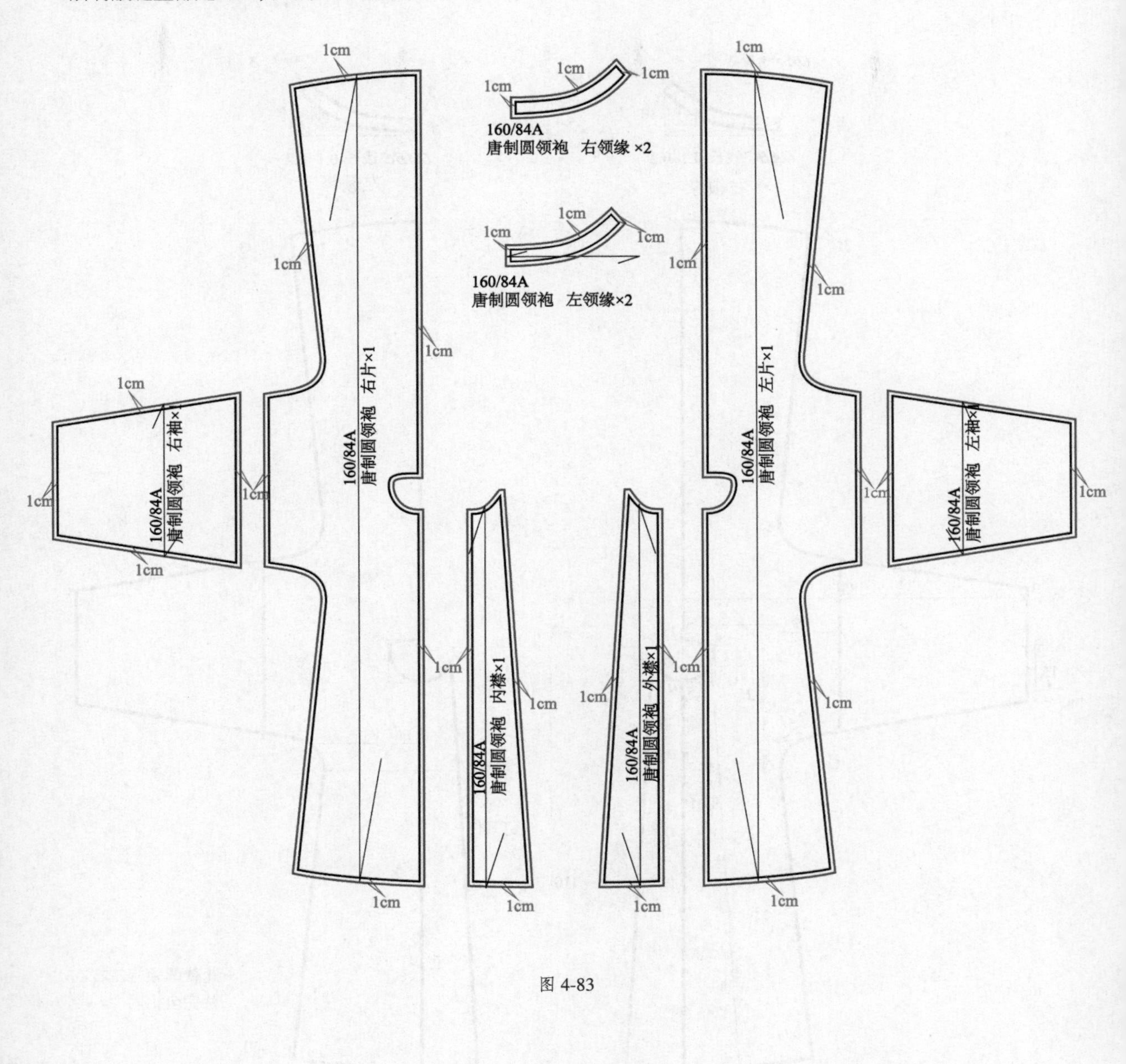

图 4-83

卿鸾歌

上装为明制立领对襟短袄，内搭为改良吊带，下裙为马面裙，成衣照片如图 4-84 所示，设计灵感和设计图如图 4-85 所示。

图 4-84

图 4-85

一、明制立领对襟短袄

1. 款式特点：立领对襟，琵琶袖，袖缘收口，下摆开衩，正背面款式图如图 4-86 所示。

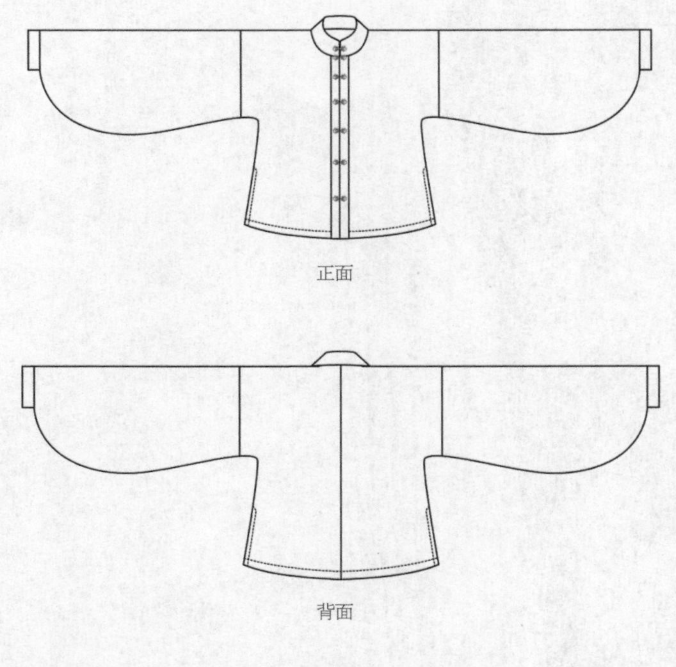

图 4-86

2. 明制立领对襟短袄规格尺寸表如表 4-21 所示。

表4-21　明制立领对襟短袄规格尺寸表

单位：cm

号型	衣长	胸围	领宽	袖口围	通袖长
160/84A	63	94	6.5	28	176

3. 明制立领对襟短袄结构图如图 4-87 所示。

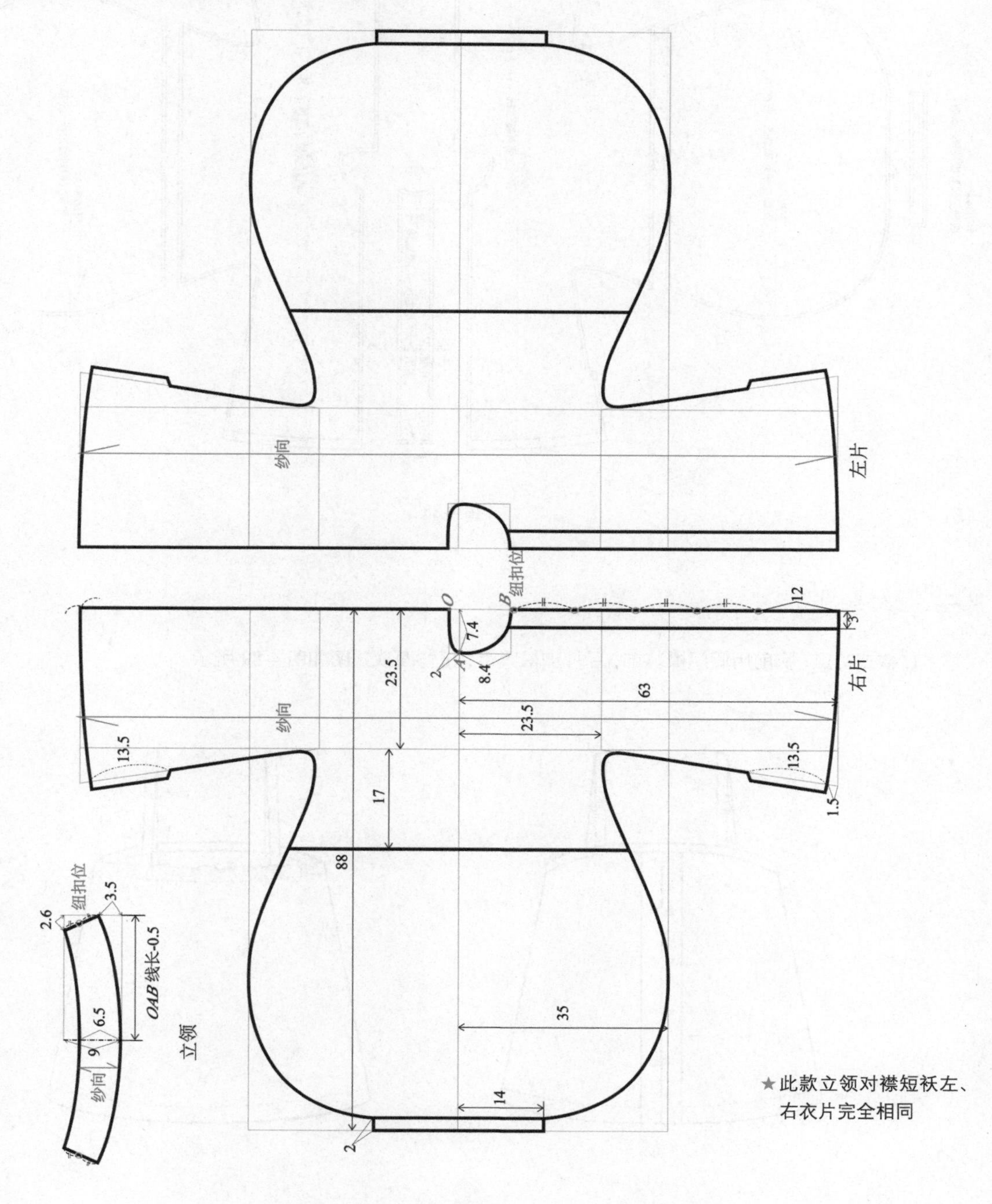

图 4-87

4. 裁剪图：在版型（净样）的基础上加放缝量，下摆放缝量为3cm，其余放缝量都是1cm，如图4-88所示。

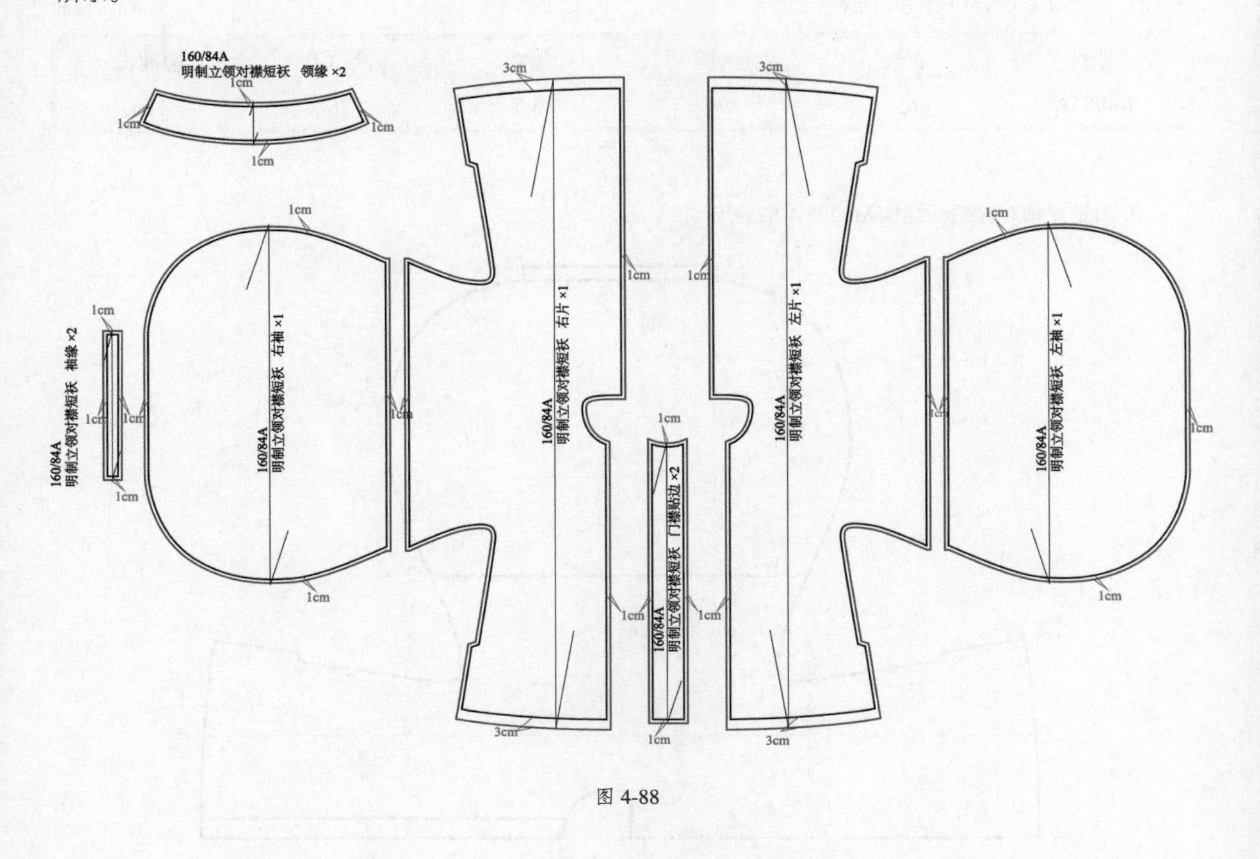

图 4-88

二、改良吊带

1. 款式特点：胸前用假门襟装饰，后片加松紧带，正背面款式图如图4-89所示。

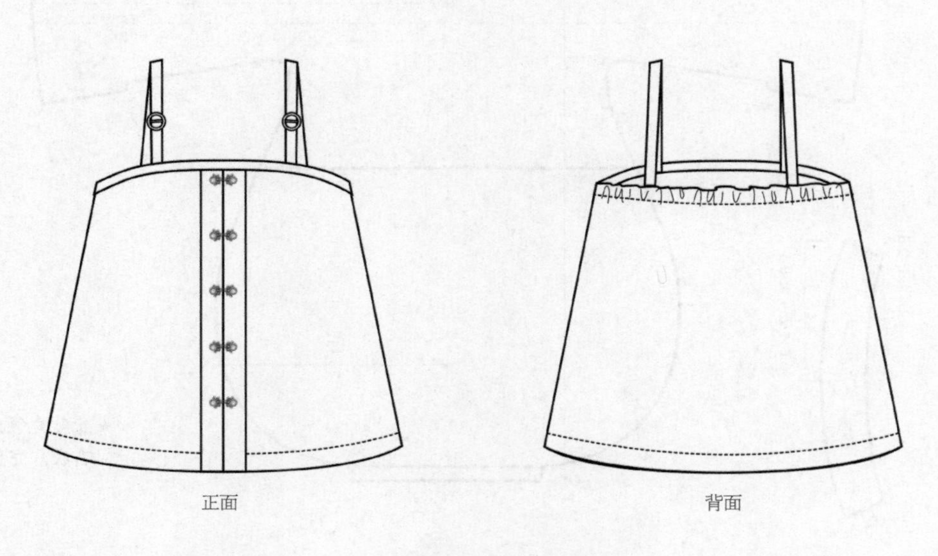

图 4-89

2. 改良吊带规格尺寸表如表 4-22 所示。

表4-22　改良吊带规格尺寸表

单位：cm

号型	胸围	衣长	吊带长
160/84A	90	51	40

3. 改良吊带结构图如图 4-90 所示。

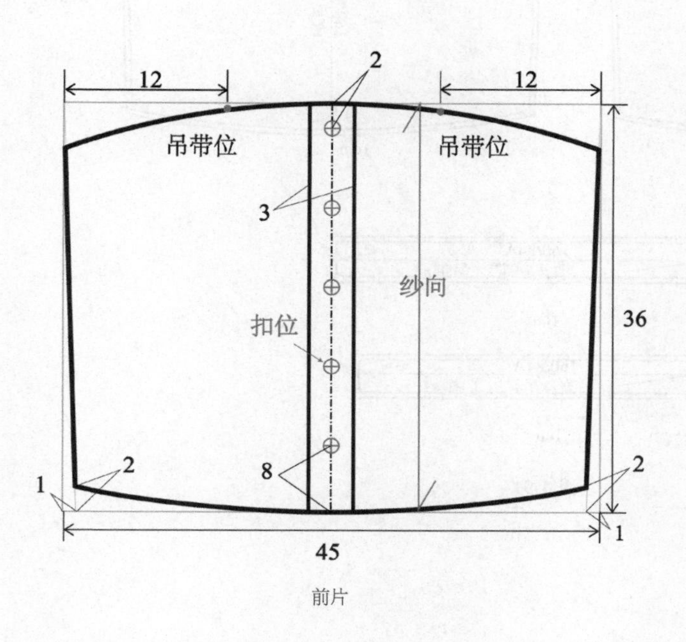

前片

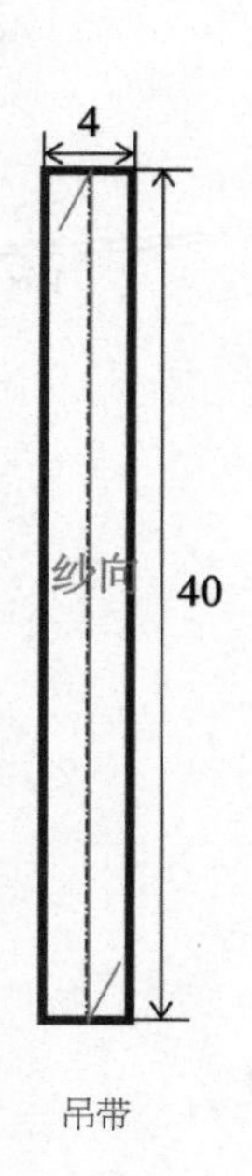

吊带

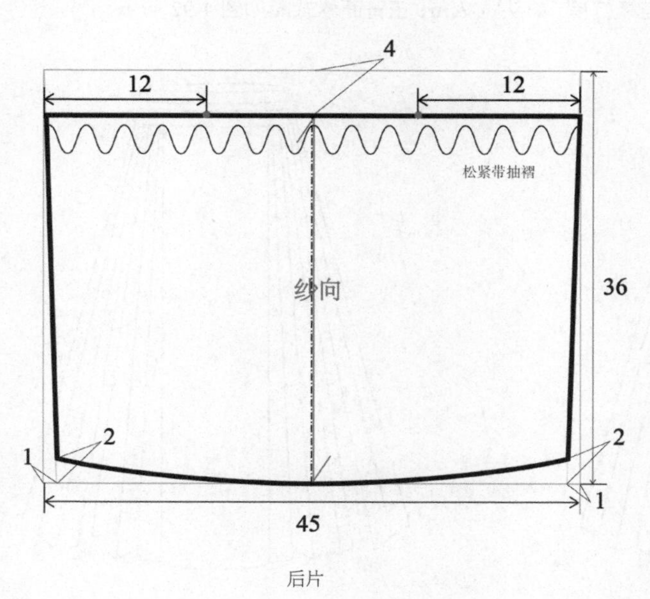

后片

图 4-90

4. 裁剪图：在版型（净样）的基础上加放缝量，后片上方放缝量为3cm，其余放缝量都是1cm，如图4-91所示。

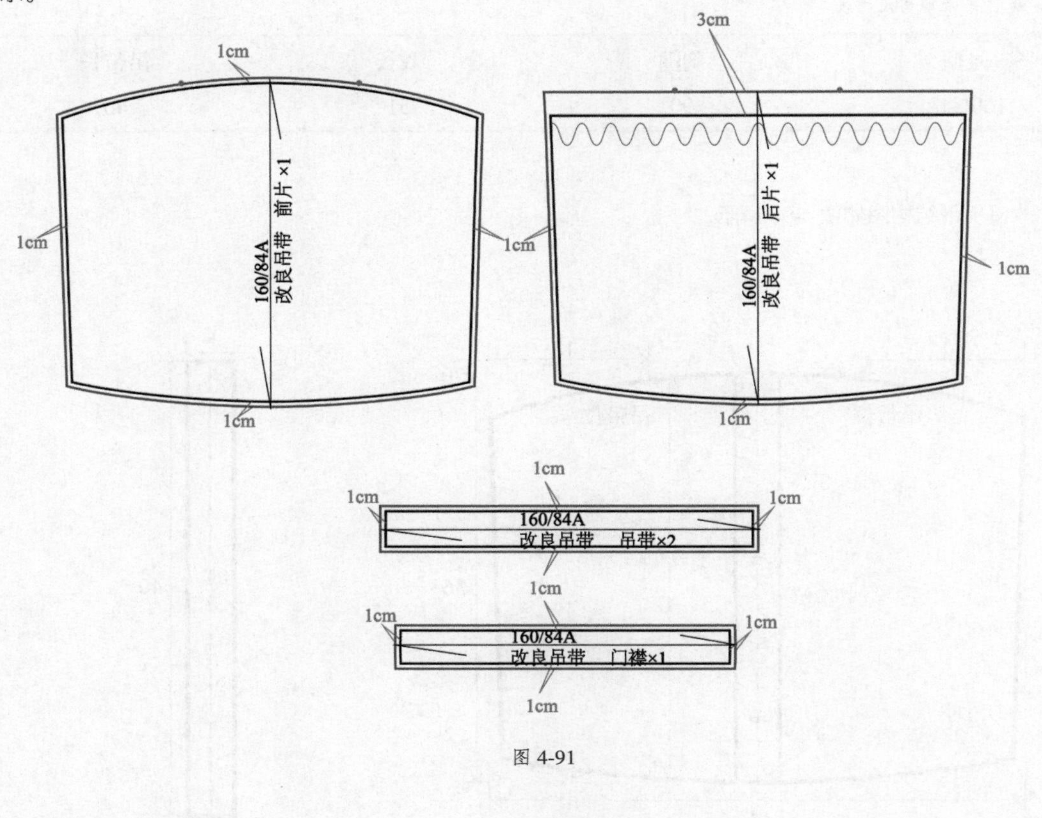

图4-91

三、马面裙

1. 款式特点：裙身两侧顺着一个方向连续打褶，裙头宽7cm，正背面款式图如图4-92所示。

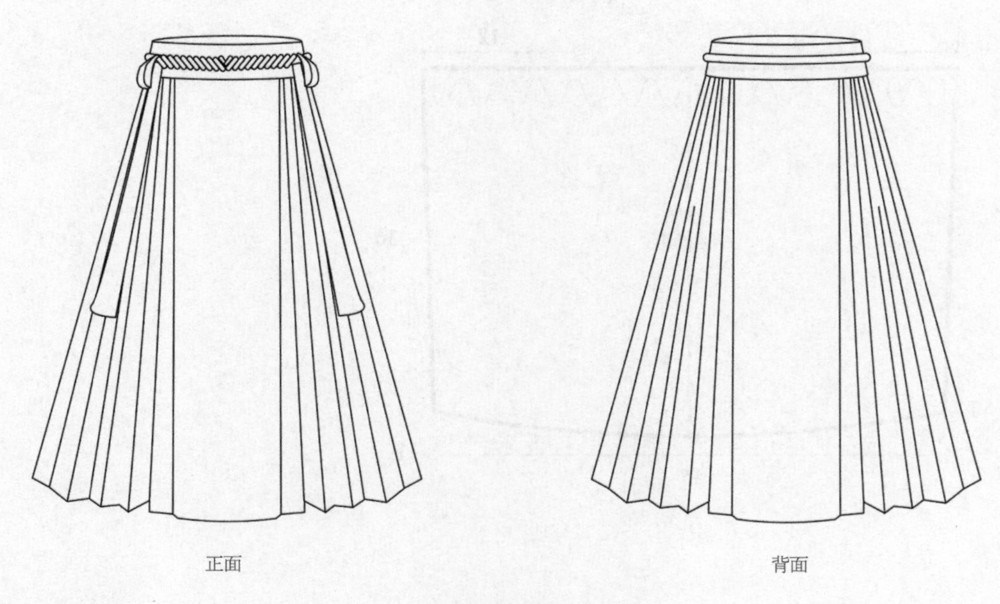

图4-92

2. 马面裙规格尺寸表如表 4-23 所示。

表4-23　马面裙规格尺寸表　　单位：cm

号型	160/68A
裙长	99
裙头宽	7
裙头长	93
系带长	120

3. 马面裙结构图如图 4-93 所示。

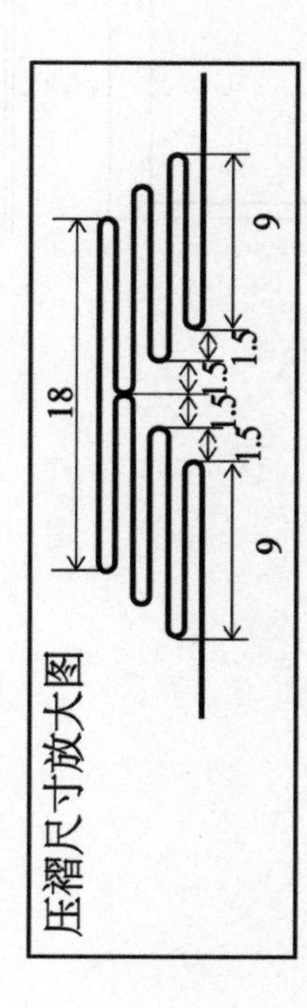

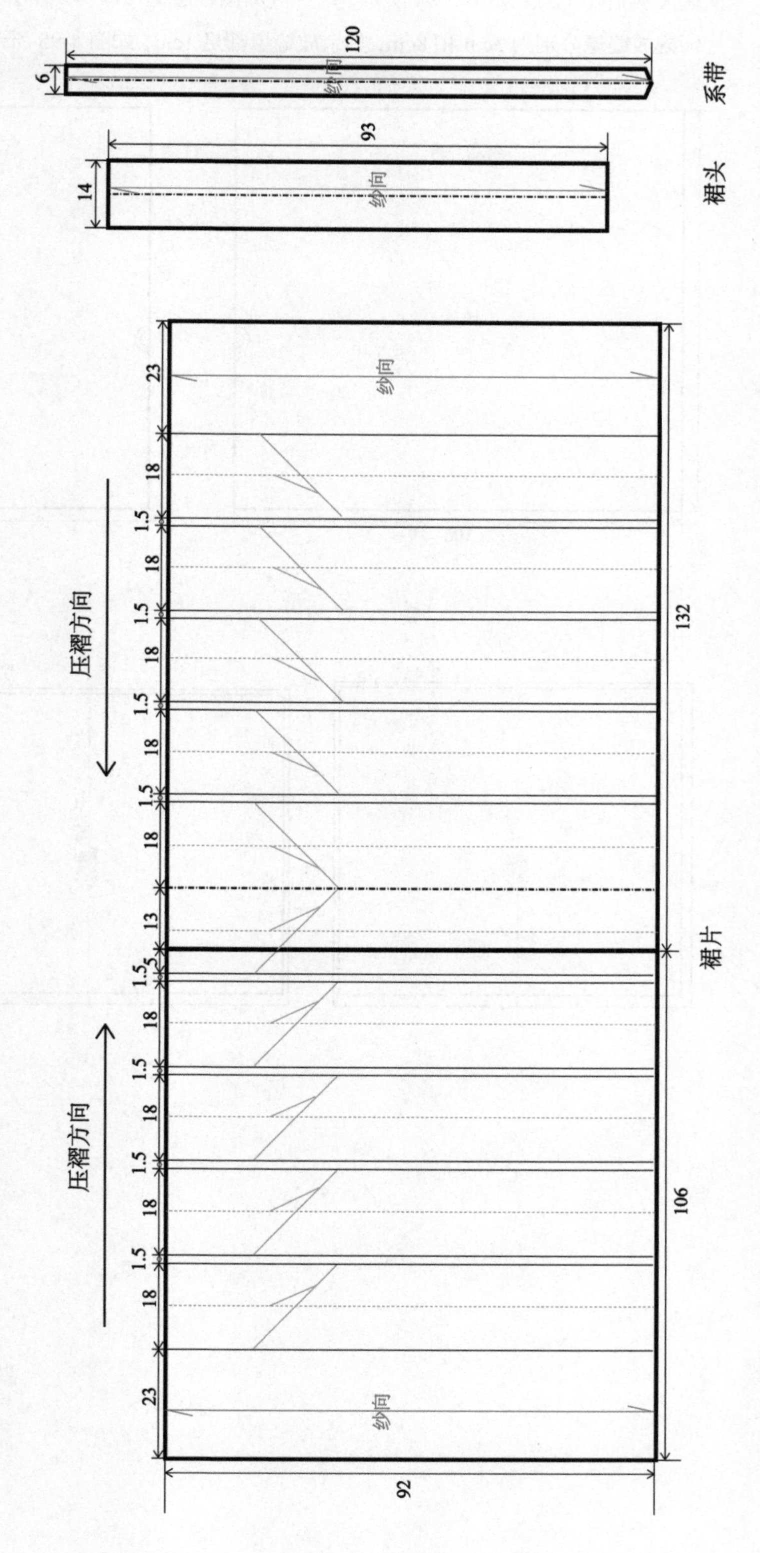

图 4-93

4. 裁剪图：因为一块面料的幅宽一般为 150cm，而裙片宽度为 238cm，所以此款马面裙的一个裙片可以用两块面料拼接而成，如图 4-94 所示；裙片裁剪图在版型（净样）的基础上加放缝量，下摆放缝量为 3cm，裙片侧缝放缝量分别为 3cm 和 8cm，其余放缝量都是 1cm，如图 4-95 所示。

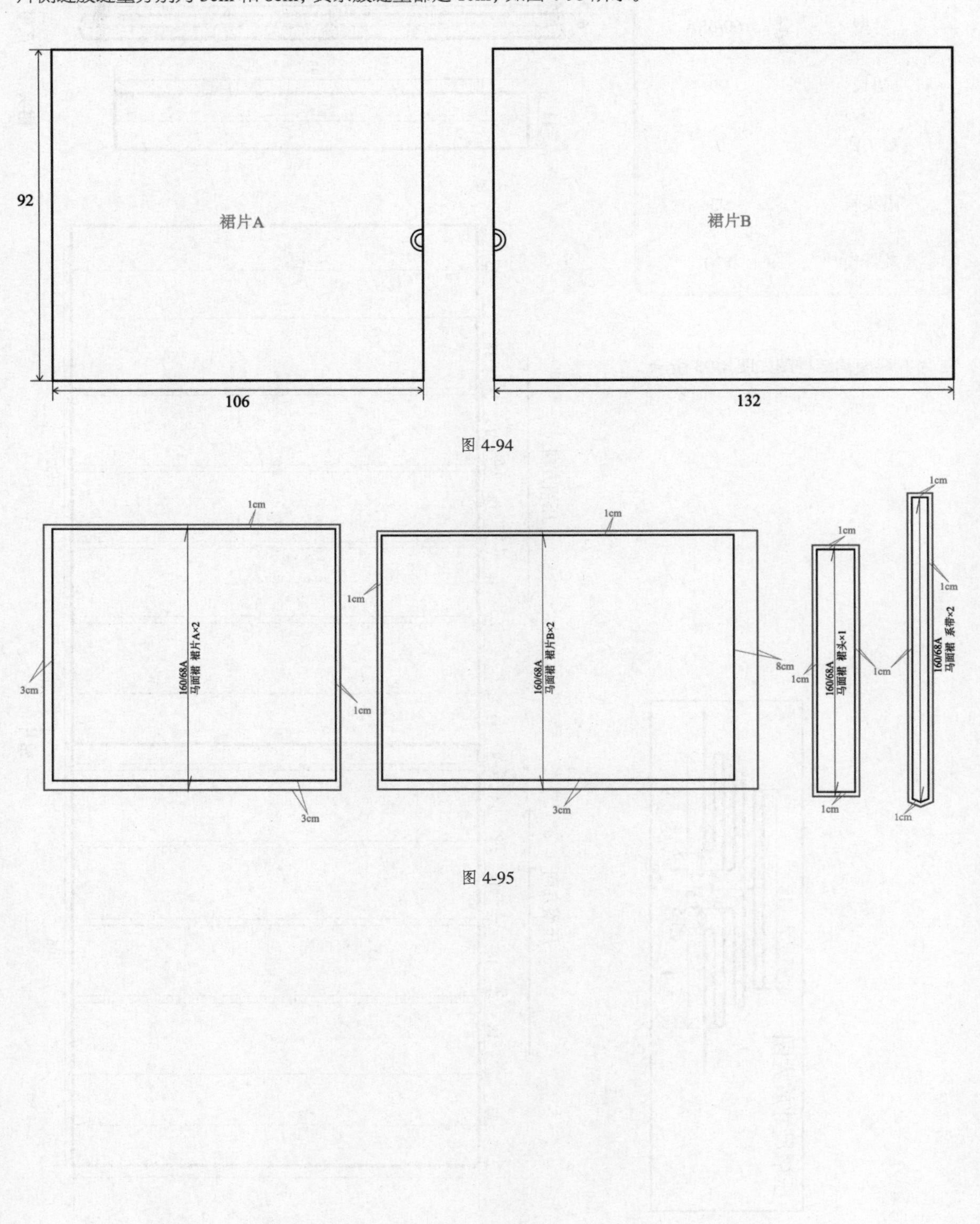

图 4-94

图 4-95

槿庭令

上装为明制立领斜襟广袖长衫，带云肩，下裙为马面裙，成衣照片如图 4-96 所示，设计灵感和设计图如图 4-97 所示。

图 4-96

图 4-97

一、明制立领斜襟广袖长衫

1. 款式特点：立领斜襟，大袖，下摆两侧开衩，正背面款式图如图 4-98 所示。

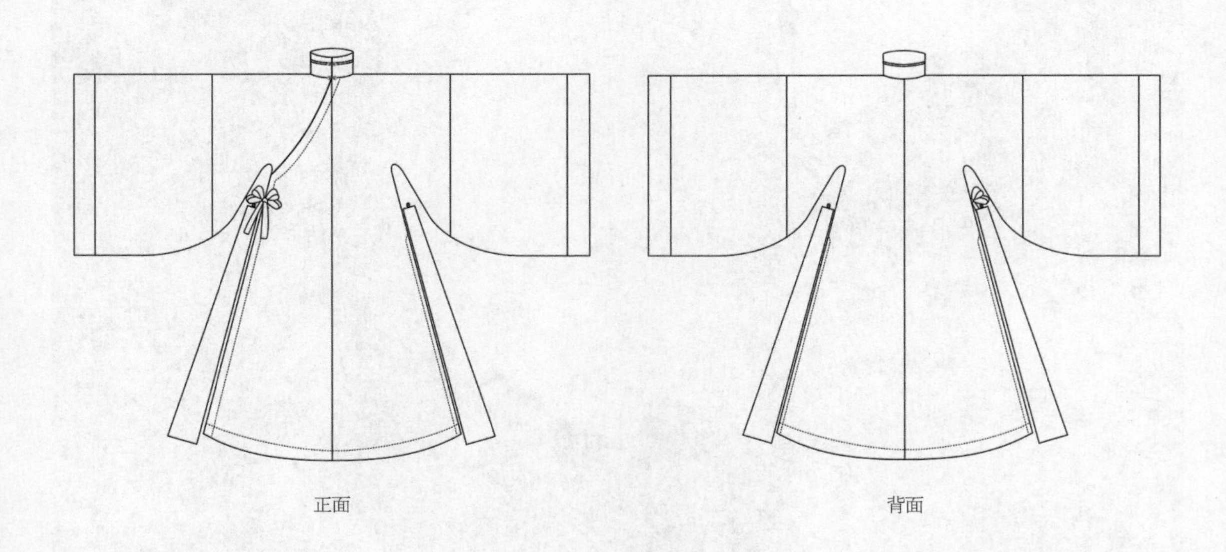

图 4-98

2. 明制立领斜襟广袖长衫规格尺寸表如表 4-24 所示。

表4-24　明制立领斜襟广袖长衫规格尺寸表　　单位：cm

号型	衣长	胸围	立领高	袖口围	通袖长
160/84A	110	104	7.5	116	206

3. 明制立领斜襟广袖长衫结构图如图 4-99 所示。

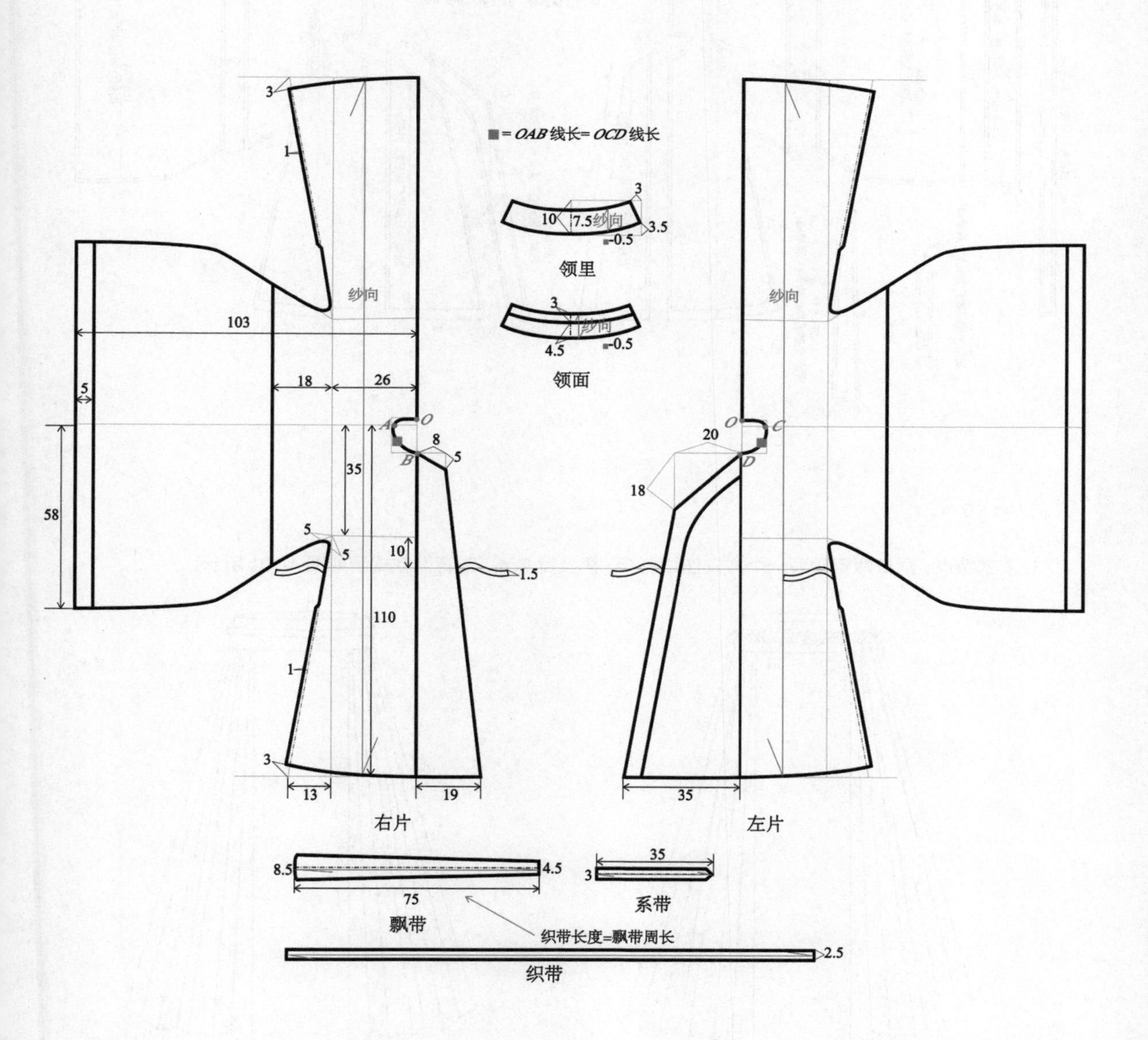

图 4-99

4. 裁剪图：在版型（净样）的基础上加放缝量，下摆放缝量为 3cm，右门襟斜襟放缝量为 4cm，其余放缝量都是 1cm，如图 4-100 所示。

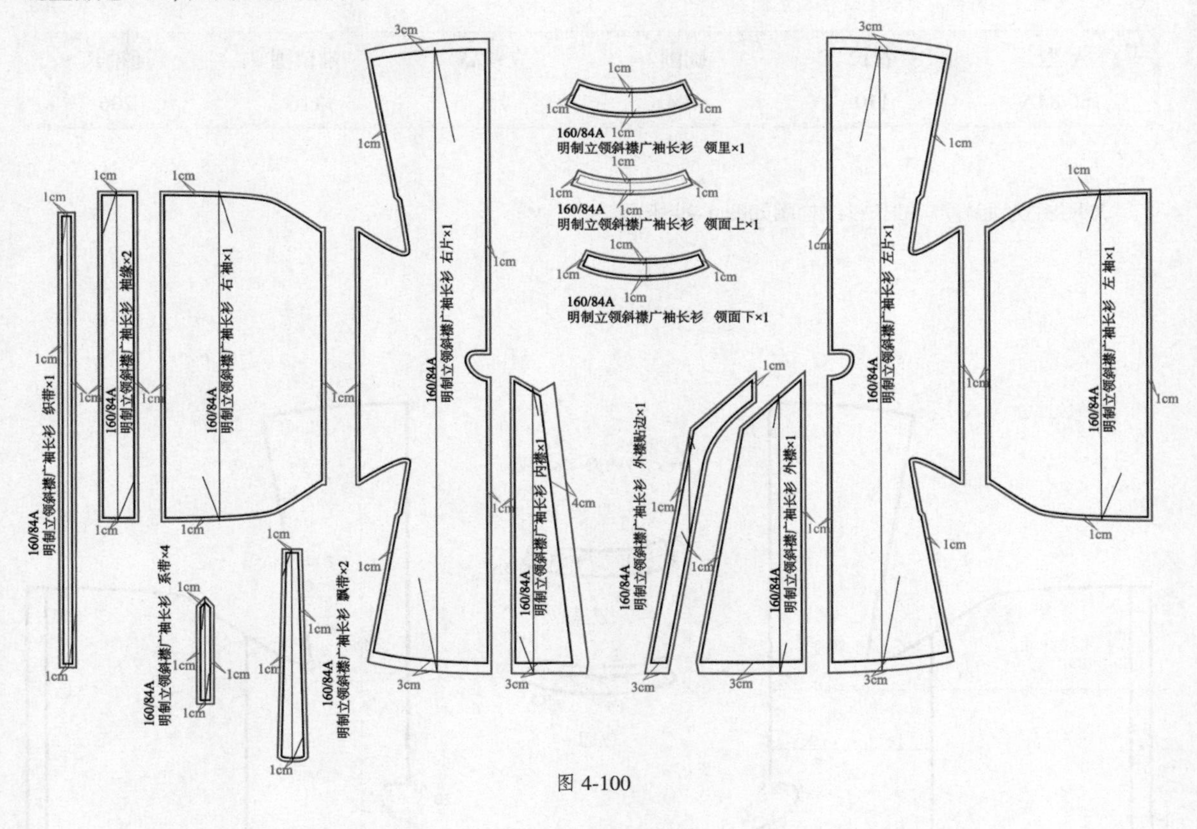

图 4-100

二、马面裙

1. 款式特点：裙身两侧顺着一个方向连续打褶，裙头宽 7cm，正背面款式图如图 4-101 所示。

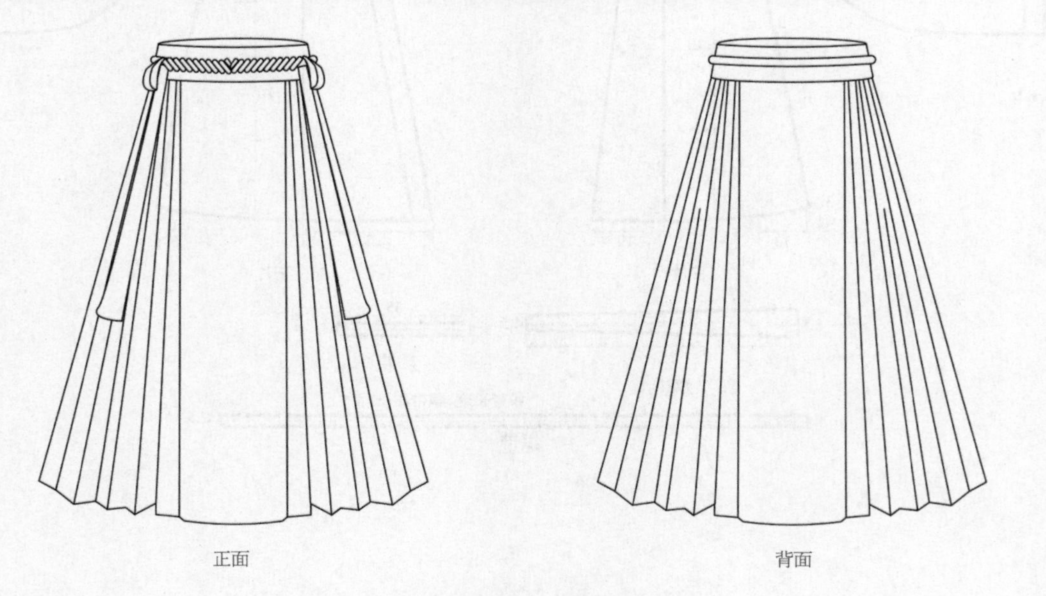

图 4-101

2. 马面裙规格尺寸表如表 4-25 所示。

表4-25　马面裙规格尺寸表　　单位：cm

号型	160/68A
裙长	99
裙头宽	7
裙头长	93
系带长	120

3. 马面裙结构图如图 4-102 所示。

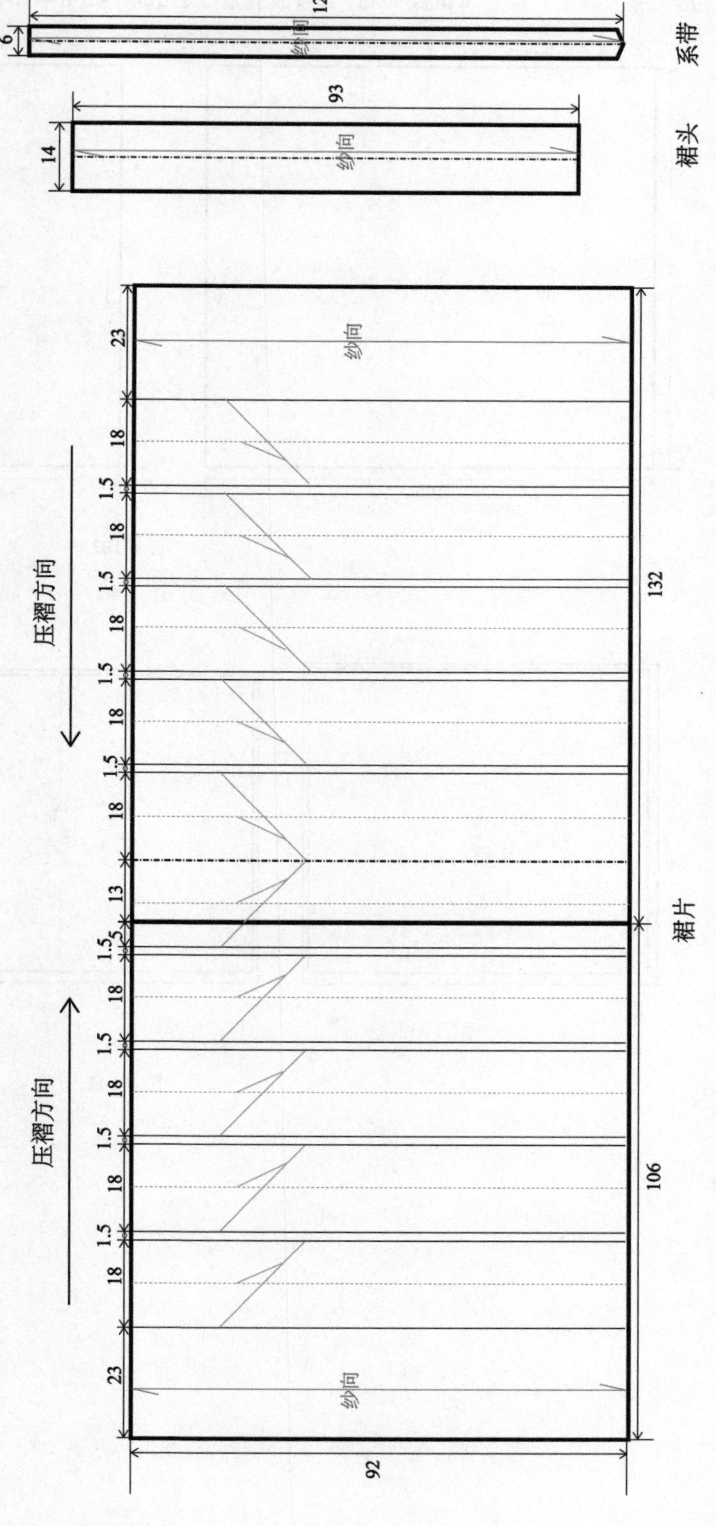

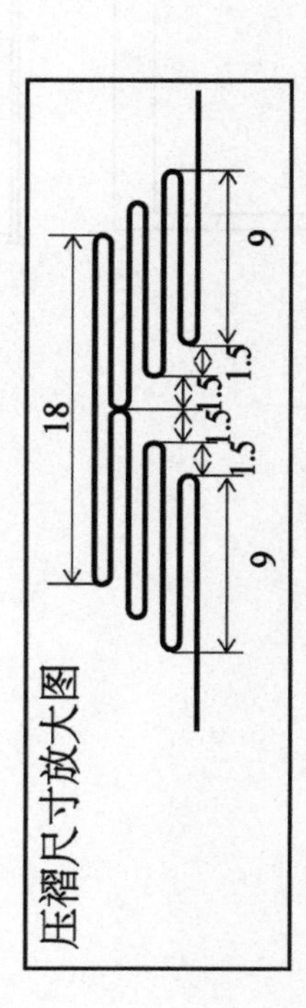

图 4-102

4. 裁剪图：因为一块面料的幅宽一般为150cm，而裙片宽度为238cm，所以此款马面裙的一个裙片可以用两块面料拼接而成，如图4-103所示；裙片裁剪图在版型（净样）的基础上加放缝量，下摆放缝量为3cm，裙片侧缝放缝量分别为3cm和8cm，其余放缝量都是1cm，如图4-104所示。

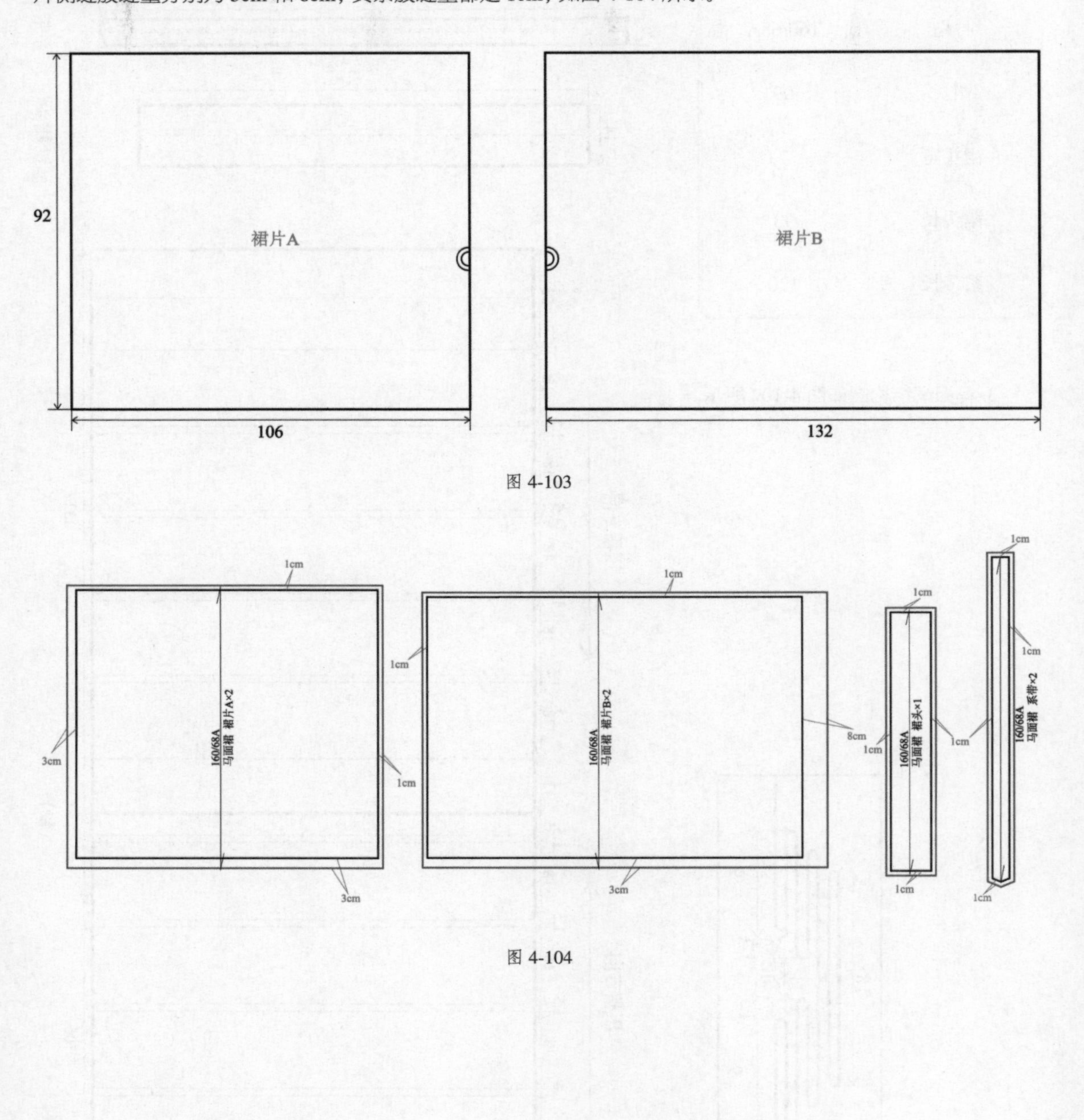

图 4-103

图 4-104

案例十二　凤凰钗

女款斗篷的成衣照片如图 4-105 所示，设计灵感和设计图如图 4-106 所示。

图 4-105

图 4-106

1. 款式特点：连帽对襟，帽檐、门襟及下摆镶兔毛，正背面款式图如图 4-107 所示。

图 4-107

2. 斗篷规格尺寸表如表 4-26 所示。

表4-26　斗篷规格尺寸表　　单位：cm

号型	衣长	摆围
160/84A	150	320

3. 斗篷结构图如图 4-108 所示。

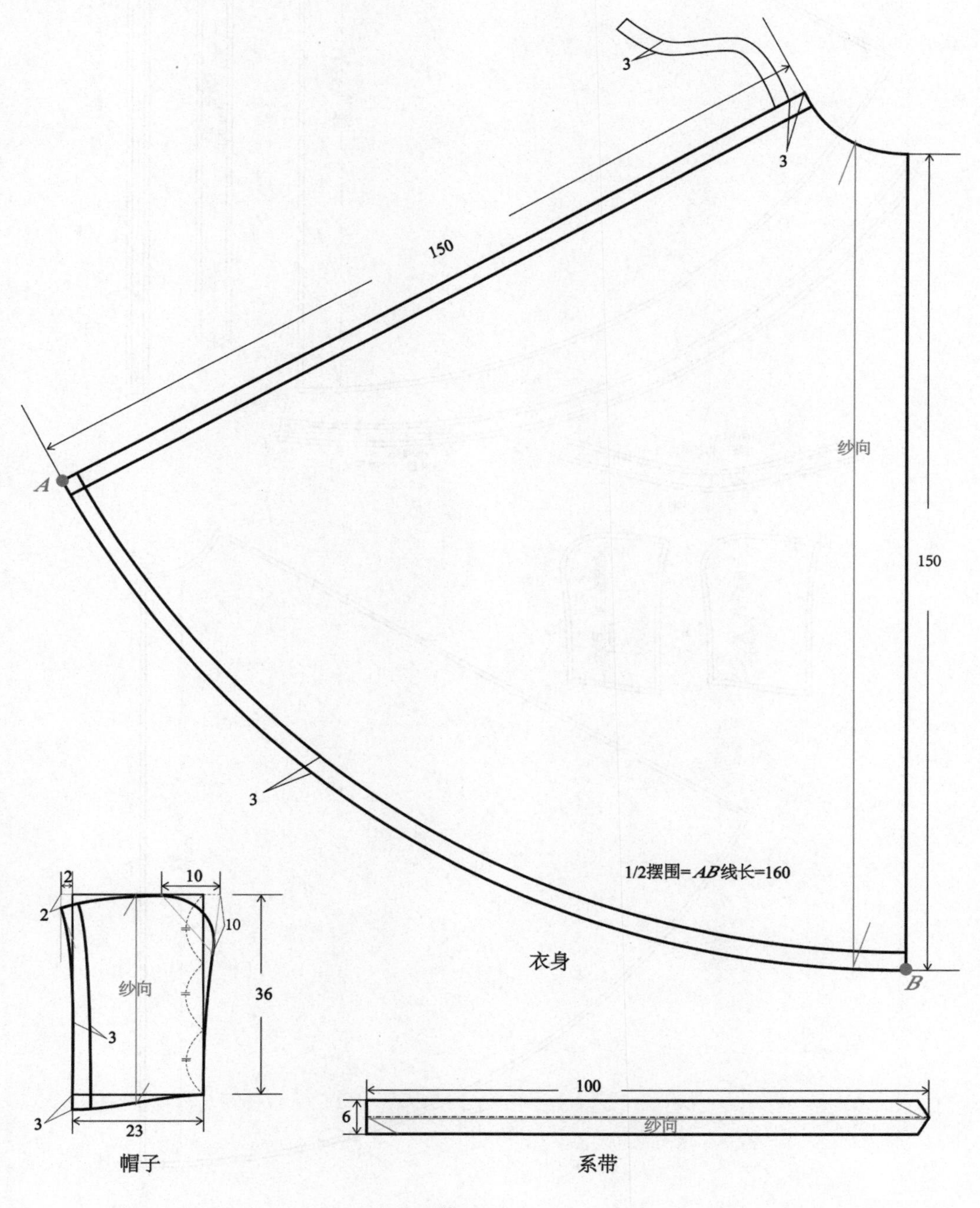

图 4-108

4. 裁剪图：在版型（净样）的基础上加放缝量，放缝量都是 1cm，如图 4-109 所示。

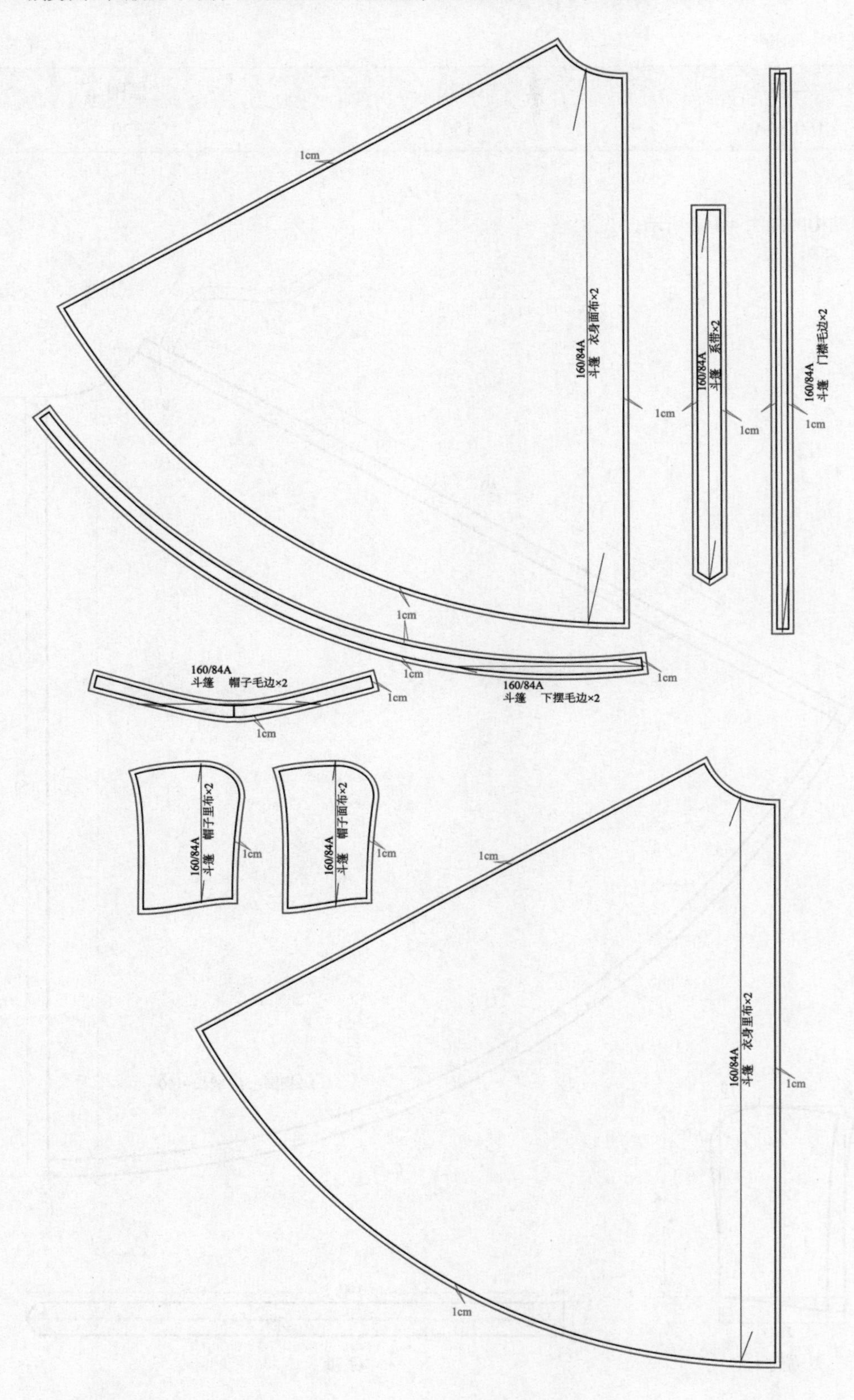

图 4-109